世界水谷文库

U0121216

标准"走出去"：
中国水电战略研究与实践

孔德安　张　阳　唐　震／著

河海大学出版社
HOHAI UNIVERSITY PRESS
·南京·

图书在版编目(CIP)数据

标准"走出去"：中国水电战略研究与实践 / 孔德
安，张阳，唐震著. -- 南京：河海大学出版社，
2020.10
（世界水谷文库 / 张阳，周海炜主编）
ISBN 978-7-5630-6520-2

Ⅰ．①标… Ⅱ．①孔… ②张… ③唐… Ⅲ．①水利水
电工程－技术标准－研究－中国 Ⅳ．①TV

中国版本图书馆 CIP 数据核字(2020)第 201194 号

书　　名	标准"走出去"：中国水电战略研究与实践
	BIAOZHUN ZOUCHUQU ZHONGGUO SHUIDIAN ZHANLUE YANJIU YU SHIJIAN
书　　号	ISBN 978-7-5630-6520-2
责任编辑	代江滨
特约编辑	隋亚安
特约校对	刘思贝
装帧设计	徐娟娟
出版发行	河海大学出版社
地　　址	南京市西康路 1 号(邮编：210098)
电　　话	(025)83737852(总编室)　 (025)83722833(营销部)
经　　销	江苏省新华发行集团有限公司
排　　版	南京布克文化发展有限公司
印　　刷	广东虎彩云印刷有限公司
开　　本	718 毫米×1000 毫米　1/16
印　　张	15.5
字　　数	300 千字
版　　次	2020 年 10 月第 1 版
印　　次	2020 年 10 月第 1 次印刷
定　　价	88.00 元

《世界水谷文库》编委会

序 一

"治水兴利,永远的使命担当"

纵观历史,"水"书写着无尽的故事:兴水利、除水害,人治水,水利人;"水"影响着社会的生产发展与进步,是治国安邦的大事;上善若水,善利万物,普下利物沐群牛;"水哲学"影响着千百代中国人的思维模式。河海大学因水而生、缘水而为、顺水而长,始终站在我国水利科技及教育前沿。100多年来,我校肩负着"治水兴邦"的历史使命,紧密围绕"水利特色、世界一流"的战略定位,以"引领水科学发展、保障国家水安全"为己任,扎根中国大地办大学,遵循"大项目产生大成果"的思路,基础研究与应用研究齐头并进,深度参与大江大河综合治理,参与三峡工程、小浪底、南水北调等水利水电工程及沿海开发、现代交通工程建设等重大科学问题与关键技术研究,为国家和世界的水利事业发展输送了大批高层次的专业人才,把成果书写在祖国乃至世界的各处山川河海。可以说"哪里有水,哪里就有河海人奋斗的身影;哪里有水,哪里就有河海大学做出的贡献"。

近年来,我校积极落实国家"双一流"建设,始终坚持"质量是生命线,特色是核心竞争力"的发展理念,以国家重大需求、世界一流水准为牵引,积极构建以一流学科为核心的学科体系,坚持和落实立德树人根本任务,围绕国家重大需求开展科学研究和社会服务,建设水教育、水科技、水论坛世界高地,以一流学科建设带动全校整体水平提升,各方面工作呈现出蓬勃向上的势头,在社会各界树立了良好的河海口碑。

治水兴利,是河海大学永远的使命担当,也是每个河海人奋斗的目标。

"世界水谷,打开世界的大门"

世界水谷是以"水"为核心的战略协同体、国家级水教育科研基地、世界性水文化活动平台,致力于"水"领域的社会、经济、文化、生态发展。河海大学世界水谷研究院由多家机构联合组建,秉持"上善若水、上德若谷"的宗旨,是定位于水特色的高端智库,以"学术研究、政府智囊、服务社会"为目标,致力于研究水安全、水资源、水环境、水生态、水文化与社会经济发展的重大理论和实践问题,为政府、企业和社会提供智力支撑。研究院致力于水生态文明建设、创意创新创业、企业国际化与"一带一路"倡议三大研究领域,多次与周边国家开展合作研究、跨境教育与人才培养等,承担国家社科基金重大项目等近百项,发表论文数百篇,获批省部级创新团队数支,提交的多项建议被国家和地方政府采纳,在水经济管理领域形成了较高话语权。

我国是名副其实的国际河流大国,而相关各国形势复杂多变,问题多样,迫切需要开展跨界河流研究。多年来,河海大学世界水谷研究院和商学院积极响应国家"一带一路"倡议,在金砖国家合作、澜湄国家合作、中非合作等重大国际合作中发出了河海声音,做出了河海贡献。由河海大学主办、世界水谷研究院和商学院承办的世界水谷论坛和海外中国论坛已开展了四届,2018 年的第四届世界水谷论坛(万象)和第四届海外中国论坛(曼谷)聚焦了"澜湄合作"热点问题和战略机遇,促进中国与澜湄流域国家跨境协同,提出了"跨界协同、成果共享、文化交融"的水谷倡议。

世界水谷聚焦我国水领域,服务全球水建设,打造世界级高端智库。

"协同创新,拥抱未来的发展"

江苏高校协同创新中心(世界水谷与水生态文明)对推动河海大学文科类学科发展,驱动涉水人才、科技、创业、金融、产业、文化等诸多高端要素集聚,提升涉水要素协同创新水平,抢占全球新的治水制高点都将发挥着重要作用,为进一步形成"世界水谷"文化,确定涉水领域"话语权",打造成为世界性智库奠定了基础。中心会进一步明确战略定位及建设思路,"立足江苏、走向全国、面向世界",密切服务长江大保护、"一带一路"、河长制等重大国家战略,发挥协同创新的优势,体现协同体的特色。

世界水谷与水生态文明协同创新中心将结合协同单位在世界水谷建设中的优势和需求,进一步加强"世界水谷"建设,发扬"世界水谷"文化。

《世界水谷文库》体现了河海大学的战略定位和目标追求,承载了河海大学的百年水文化精神,以战略协同理论指导实践,将"水哲学"与"水科学"相融合,探索"政产学研金文"多主体、多要素的协同创新模式,将为我国以及世界更多地区的水治理与水发展提供理论方法指导与借鉴。

徐辉教授

河海大学校长、世界水谷研究院理事长

江苏高校协同创新中心(世界水谷与水生态文明)建设委员会主任

2019 年 10 月 27 日

序　二

欣闻张阳教授和周海炜教授牵头的《世界水谷文库》第一批著作即将出版面世,其中作为引领的是张阳教授的《战略协同理论和实践:世界水谷和海外中国》一书,在此表示诚挚祝贺!

《战略协同理论和实践:世界水谷和海外中国》的"世界水谷"部分以"水文化"为主线,其主旨是打造世界性水文化创意、创新、创业平台。另一部分"海外中国"是以"一带一路"之水为媒,构建中国特色的海外协同体。现代管理之父彼得·德鲁克曾说过,管理者要做的是激发和释放人本身固有的潜能,创造价值,为他人谋福祉。那么,对整个管理学来说,也是激发全人类共同发展的创造性,创造共赢价值,为全人类谋福祉。而此书提出的"世界水谷和海外中国"很好地诠释了创新性思维与为世界创造价值的统一,以"水"为发展线索,通过创新发展模式,实现世界范围内的战略协同发展。以理论指导实践,实践结果又反作用于理论创新。可以说,这本书蕴含着东西方文化的大智慧,以"水特色"与"水文化"为脉络,实现理论与实践的有效契合。

东方管理文化是积蓄两千多年思想精华的、经过无数次实践检验的智慧结晶,是极具应用价值的宝贵精神文化财富。我自幼学习中国传统文化,在中华传统经典的熏染下成长,逐渐养成以中国优秀传统文化为代表的东方管理文化的思维方式。一方面感叹东方管理文化的博大深远、海纳百川;另一方面,又为东方管理文化不为世界更多国家、地区所知而感到可惜。不是叹惜东方管理文化得不到全世界的推崇,而是希望我们的东方管理文化也能够帮助更多国家、企业甚至个人找到更加适合的思维方式和行为模式。为此,我几十年致力于研究东方文化中的管理思想,力求将东方经典中的人文哲学与管理思想注入当代管理学的科研与应用当中,于是,众人齐心协力创立了一门新的学科——东方管理学,在学术界也形成东方管理学派。所谓东方管理学,并不是东方文化中的管理思想一家独大,而是在以东方管理思想为核心的基础上,积极吸纳西方优秀的管理思想而形成的一门融合东西方文化的新学科。数十年间,吾与张阳教授、周海炜教授等东方管理学的同仁共同举办了共 23 届的世界管理论坛、东方管理论坛、华商管理论坛等,为的就是推动东方管理学研究走向世界,其中张阳教授、周海炜教授对东方管理学之战略管理文化的形成和发展贡献功不可没。而此书中"世界水谷和海外中国"追求多主体多要素协同发展,也正体现了东方管理在"和合"的基础上寻求发展的思维模式,体现了"人为为人"的东方管理学的精神内核,也通过"水"作为桥梁,将东西方水文化进行了更加具体的发展运用。

我在东方管理学领域研究多年提炼出来的"三为思想"(以人为本,以德为先,人为为人)有着强大的生命力,世界水谷思想与东方管理学的"三为"思想是内在契合的。"世界水谷"以水为核心,其文化根基是中国传统水文化,使中国的传统思想又在一个新的领域发扬光大,体现了水奉献万物而不求索取的文化根基。上善若水,水为万物之源。水之包容,承载着其对人类社会的伟大贡献。水有人性,人亦有水性,水谷之"水",不仅在干水科学,还在干水哲学,名为水,实为人,追求"人水和谐",达到了"以人为本"的深度;上德若谷,谷为流水汇集之地。世界水谷之"水",被赋予人性化的品质,以水之灵动育人之创意,以水之包容育人之胸怀,以水之不竭育人之坚韧。世界水谷关于书院的想法,以修身为重,培养学生实现治国、平天下的理想与能力,亦让我感受到中国传统人文思想在大学兴起的星星之火正成燎原之势,不胜欣喜;世界水谷倡导的管理模式及其政、产、学、研、金、文六大主体协同发展的战略协同模式,以自身的发展带动整个产业系统的发展,亦让我看到"人为为人"对于一个产业、一个学科领域发展的重要意义。此书中的"海外中国"理论最初以东方管理学为思想根基,让我感到十分欣慰,对于中国企业来说,走出去并不容易,如何探寻走出去、走进去、走上去的可持续发展确实十分重要。此书基于中国管理实践,既有理论创新,又有中国特色。希望国内同仁能够借鉴此书智慧,立足中国特色,更加注重政、产、学、研、金、文的协同,这对于促进经济发展,增加世界福祉,提升中国在国际上的影响力都有着十分重大的意义。

创新是时代前进的必然要求,发展是时代进步的必然结果。以理论创新助力实践发展,是人类社会不断创造新辉煌的不竭动力。"世界水谷和海外中国"不是将眼光放在仅考虑部分区域、部分国家的发展,而是以独特的视角,从所处的文化环境中,提炼出"水文化"这一主线,立足本土文化,创新发展模式,助力世界范围的大发展、大繁荣。不仅仅用活了东方管理文化的精髓,也积极容纳世界上其他优秀管理理念,做到既包容又独特的战略协同理论与实践的共同发展。由此,理论与实践相互得到印证与升华,东方与西方协同得到发展,从而为人类命运共同体建设以及为全人类进步做出贡献!

上善若水,上德若谷。衷心祝愿《世界水谷文库》为吾国吾民和世界发展不断贡献新知!

苏东水,东方管理学派创始人
复旦大学首席教授、东方管理研究中心主任
2019 年 10 月 28 日

序　三

古往今来曰"世"，上下四方曰"界"，上善若"水"、上德若"谷"是曰"世界水谷"。

河孕育文明，海凝聚智慧。世界水谷起源于百年河海大学，诞生于中国南京将军山与牛首山之谷。世界水谷以"水"为核心元素，秉持"上善若水、善利万物"的宗旨，遵循"政产学研金文"协同创新的基本模式和"智库、论坛、书院、三创"四轮驱动的发展模式，以战略协同为基本理论，以论坛为汇聚平台，构建水特色智库，设立水文化书院，推动世界性创意创新创业。

水润万物，谷纳百川。"海外中国"泛指中国在境外的战略协同体，海外中国模式是指驱动多主体多要素在海外特定空间和战略层面实现协同集聚，表现为在"一带一路"倡议下，为满足沿线国家社会经济发展中对技术、资本、人才、项目、文化的多重需求，以及我国产能合作、产业结构调整的内生发展需要，整合各界资源助力中国"走出去"和当地发展，构建中国特色海外战略协同体。

《世界水谷文库》的特色在于"知行合一"：一是理论指导实践落地，以水哲学与水科学为出发点并提出"水学"思想，将战略协同提升到更高的理论层次，构建"政产学研金文"多主体、多要素的协同创新模式，以"世界水谷"和"海外中国"为实践对象；二是实践助力理论创新，从"智库、论坛、书院、三创"的实践中提炼经验，为运用战略协同思想解决其他复杂科学问题提供方法论支撑。

本文库的一个设想是提出建立"水学"，即从战略层面整合现有关于水的哲学思想与科学理论的专门学问。水学的研究对象包括水哲学、水科学，以及水哲学与水科学协同的学问，即"水学＝水哲学＋水科学＋水哲学与水科学协同"。由此，水学以"人水和谐"为战略使命，以儒家、道家、法家等东方哲学思想与马克思主义等西方哲学体系为智慧源泉，以水文学、水资源、水环境、水安全、水工程、水经济、水法律、水文化、水信息、水教育等科学知识为科学基础，通过多思想、多学科、多主体、多要素的战略协同，引导人类世界追求"天人合一"的战略愿景。

本文库旨在实现三个目标：其一，以战略协同为理论基础并聚焦"水"问题和"一带一路"建设问题，为探索"如何实现战略协同"这一难题开展理论创新；其二，以"世界水谷"和"海外中国"为对象,构建富有特色的应用和实践方案;其三,梳理总结以往的研究成果和实践经验,为未来的理论和实践探索奠定基础。

张阳,世界水谷创始人

河海大学商学院教授　世界水谷研究院院长

江苏高校协同创新中心(世界水谷与水生态文明)主任

2019 年 10 月 20 日于南京市将军山-牛首山之谷

序　四

中国的水问题始终与国家的兴衰联系在一起,治水与治国联系在一起。历史上我国以农业立国,水在农业发展以及国家发展中居于基础地位,洪旱灾害成为贯穿历史的水问题,因此,强调"治水兴邦"。新中国成立以来,我国进行了大规模的水利建设,从各流域的大规模水利工程建设到三峡、南水北调等大型水利工程的建设,中国的水行业取得了巨大的成就,同时,一套比较完整而富有特色的水行业管理体系也建立起来。然而进入 21 世纪后,我国社会经济高速发展,加上全球化挑战、科技革命、环境生态问题等一系列战略影响,社会经济发展与水资源关系变得高度复杂化,传统水问题没有得到彻底解决,新的水问题开始涌现或加剧,如突发性水污染事件频发、不同范围的洪旱灾害频发、水资源供需日益紧张、水生态安全受到威胁,水管理问题已经成为管理研究的重要问题。同时,与水资源保护与利用相关的社会经济活动发生了巨大变化,政府、企业以及其他各类社会组织在水治理方面形成了丰富多彩而又复杂的行业体系,水行业的概念已经从传统的水利行业拓展为水利、水电、水务、水港、水环境、水生态、海岸、海洋等一系列涉水行业,形成巨大的基础建设、科技创新、投融资、社会消费市场。技术创新、市场创新、企业创新层出不穷,呈现出巨大的发展活力。因此,从历史、全局的高度关注水行业面临的问题,基于宏观的政治、经济、社会与科技发展背景展开水行业的研究成为迫切任务。

河海大学商学院作为一个以水利为特色的大学商学院,充分利用河海大学多学科综合优势,长期以来扎根水行业开展经济与管理问题的教育和研究,已经形成了丰富的成果和自己的研究特色,培养了大批水行业管理人才,成为我国水经济与管理研究的重镇。河海大学商学院自 1983 年成立管理工程系以来获得了快速发展,是我国改革开放以来最早设立商学学科的高等院校之一。三十多年来,河海大学商学院以"河海特色、世界知名"为战略定位,以"国际化、高层次、入主流、有特色"为发展路径,励精图治、开拓创新,现已成为拥有管理学、经济学两大学科门类,融工商管理、管理科学与工程、应用经济学三个主干一级学科为一体,设有博士后流动站,拥有博士、硕士(含 MBA、MPAcc、工程管理硕士等)、学士等多层次、多类型人才培养能力和科学研究、社会服务、文化传承创新能力的高水平商学院。

河海大学商学院与水利管理部门、水利行业企业建立了长期合作的战略关系,深度参与到我国水行业的发展之中,对于我国水行业的发展有着深刻的理解。由此,河海大学商学院较早地开展了水行业的研究工作,具有"世界水谷"与水生态文明协同创新中心、国际河流研究中心等在内的近15个与水经济管理相关的省部级平台,承担了"十一五"科技支撑计划课题"南水北调工程建设与管理关键技术研究",国家社科重大课题"中国与周边国家水资源合作开发机制研究""中国与湄公河流域国家环境利益共同体建设研究""跨境水资源确权与分配方法及保障体系研究""保障经济、生态和国家安全的最严格水资源管理制度体系研究"以及各类国家和省级基金项目,拥有教育部创新团队"国际河流战略与情报监测研究"等国家及省部级团队,长期为水利部、流域机构、省市水利系统以及水利行业企业提供咨询服务,并涉及水电、水务、港口、交通、水环境、海洋等一系列水行业经济与管理问题的研究,同时拓展到水行业国际投资、国际经济、跨国经营等问题研究。基于这些成果积累,河海大学商学院推出系列研究著作,以期呼唤更多更好的水行业研究成果,为中国水行业的发展提供服务,推进中国水行业的健康发展。

河海大学商学院院长　周海炜教授

2019 年 10 月 28 日

前　　言

（一）

我们在国际水电市场从事工程技术和经营活动，执行不同体系的技术标准，对于工程建设管理和取得的经营效益来说，效果截然不同。企业的技术能力与其所熟练掌握的技术标准体系紧密相关。各国不同企业之间相互角力的商业竞争，表面上为技术与价格的直接竞争，实质上是不同体系的技术标准之间的间接竞争。

本书以中国水电工程技术标准"走出去"为研究对象和研究内容，梳理了水电工程技术标准体系结构，分析了水电工程技术标准"走出去"面临的特殊性和挑战性，提出了水电工程技术标准"走出去"应具有的战略思维，阐述了水电工程技术标准"走出去"的战略内涵，建立了水电工程技术标准"走出去"战略分析框架。

在研究中，作者基于其假设前提、理论基础、分析方式、研究架构和分析工具，从商业生态系统理论的战略管理理论视角研究，进而提出和建立了水电工程技术标准商业生态系统，论证了构建水电工程技术标准商业生态系统的必要性，分析了水电工程技术标准"走出去"与水电工程技术标准商业生态系统之间的战略关系。

通过研究建立了水电工程技术标准商业生态系统分析模型，作者提出了水电工程技术标准商业生态系统的形成机制、结构模型，研究了水电工程技术标准商业生态系统的内部结构特点、群落内容，利用商业生态系统理论及 4P3S 等分析工具分析其发展阶段、发育规律、"走出去"的演化规律和特点。

基于研究中所建立的水电工程技术标准商业生态系统模型，作者提出了水电工程技术标准"走出去"的商业生态系统适应性战略和成长性战略。在适应性战略研究中，论证了适应性演化的影响因素、结构适应性演化、内生动力适应性演化和价值理念适应性演化。在成长性战略研究中，论证了动态成长性演化趋势与本土生态系统协同成长演化、EPC 需求导向成长演化和 FDI 供给方导向成长演化等，构建和研究了成长性演化的动力模型。通过专家打分法和利用 SPSS 软件等工具，对水电工程技术标准"走出去"商业生态系统适应性和成长性演化战略进行了定量评价和研究探讨。

（二）

在全球经济贸易活动中，标准作为贸易重要组成部分，影响到贸易活动的方方面面。标准问题不仅是国内生产和服务需要的重要规范性措施和政策，也是国际贸易活动重要规范性措施和政策。我国水电行业技术水平在国际上已具有明显的技术优势，通过持续不断地努力，水电勘察设计咨询服务、工程建设施工、重大机电机械金属结构装备、设计理念及施工技术、投资控制与融资服务等在国际市场的份额，特别是在亚洲、非洲等发展中国家的市场份额不断增加，国际地位和品牌效应开始显现。同时，亚洲、非洲等发展中国家因开发水电，持续地保持对水电工程技术标准的旺盛需求，我国水电工程技术标准对亚洲、非洲等发展中国家持续保持明显的技术比较优势。但是，当前水电行业开展国际水电经济技术活动，包括在发展中国家，仍不断地面对执行标准的选择和采用问题，也就是说，国际水电市场存在技术标准的选择与被选择、竞争与合作问题。对于中国水电工程技术标准"走出去"的问题，我们的研究仍有很多不足，既没有在实践层面彻底解决应用问题，也没有在理论层面全面而深入地研究如何"走出去"。

在国际经营实践中，一些水电工程成功采用或部分采用了中国标准，积累了一些案例和经验，但深入地总结和提炼仍然不足，仍没有形成推广和执行我国水电标准的完整体系，国际市场未能形成对采用我国水电标准的广泛认可，我国水电标准仍没有获得广泛采用，执行标准问题持续地作为国际经营活动的困难所在，成为影响经营活动效益的重要因素。在攻读博士研究生期间，本人结合水电行业国际经营活动实践经验，从研究水电标准入手，从研究政府、行业组织、企业、其他组织的作用、定位、职责等多个方面研究水电工程技术标准"走出去"问题，提出水电标准"走出去"战略模型，基于所建立的战略模型提出战略措施，力求为国际水电经营活动突破或减轻标准性技术壁垒探索战略路径，力求研究成果有所突破，有所创新。

本次研究所提出的水电工程技术标准商业生态系统模型及相关战略模型，对于构建我国水电行业科学、安全、合理、经济、低风险的标准"走出去"战略体系具有一定的理论意义,研究中所提出和采用的分析方法,对于探索水电企业开展水电国际贸易活动(如机电设备出口)、开展国际技术经济合作(如国际水电工程总承包、勘察设计咨询服务、对外投资、融资服务等)具有一定的现实意义。

(三)

本书共分为七个章节,另加一个附录。第一章为绪论,综述了有关研究背景和有关研究成果,对研究的主要内容和技术路线作了介绍;第二章对水电工程技术标准走出去的内涵进行了分析研究;第三章对水电工程技术标准商业生态系统进行了分析,着重介绍了水电工程技术标准商业生态系统的定义、系统成员、系统结构、种群关系及服务功能等;第四章重点研究了水电工程技术标准走出去的商业生态系统适应性演化战略分析,分析了适应性演化战略、适应性演化的影响因素、结构适应性演化和价值理念适应性演化等内容;第五章重点研究了水电工程技术标准走出去的商业生态系统成长性演化战略分析,分析了成长性演化战略、成长性演化的影响因素、协同成长性演化、EPC 模式下需求方导向的成长性演化、FDI 模式下供方导向成长性演化,以及成长性演化的动力模型等内容;第六章介绍了战略评价模型,并基于 4P3S 分析工具介绍了定量分析的相关成果;第七章介绍了水电工程技术标准走出去的战略措施选择,结合实际分析了不同的战略措施。附录介绍了有关单位完成的水电工程技术标准体系建设的相关成果,以方便读者了解我国已建设完成的水电工程技术标准体系及其相关内容。

本书是我在博士生导师张阳教授和唐震教授的指导下,在博士研究生攻读和日常工作期间所作的大量思考和研究工作的总结。书中对水电工程技术标准"走出去"还提出了很多政策建议并在工作实践中予以探索。在世界水谷文库征集文稿时,我将有关研究成果予以整理,以期供广大致力于水管理的专家学者工作参考,希望对研究和实践水电工程技术标准"走出去"的同行们有所裨益和帮助,对于研究中的不足之处,更希望得到讨论和提升。

孔德安

2020 年 10 月 26 日于北京

目 录
Contents

第一章
绪　论

　　为全面贯彻落实"走出去"战略,促进国民经济可持续发展,我国仍需大力发展和促进产业技术进步、提高企业自主创新能力,提高国际竞争力,需要大力发展服务业和服务贸易、优化外贸结构、转变外贸增长方式,努力实现从贸易大国向贸易强国的历史性转变,实现企业"走出去"、重大装备"走出去"、技术标准"走出去",是今后很长一段时间的重要任务。因此,我们既要研究借鉴东方战略思想的灿烂精华①,也应借鉴西方战略思想的科学成果。

1.1　研究背景

　　制定标准、规范性文件、程序性规定等是技术性贸易壁垒的重要手段,是非关税壁垒的主要措施和组成部分之一。标准在国际贸易和技术经济服务活动中发挥重要作用,且日益受到政府和企业的高度重视。我国作为发展中国家,推动企业"走出去",既要在经济技术发达国家开展贸易和技术经济服务活动,也要在经济欠发达、技术水平相对落后的发展中国家开展贸易和技术经济服务活动,因此,水电标准作为我国技术标准实力的重要体现,一方面要实施"引进来",另一方面要实施"走出去"。

1.1.1　中国企业进入标准"走出去"阶段

　　"长期以来,标准作为国际交流的技术语言和国际贸易的技术依据,在保障产品质量、促进商品流通、提高市场信任度、维护公平竞争等方面发挥了重要作用。随着经济全球化进程的不断深入,标准在国际竞争中的作用更加突显,

---

　　① 张阳,周海炜,李信民. 东方战略管理思想[M].北京:科学出版社,2008.

继产品竞争、品牌竞争之后，标准竞争成为层次更深、水平更高、影响更大的竞争形式"[①]。在国际上推广中国标准，是为了支持和服务于中国企业的国际贸易活动，克服贸易壁垒。因而，本研究先从界定贸易壁垒、标准分类等相关概念和我国标准应用现状入手，研究标准"走出去"问题。

我国已建立了较为完整的标准化体系，基本保证了国内生产和经济活动需要，在一些行业或一些特定产品或特定贸易方面，中国标准已能融入国际标准体系，有些标准已完全吸收和兼容国际标准，有些中国标准或行业标准已走在世界前列。中国标准在国际贸易和技术经济服务中的地位呈现出不断提高之势，但从总体看，与传统发达国家标准比较，中国标准的国际地位，在很多方面还处于劣势地位。我国企业在"走出去"参与国际贸易和技术经济服务活动时，无论货物贸易还是服务贸易，无论投资活动还是金融活动，无论知识产权保护还是信息服务，均遭遇技术性贸易壁垒制约，使企业贸易和技术经济服务活动带来遭遇不便，甚至使企业的贸易和技术经济服务活动产生重大损失。

标准"走出去"研究，既是经济贸易和技术经济服务活动的重要方面，也是标准发展的必然过程，水电工程技术标准也不例外。在宏观方面，本研究背景基于四个方面，分别为我国政府制定的"走出去"政策，我国企业"走出去"和产品出口现状，我国水电"走出去"现状，水电标准"走出去"战略。

然而在国际贸易中，由于限于技术水平和能力，很难达到相应标准的严格要求我国企业在发达国家正遭遇着非关税贸易壁垒。而我国企业在发展中国家遭遇的非关税壁垒，经常表现出另外一种现象，从而产生了新的困惑。一些发展中国家加入 WTO 后，虽有本国的贸易保护措施，但为发展本国经济也实行开放贸易政策。特别是与我国友好的发展中国家在政策上体现了灵活的一面。在技术性措施方面，许多国家允许采用中国标准执行中国标准，但在实际操作上又经常发生中国标准并未能得到广泛应用，或者应用时障碍种种困难重重，形成"中国标准之谜"。"中国标准之谜"至少表现在五个方面：① 在一些行业或专业中，中国标准已经处于世界先进水平，但未能得到推广应用。其中最典型的是水电行业的勘察设计和建设施工标准。② 在贸易技术经济服务活动中，一些国家同意采用中国标准，但实际操作时中国企业拿不出系统的标准外文文本，语言方面，中国标准多为中文，没有译为国际通用语言或在应用国"本土化"，出现操作障碍。③ 我国标准中包括很多行政管理、技术法规内容，这些内容适合我国国情，但因国家主权、法律障碍等问题不能直接在别国使用，如技术法律中的处罚性条款等不能直接适用于其他国

---

① 刘焱. 2008 国际标准化发展研究报告[J]. 中国标准导报，2009(7)：47.

家。④ 我国标准中有许多定性表述,缺少定量表述,国人能理解许多形容性的表述,但外国人会很难理解。如"基本查明"等。⑤ 我国有很多行政管理、公务管理性文件带有标准色彩,而在相应标准中却没有体现。这种情形较多体现在环境保护、生态保护、工程征地和移民等领域。"标准之谜"的现象极大影响了中国标准的透明性、适用性(国内与国际适用性衔接)、规范性(政策与技术衔接)、便利性(体系明了与文本语言通用)等,因而制约着中国标准的推广。

可见,在国际贸易和技术经济服务活动中,特别是在制订贸易和技术经济服务规则活动中,研究推广我国技术标准,增加我国的技术标准话语权克服标准性非关税壁垒是一项重要任务。我国既要建立本国贸易和技术经济服务活动的保护措施以应对进口产品,又要加强技术和技术标准输出以应对出口活动中的贸易壁垒。

1.1.2 中国水电依托技术标准"走出去"

开发水电、建设水利水电工程的重要目标之一是提高人们的生活质量。我国水电资源十分丰富,在水电开发上已取得举世瞩目的伟大成就,水电工程建设和管理水平已处于世界先进水平,在施工建设、规划设计和运行管理方面取得了许多成功经验①。我国水电行业在参与国际经营方面,已初步实现"走出去",无论是咨询、设计等服务活动,工程总承包、建设施工等建设活动,还是开发水电工程项目的境外投资方面,均取得不俗业绩,但前述困惑和瓶颈广泛地存在于水电行业的对外贸易和技术经济服务活动中。我国水电行业"走出去"同样遭遇着标准等技术性贸易壁垒,成为水电行业"走出去"的重要制约因素。

国际经营中,我国水电行业在东盟、非洲等一些水电资源丰富的发展中国家已逐步占领一定的市场规模,因此要扩大市场份额,形成国际经营收入,取得经济效益,就必须进一步克服标准等技术性的贸易壁垒。国际水电市场存在多种可供选择的水电工程技术标准体系,技术标准体系被采用,则熟练掌握该技术标准体系的商业成员将在市场竞争中处于有利地位,也将有利于一国贸易和技术经济服务活动。我国水电企业在"走出去"的实践中,既要使用其他技术标准开展国际竞争,也更期望使用中国技术标准开展竞争,以期获得对中国企业更加有利的竞争环境。因此,在水电行业的国际竞争中,迫切需要加强对技术性贸易措施研究,将水电工程技术标准作为技术性贸易措施研究,积极推广运用中国水电工程技术标准。这不仅需要准确把握标准的实施和发展现状,还需要中国制定有效战略,积极引导和帮助国内企业规避和突破技术性贸易壁垒,开拓和占领水电工程国际市场,促进国

① 李菊根. 改革开放三十年的中国水电[M]. 北京:中国电力出版社,2009

际贸易和技术经济服务向有利于我国的方向运行①。

研究水电工程技术标准"走出去"，基于以下管理背景和需求：① 我国有一整套、一系列内容完善、系统科学、技术水平较高的水电工程技术标准。已在国际水电建设史上产生一定影响。但是，我国水电工程技术标准却没有获得其应有的地位。② 我国水电（企业、产品、装备）不断"走出去"。但"走出去"后都遇到了如何选择技术标准的问题。③ 很多发展中国家致力于发展水电，技术标准需求旺盛。例如，东南亚国家、非洲国家都是水能资源较丰富的国家，都在探索和努力开发其水能资源，技术标准需求旺盛。我国水电在"走出去"的近几年中，已经在东盟国家取得较大的市场份额。在世界范围内，特别是在第三世界中的非洲国家，我国水电"走出去"的市场空间仍是巨大的。④ 执行不同的标准，无论对中方，还是项目本土国以及第三国（含第三方）都将产生深远影响，在市场占有、产品（工程）质量、企业获利程度、工程建设管理、项目本土国利益等方面都有巨大影响。

1.2 研究问题与意义

1.2.1 研究问题

本研究立足当前我国的水电工程技术标准"走出去"政策，探讨水电工程技术标准"走出去"相关理论问题，结合"走出去"已有实践经验，研究水电工程技术标准"走出去"战略问题，为在国际水电市场推广应用中国水电工程技术标准提供理论支撑。

本研究以标准为宏观研究对象，以水电工程技术标准为具体研究对象，以水电工程技术标准在广大发展中国家的主要活动为目标对象，以商业生态系统理论为主要理论支撑，借助相关研究成果和分析工具调查分析我国水电工程技术标准建设和水电开发现状，研究有关国家标准建设和水电开发现状与对技术标准的需求，利用战略管理分析工具和技术经济分析方法，对水电工程行业竞争形势、合作潜力、发展前景等进行科学分析，对水电工程技术标准"走出去"问题进行分析，结合我国水电行业"走出去"现状和成功经验，通过理论拓展分析构建水电工程技术标准商业生态系统，提出水电工程技术标准"走出去"战略管理分析模型，提出水电工程技术标准"走出去"建议、战略评价与反馈方法。

本书涉及的研究，主要针对"走出去"的技术和经营活动，研究水电工程技术标

---

① 康荣平，等.中国企业国际化战略——展望中国 2008（上）[M].中信出版社，2008

准"走出去"战略问题。对于我国建立和制定标准性贸易保护措施方面,暂不作深入分析。对所研究的技术标准范畴也进行了限定。若按标准类别划分,一种是对各种标准进行全面研究,二是针对特定行业标准进行研究,三是对特定产品、工艺或规范进行研究。若按地理区域分类,一种是对全球范围内标准的研究,二是针对特定行政区域的标准进行研究,三是针对特定国家的标准进行研究。限于时间和个人研究能力,本研究采取特定行业并选定重点专业、特定地区并选定重点国家的组合方式,即着重于水电工程技术标准(包括国家标准、行业标准、企业标准),以水电勘察设计、施工标准为重点,以水电资源丰富的发展中国家(如非洲、东南亚、哈萨克斯坦等)为重点区域分析对象,研究水电工程技术标准"走出去"战略问题。

1.2.2　研究意义

（1）理论意义

本研究从商业生态系统理论出发,辅以生态学相关理论,通过商业生态系统理论理论拓展和应用研究,基于水电工程技术标准体系及水电行业发展规律分析,提出水电工程技术标准商业生态系统概念,建立了水电工程技术标准"走出去"战略管理理论研究框架。通过建立水电工程技术标准商业生态系统,分析水电工程技术标准商业生态系统形成机制种群结构,内部合作关系及演化规律竞争特点,模拟和实证分析了系统内部商业成员的战略角色,提出了水电工程技术标准"走出去"实施路径和政策建议。本研究将商业生态系统理论、竞争与合作理论、组织间关系理论等引入到水电工程技术标准"走出去"战略研究中,不仅进行了定性分析和理论阐述,还通过技术经济方法将相关管理要素进行量化,进行定量分析和评价,在一定程度上拓展了水电工程技术标准"走出去"的研究范围,深化了"走出去"理论意义。因此,本研究无论对于拓展商业生态系统理论的应用领域,还是对于研究水电工程技术标准"走出去"的战略管理理论发展,均具有一定的理论意义。

（2）实践意义

水电工程技术标准"走出去"战略管理研究,既属于战略管理理论研究范畴,又属于水电工程技术标准管理范畴,还属于水电行业发展管理范畴;既属于技术经济理论研究范畴,又属于工程建设与生产经营实践应用研究范畴。自20世纪90年代开始,国家将"走出去"作为一项基本国策上升到国家战略地位,中国水电企业越来越成为全球水电开发建设的重要力量,在全球范围内承担的水电工程建设任务不断增加,水电市场建筑施工总承包的市场占有率不断上升。河流条件千差万别,建设工程千姿百态,由于水电行业的复杂性和水电工程规划建设运行的复杂性,水电工程既涉及政府、社会、法律、经济利益等政治经济关系,也涉及技术标准、产品、质量、安全、工程功能等技术问题，如果水电工程技术标准选择不当，不仅影响工程功能目标的实现，影响工程建设安全和长期平稳运行，还可能影响社会稳定，带来生态环境方面问题，不仅影响建设施工单位的经济利益，还影响投资人利益和工程项目建设的社会经济效益。因此，任何一个国家开发水电，任何投资商投资水电项目，都对采用的水电工程技术标准提出严格要求，甚至进行严格的行政许可管制。我国水电行业在"走出去"的实践中，任何一个水电工程建设项目都将直面东道国政府或投资人做出的关于水电工程技术标准的选择与采用问题，如果处理不当，不仅影响"走出去"企业的赢利程度和市场占有率，还可能影响两国政治经济方面的外交关系。

即使在广大发展中国家水电开发中推广应用中国标准，依然存在很多制约和困难。第一，大多数发展中国家有其自身的标准管理体制，虽然还不健全，技术水平还不高，但本国的行政法规中对技术问题通常提出较严格的技术要求。第二，近代史上，很多发展中国家与西方国家有千丝万缕的联系，而且西方国家总体仍处于发达阶段，其技术发展成就对发展中国家有强大的吸引力。第三，西方国家的全球化战略始终关注发展中国家经济建设，推行水电工程技术标准有利于发达国家战略的技术经济政策。第四，就标准本身而言，虽说中国水电"名声在外"，但由于文化、技术、语言环境、人力资源、品牌宣传等多种原因，我国建立的非中文标准文本还不完备，大多数发展中国家仍然尚不熟悉中国标准体系，使得相关国家应用中国标准存在诸多障碍。第五，大多数发展中国家虽然建立了自己的标准化体系，但多数很不完善，水电技术标准方面更显不足。在此背景下，中国水电在发展中国家开展跨国经营，应用和执行什么技术标准，应该做出怎样的战略选择，是当前迫切需要研究的重要议题。

研究水电工程技术标准"走出去"是十分重要且必要的理论问题。但是，现有管理手段和技术经济方法，尚缺少与水电工程技术标准"走出去"的有机结合。因此本研究围绕水电工程技术标准"走出去"进行战略管理理论、技术经济方法和工程案例的探讨，对技术标准"走出去"具有十分重要的现实意义。

1.3 国内外相关文献综述

1.3.1 标准及标准化相关研究

（1）对标准的认知

一国或组织技术标准的国际应用，是各国政府、企业和学术界非常重视的理论和实践问题。在社会文明不断发展的过程中,西方国家深刻理解了技术标准对于经济发展的贡献因此在国际标准制定的战略问题上进行了长期研究和实践。我国对于技术标准的重视由来已久,中华人民共和国成立后,政府高度重视技术标准体系的发展和建设,在改革开放政策指引下,更是加大力度制定技术标准以规范经济技术活动,并开展大量的研究工作,特别是对于技术标准的国际化问题,总结国内经验和借鉴国外经验,做了大量的研究工作。近年来,我国政府组织相关企业对水电工程技术标准"走出去"进行大量研讨论证,结合水电行业参与国际水电市场活动的特点,做了大量工作。2013 年 ISO 发布的最新进展报告[1]提出"更简单、更快捷、更好",是标准化发展方向其制定的"三项"新行动项目计划包括标准发展程序的快速化、邀请更多的发展中国家参与标准开发、推进 ISO 标准的全球化,这项政策为我国参与国际标准化活动创造了便利条件,为我国推动标准"走出去"提供了外部环境机遇。Paul 和 Martina[2],指出在照明标准方面,委员会在成员国和成员组织的支持下加强照明标准体系的建设,不断完善世界范围内照明标准的统一,推动技术进步,为各成员国的经济发展作出了巨大贡献,从照明这一具体标准来论述标准的作用,体现了技术标准正不断走向专业化和精细化。Chen X Y[3] 等学者研究认为标准和技术规则能够促进国际贸易,在分析了 17 个发展中国家 619 家公司贸易数据后,认为发展中国家应积极响应有关国际贸易规则和有关工业化国家的标准、国际标准,国际贸易才能更有利于本国贸易发展,有利于做出是否扩大出口市场决定。三大国际标准化组织 ISO/IEC/IT 滚动发布相关发展战略和发展规划,对全世界技术标准的发展起着重要的指导作用。

（2）对标准化的认知

我国学者对世界标准化发展史做了大量研究,段煜[4]提出,标准化的发展历史是与人类历史长期发展的相伴过程,标准从无意思到主动行为,从模糊判断到清晰明确,标准的发展,具有强烈的时代特征和制度意义。陈锦汉[5]研究发达国家实施标准化战略的启示时指出,标准化是复杂庞大的系统工程,需要政府、部门、社会各

[1] ISO. The Latest Developments of New 2013 ISO Directives Version. Information Technology & Standardization, 2013(8).

[2] Paul, Martina. Nearly one hundred years of service-CIE's contribution to international standardization[J]. ISO Focus, 2009(5).

[3] Maggie Xiaoyang Chen, Tsunehiro Otsuki, etc. Do Standards Matter For Extort Success[R]. World Bank, 2006

[4] 段煜. 标准化发展简史[J]. 南京:华人时刊(下旬刊),2014(3)

[5] 陈锦汉. 发达国家实施标准化战略的启示与思考[J]. 广州:世界标准化与质量管理,2008(8):38-40.

方面的共同重视和努力。陈恒庆①着重研究了日本的标准化战略内容,即确保标准在技术经济市场中的适合性和效率性推行标准化与推行开发研究一体化的战略活动。陈恒庆还在 2007 年②总结了当时世界各发达国家标准化制度及工作动向,分析了国际标准化组织及有关发达国家采取的战略行动,提出中国应高度重视加入 WTO 和在经济全球化背景下应重视国际标准化工作。郑卫华③分析了标准化与我国实施"走出去"战略的关系,指出标准化是实施"走出去"战略的有力武器和致胜法宝,提出实施标准"走出去"战略的"四种机制"——竞争机制、跟踪机制、制定机制和参与机制,即我国必须建立国际标准竞争的机制,建立国际国外标准的跟踪机制,建立国际标准主导机制和建立以中国特色产业为核心的国际标准化组织机制。从 2008 年开始,郑卫华、张林等主编出版和发布了 4 部《国际标准化发展研究报告》,该年度系列报告是当前国内比较有代表性的研究成果,集中全面地介绍了国际标准化的情况,介绍了 ISO、IEC、ITU 三大国际标准化组织的标准化战略、标准化政策、国际标准和技术组织的发展等;介绍了国际标准化政策研究、国际标准发展、国际标准化组织发展等;陆续分析介绍了主要发达国家(美、德、英、法、日等)的标准发展历程、管理体制、运行模式、标准化战略等;对标准中的专利问题、技术法规中引用标准的问题以及欧洲标准化的新发展、标准化的经济效益等做了专题研究。这些报告中,对国际标准化概念给出了更为明确的定义,即国际标准化是指在国际范围内由众多的国家或各类国际组织共同地参与开展的标准化活动,该项标准化活动的宗旨在于研究、制定、发布并推广采用国际统一的标准,协调各国、各地区的标准化活动,交流和研讨有关标准化事宜 ④⑤⑥。

(3) 中国标准的国际应用

上述研究成果和研究数据对本研究很有参考价值。研究发现,上述相关研究成果的主要研究视角在于标准的国际化,而不是侧重于研究中国现有标准的国际应用,即对于中国技术标准"走出去"问题的研究仍然不足。西方国家标准的"走出去"研究对于我国有很好的借鉴作用,但其公开发表的研究成果,更多地是介绍了本国标准国际化的作用和价值,而对于如何"走出去"的研究内容较少。提出水电标准"走出去"是近年来的新课题。纵观近年来我国水电标准技术水平,总体认为

① 陈恒庆. 世界标准化战略(上、下)[J].北京:冶金标准化与质量,2003(2,3):1-3 / 7-11

② 陈恒庆. 世界各发达国家标准化制度及工作动向 [J]. 北京:冶金标准化与质量,2007(1):53-58.

③ 郑卫华. 国际标准化发展研究报告(2008)—(2009)[M].北京:中国标准出版社,[2009-5]—[2010-6].

④ 中国能源研究会. 中国能源发展报告(2011)—(2014)[M].北京:中国电力出版社,[2011-11]—[2014-5].

⑤ 周游,徐婷婷. 商业生态系统的复杂性思考[J]. 哈尔滨商业大学学报:社会科学版,2010 (1):84-88.

⑥ 赵英. 提高我国制造业国际竞争力的技术标准战略研究[J]. 中国工业经济,2007,4:38-45.

已经达到国际先进水平,而在这一时期,我国水电企业参与国际水电市场竞争不断深入,由此在企业界,特别水电勘察设计企业、水电建筑施工企业和大型装备制造企业都深知推动中国水电标准"走出去"的必要性,并开始进行相应的研究和实践工作。侯俊军提出"中国标准'走出去'提高国际话语权"①,王楠楠曾提出"标准'走出去',话语权提上来"②,并介绍了公路工程行业首批发布 10 部公路标准外文版和拟再翻译发布 36 部外文版的相关信息。企业家种衍民鼓励企业采用中国标准"走出去",在让"中国装备享誉全球"的政策引导下,分析了中国企业"走出去"的优势和阻力后,进一步提出三项建议,即建立采用中国标准实现"走出去"的奖励机制,建立增强中国企业海外影响力机制,建立融资支持机制③。成平提出建立基金推动公路基础设施标准"走出去"④,人民政协报发表文章提出"中国装备'走出去'的前提是中国标准'走出去'"。米金升⑤提出了中国工程承包业"走出去"经历的 4个阶段,即劳务输出、中低端承包、高端竞争、标准输出,以此进一步论证了标准"走出去"是设计企业"走出去"的关键。王民浩、唐振宇⑥提出积极推动中国工程技术标准"走出去",分析提出"谁掌握了技术标准的制定权,谁的技术标准成为国际标准,谁就掌握了市场的主动权。国际经济竞争开始由资本竞争向技术标准竞争转变。标准之争实际上是未来市场竞争"。中国建造日益全球化,却很难在海外找到中国标准,中国标准"海外遇冷"⑦。严建峰⑧分析研究了国际工程建设标准问题,提出在开展国际工程承包时,应同时推动我国工程建设标准"走出去"和提高国外先进工程建设标准应用能力。王惠和⑨研究认为经过 30 年的改革开放和"走出去"实践,中国煤炭标准能够"走出去"。邵雅文⑩提出"以标准带动'走出去'",分析了中国家电业标准化工作的成效和突破,还提出"国际标准化:'走出去'永无止境"的发展理念。我国专家张晓在 36 届国际标准化组织 ISO 大会上当选 ISO 新一任主席,任期为 2015 至 2017 年,中国标准化水平得到世界认可,既展现了中国标准"走出去"取得了阶段性成就,又为今后中国标准"走出去"创造了更多更好的人

① 侯俊军. 让中国标准"走出去"[N]. 北京:经济日报,2014(12-4).
② 王楠楠. 标准走出去,话语权提上来[J]. 北京:交通建设与管理,2011(11):50-51.
③ 宋文华,尹翔宇. 鼓励企业采用中国标准走出去 [N]. 北京:中国工业,2014(3-18):第 4 版.
④ 成平. 建立基金推动标准走出去[J]. 中国公路,2014(12):6
⑤ 米金升. 中国标准:设计企业走出去的关键[J]. 北京:国际经济合作,2012(9):25-28
⑥ 王民浩,唐振宇. 积极推动中国工程技术标准走出去[J]. 北京:国际工程与劳务,2008(11):12-15.
⑦ 吴保平. 建筑编辑部,带着中国标准走出去[J]. 北京:建筑, 2010(8):6-9.
⑧ 严建峰. 国际工程中工程建设标准问题研究[J]. 北京:建筑经济,2012(7):57-60.
⑨ 王惠和. 论中国煤炭业标准走出去[J]. 北京:国际工程与劳务,2009(1):45-47.
⑩ 邵雅文. 以标准带动走出去[J]. 北京:中国标准化,2013(3):52.

文条件。赵少波①提出我国加快转变经济发展方式,境外投资是带动中国标准"走出去"的重要手段,通过标准"走出去"带动技术、管理、施工、相关配套设备、建筑材料、劳务人员等全产业链广泛地"走出去",分析研究了投资对于标准"走出去"的推动作用。

（4）企业对标准"走出去"的认知

原中国水电顾问集团在研究开拓国际水电市场时,明确提出推广应用中国水电工程技术标准,特别是首先推广中国水电工程技术标准中的勘察设计标准,并开始初步探讨研究水电工程技术标准"走出去"。原中国水电顾问集团比较深入地开展了此项研究,并在商务部等有关部委的领导和支持下启动了关于标准"走出去"的研究内容。这项研究取得许多积极的成果,研究工作仍在进行。这项研究的方向主要是应用层面的,不侧重理论研究,最大的特点是明确了中国水电工程技术标准"走出去"应做的很多具体工作,其重点工作之一就是中国水电工程技术标准的英文版的制定和翻译工作,以及技术标准的推广,分析比较不同国别(特别是西方发达国家)的技术标准制定理念、技术标准具体内容(包括具体要求、具体计算方法、参数选择等)。在商务部的统一领导和协调下研究工作划分了很多子课题,很多行业根据分工参加到了这项研究中。研究工作还在进行中,未对外发布研究成果。原中国水电工程顾问集团(现改制合并到中国电力建设集团有限公司)是水电勘察设计标准这个部分的牵头研究单位,已经在水电工程勘察设计标准的英文版制定和翻译方面做了大量的工作,制定和翻译印发了主要的水电工程勘察设计技术标准。这些都是水电工程技术标准"走出去"的实践活动。水电行业的一些专家对开拓国际市场过程中如何推广中国水电工程技术标准做了很多思考,并促进了中国水电工程技术标准在国外一些水电工程中的应用,特别是在有中方投资的水电工程建设中的应用。2013年原中国水电顾问集团专门召开技术标准"走出去"研讨会,分析研究水电勘察设计行业在"走出去"实践中推广使用中国水电工程技术标准的相关经验,与会专家提交了中国水电技术标准与其他国家水电标准进行技术比较的研究成果。2014年提出的研究成果进一步比较了我国标准与西方有关标准的体系结构、技术思路和技术要求,部分成果反映了东道国政府或投资人选择技术标准的要求等。本研究借鉴吸收了很多专家的思考和工作经验成果。原中国水电工程顾问集团国际公司对于中国风电工程技术标准"走出去"做了专题研究,深入探讨了中国风电工程技术标准"走出去"的战略管理问题,并利用 SWOT

---

① 赵少波. 境外投资带动中国标准走出去[J]. 北京:国际工程与劳务,2011(6):12-13

工具进行了战略分析。孔德安、周海炜[1][2][3]基于商业生态系统理论，分析了水电工程技术标准"走出去"的研究背景，提出建立水电工程技术标准商业生态系统，通过商业生态系统拓展，以及分析商业生态系统的竞争、合作、进化，实现水电工程技术标准"走出去"的战略设想。

中国电力建设集团一直重视水电工程技术标准"走出去"研究，投入大量资源开展研究工作，历时多年取得可喜研究成果。水电水利规划设计总院一直重视开展重要技术标准英文版研究工作，积极推进中国水电技术标准国际化进程，紧密围绕中国水电工程"走出去"需要，加强与国外技术标准体系的对接，系统地开展中外水电行业重点技术标准对比研究，提出了与"国际接轨"的初步框架方案，同时，通过各种形式，努力让国际社会逐步了解中国标准，接受中国标准，习惯中国标准，共同使用、宣传中国标准，使中国水电标准成为国际社会认可的先进水电行业技术标准，使我国水电行业标准在国际上立得住、有权威、有信誉，为中国水电"走出去"发展战略保驾护航。并进一步按照"国际接轨，结合国情"的理念进行推进，进一步完善更为合理的、国际化程度更高的中国水电技术标准体系。

1.3.2　中国"走出去"战略研究综述

（1）"走出去"战略制定与研究

"走出去"是我国的重大基本国策[4]。中华人民共和国成立后，国际贸易和技术经济服务活动一直保持发展，但限于各种原因，特别是西方国家对我国的敌视，相当长一段时期内，我国的国际贸易和技术经济服务活动与国际贸易思想主要受前苏联的影响，国际贸易和技术经济服务活动发展总体上是比较慢的。改革开放以后，我国的国际贸易和技术经济服务活动更加活跃，规模不断扩大，并逐步丰富和发展起来。改革开放的政策，最初主要是引进来，此后我国开展了引进外资、引进技术的各种努力，随着我国经济的不断发展壮大，国际贸易活动和技术经济服务丰富和发展起来，国际贸易金额越来越大，成就越来越大，逐步成为世界范围内的贸易大国。1998年我国正式提出"走出去"战略。"走出去"战略成为我国的对外贸易战略的重要组成部分。改革开放以来，根据国民经济的发展阶段，我国相应制

① 孔德安,周海炜.水电工程技术标准走出去商业生态系统服务功能定位研究[J].昆明:经济问题探索,2012(3):154-157
② 孔德安,潘羽中.水电工程技术标准走出去商业生态系统演化分析[J].郑州:人民黄河,2012(12):117-119.
③ 孔德安.水电工程技术标准走出去战略:竞争、合作、进化——商业生态系统观点[J].水力发电学报,2013(1):314-319.
④ 马慧敏.当代中国对外贸易思想研究[M].立信会计出版社,2008.

定和确立了与国民经济发展相适应的对外贸易发展战略和战略目标。我国制定的对外贸易战略有：以质取胜战略，市场多元化战略，出口商品战略，进口商品战略，科技兴贸战略，国际大循环战略，外向型经济发展战略，大经贸战略。世界经济是快速变化的，新兴市场不断涌现和快速崛起①。我国实施的这些战略在不同时期，不同领域，不同的国内环境和国际环境背景下各有侧重。这些战略，在我国国际贸易中发挥了重要作用，取得显著成效，并将在我国国际贸易中持续发挥着重要作用，各项战略的实施依然任重道远。柴海涛②研究了我国政治战略家提出"走出去"战略的前瞻性和敏锐性，进一步研究总结了实施"走出去"的基本现状和障碍问题，提出明确目标，加强立法，金融支持，放松管制，提供服务的战略框架。同年覃晓雪③分析了企业"走出去"的障碍及对策，认为当时我国企业的整体素质和参与国际分工的程度与发达国家相比差距巨大。李志远④提出"走出去"既是企业战略，也是国家战略，"走出去"利用国内国际两个市场、两种资源，提出"走出去"战略可分为商品输出层次和资本输出层次，商品输出层次包括货物贸易、服务贸易、技术贸易以及工程承包等，即出口贸易与对外技术经济合作，资本输出层次主要指对外直接投资活动。隆国强⑤、李果⑥研究了与我国企业"走出去"政府给予的鼓励政策和支持政策，赵建军⑦、崔永刚⑧、文富德⑨等分别研究了相关国家支持或扶持本国企业"走出去"的政策，包括金融政策、对外投资政策等。安国俊⑩提出金融先行可加快中国企业"走出去"进程，以金融国际化助力企业海外投资力度和产业升级，倪勇军⑪指出，中国企业"走出去"要选择合适组织架构，通过合适的法律保护投资者规避法律风险，高度关注国别税法变动和发展动向，及时调整税务安排，实现税负合理化。近年来，在经济新常态政策指引下，我国政府进一步明确和强调提出企业"走出去"、装备"走出去"和技术标准"走出去"，各个方面关于"走出去"的理论研究和实践研究进一步增加。新常态是一种经济现象，由美国太平洋基金公司总裁埃

① 安东尼，蒋永军. 世界是新的：新兴市场崛起与争锋的世纪[J]. 现代工商，2008 (11)：74-74.
② 柴海涛. 走出去发展战略：政策框架和模式选择[J]. 北京：国际经济合作，2003(5)：15-19.
③ 覃晓雪，李灵维. 企业走出去的障碍及对策[J]. 北京：国际经济合作，2003(7)：14-15.
④ 李志远. 实施走出去战略的公共政策分类与现状[J]. 北京：国际经济合作，2004(3)：13-15.
⑤ 隆国强. 走出去战略的鼓励政策[J]. 北京：经济研究参考，2002(66)：30-39.
⑥ 李果，刘文纲. 我国企业走出去的政策环境及其改进[J]. 北京：北京工业大学学报(社会科学版)，2002(6)：37-41.
⑦ 赵建军. 国外扶持企业走出去的金融政策及其启示[J]. 北京：首都经济贸易大学学报，2005(2)：70-73.
⑧ 崔永刚. 外国鼓励企业走出去的政策及其启示[J]. 西安：理论导刊，2005(1)81-83.
⑨ 文富德. 印度企业走出去的政策及做法[J]. 成都：南亚研究季刊，2003(4)：1-5.
⑩ 安国俊. 金融先行可加快中国企业走出去进程(N). 证券日报，2014(12-27)：第 B02 版.
⑪ 倪勇军，许浩. 中国企业走出去须关注当地税务环境(N). 中国经营报，2014(12-27)总 2091 期.

里安提出,其涵义为经济复苏中的"缓慢而痛苦的过程"。《人民日报》连续发表三篇评论[1],中国经济新常态意指"中高速、优结构、新动力、多挑战"四项主要特征。商务部[2]等政府有关部门持续发布"走出去"国别风险报告,对外投资合作环境保护指南,对外投资合作国别(地区)指南等各类支持"走出去"的措施性文件。高超[3]研究论述了广告贸易发展中政府、产业、公司和人才层面的"走出去"政策建议。戴瑜慧[4]研究了文化"走出去",解读了民营企业的海外媒体收购案例,总结提出"国营银行—私人资本家—海外侍从资本家"三角联盟式的海外收购模式,进而扩大进入他国文化产业和其他相关产业。王虹[5]研究了以南通地方纺织业进军巴西、开拓南美所取得的成效。马玉忠[6]分析了我国农业企业在俄罗斯所遭遇的"成长的烦恼",即因为"走出去"政策不完善而影响"走出去"提档升级。宋文华[7]分析提出"一带一路"战略引领中国企业"走出去"时,提出推动欧亚融合和海陆对接、发展创造新机遇、义利兼顾勇于创新。"一带一路"政策与"走出去"政策的相互辉映,中国海外经营将进入更加美好的黄金时代。

（2）企业"走出去"研究成果

自我国提出"走出去"战略以来,企业"走出去"的研究成果十分丰富。研究成果从很多角度分析了企业"走出去"的现状、经验和理论成果,一些学者探讨中国企业"走出去"的理论问题,一些学者总结相关企业的"走出去"实践经验,政府及有关组织发布了一些我国企业"走出去"的研究成果。中国社会科学院专家康荣平所著《中国企业的跨国经营——案例研究理论探索》[8]和《中国企业国际化战略〈展望中国2008〉》这两本著作反映了当时一些中国企业"走出去"的发展情况,具有一定的代表性。马宁生[9][10]分析了设计咨询企业的特点,分析探讨了设计咨询企业"走出去"存在组织结构陈旧、"干系人"(律师、设计师、测量师、咨询顾问公司等)作用发

---

① 紫叶. 新常态[J]. 上海:上海质量,2014(9):卷首语.

② 韩一峭. 走出去相关政策选编[J]. 上海:国际市场,2013(5):26-27.

③ 高超. 中国广告产业的走出去之路——2012—2013 年我国广告业对外文化贸易发展撮要[J]. 成都:中华文化论坛,2014(10):14-22.

④ 载瑜慧. 文化走出去政策新推手:私人资本家与海外媒体收购[J]. 台湾:中华传播学刊,2013(12):3-27.

⑤ 王虹. 走出去:南通纺织业欲进军巴西——2013 年开拓南美——巴西纺织市场报告会成效显著[J]. 中国纤检,2013(11):36-37.

⑥ 马玉忠. 农企走出去遭遇"成长的烦恼"[J]. 北京:中国经济周刊,2014(9):80-81.

⑦ 宋文华. "一带一路"战略引领中国企业走出去[O]. 人民网:国际频道. http://world. people. comcn/n/2014/1 227/c1 002-26 285 988. html.

⑧ 康荣平,等. 中国企业的跨国经营——案例研究 理论探索[M]. 北京:经济科学出版社,1996.

⑨ 马宁生. 设计咨询企业走出去的障碍与超越[J] 北京:国际经济合作,2004(4):19-22.

⑩ 马宁生. 从全球咨询设计 200 强看中国企业走出去[J]. 北京:国际经济合作,2006(8):4-5.

挥不足、低价竞争三种障碍，设计企业"走出去"可从完善现代企业制度、给予"走出去"企业公平的国际地位、解决标准与国际接轨三个方面实现超越，结合 2005 年全球最大 200 家国际工程咨询设计企业综合评比情况，进一步分析了设计企业"走出去"的特点、优势以及差距。丁宏[①]研究了电力设计企业实施"走出去"的战略，提出眼睛向外，发挥优势，拓展海外的具体措施。中国建筑标准设计研究院[②]深入总结分析了勘察设计企业"走出去"面临的基本设计要求、表达方式不同所存在的风险，设计周期方面的时间风险，人力成本和费用风险，现场服务模式风险等，提出加强欧美标准学习，提高技术手段，加大人才储备和培养，加强中国标准国际化等战略措施。刘博[③]研究了铁路勘察设计企业"走出去"的现状，提出国际知名工程设计企业的成功经验在于全球战略部署、一流国际人才、卓超市场拓能力、卓越融资能力、卓越资源整合能力，进而提出转变观念、改进管理、加强人才培养、改进生产组织模式、改革技术管理模式、增强融资能力等策略。闫宗锋[④]认为我国水利水电咨询设计企业一直徘徊在国际咨询高端市场的边缘，提出水利水电咨询设计企业"走出去"的思路是推动高端技术"走出去"，即推动技术带头人"走出去"、工程技术人员"走出去"和与国际知名企业合作"走出去"。杜曼玲[⑤]以中国水电工程顾问集团为研究对象，分析中水顾问集团所具有的核心竞争力和行业发展背景，研究了实施"走出去"的具体战略措施，提出打造全球生态网络的经营策略。张峰[⑥]研究了铁路勘察设计企业的特点，分析了设计产品的特点，"走出去"的条件、方式和制约因素，提出设计企业"走出去"要提升竞争实力、吸纳优秀人才、改进生产管理等齐学勇[⑦]分析了中国施工企业与国际承包商存在的差距指出主要差距表现在经营规模、运作经验、技术水平、人才层次等四个方面，并研究提出施工企业"走出去"战略措施，建议在政府支持、母体支撑、渐进可行、细分市场、内控模式、成本优势、合同管理和复合型人才八个方面采取措施。杨长明[⑧]（2007）论述了施工企业实施"走出去"战略的一些思考。张娟[⑨]、王莉[⑩]研究了建筑施工企业承包国际工程的风

---

① 丁宏. 对电力勘测设计企业实施"走出去"战略的思考[J]. 北京：电力勘测设计，2006(1)：5-8.

② 中国建筑标准设计研究院. 中国勘察设计企业"走出去"的分析与思考[J]. 天津：工程建设项目管理与总承包，2012(6)：27-29.

③ 刘博. 铁路勘察设计企业走出去管理策略探讨[J]. 北京：管理观察，2014(8)：37-38.

④ 闫宗锋. 水利水电咨询设计企业走出去之思路[J]. 成都：四川水力发电，2010(4)：78-82.

⑤ 杜曼玲. 水电设计企业走出去战略探讨[J]. 北京：水力发电，2013(12)：65-68.

⑥ 张锋，侯红林. 工程勘察设计企业国际化经营策略探讨[J]. 工程建设与设计，2013(8)：164-167.

⑦ 齐学勇. 浅析施工企业如何实施走出去战略[J]. 北京：建筑经济，2005(3)：61-63.

⑧ 杨长明. 施工企业实施"走出去"战略的思考[J]. 北京：铁道工程企业管理，2007(3)：12-15.

⑨ 张娟，王月. 承包国际工程的险与策[J]. 北京：建筑，2010(8)：23-26.

⑩ 王莉. 论施工企业向海外走出去发展面临问题[J]. 石家庄：中小企业管理与科技旬刊，2012(1)：2.

险与对策,论述了施工企业"走出去"面临的问题,提出"走出去"面临国家风险、法律风险、合同风险、技术风险和市场风险。傅玉成[1]等从不同视角研究了国际工程承包联营体竞争模式、合同管理、风险管理等。本土化是实施"走出去"的重要内容。柳利军[2]提出从"走出去"到融进去的观点,范昀[3]从媒体管理视角,提出传播力决定影响力,媒体业通过推动国家思想文化、价值观念的流传,打造"走出去"获得接地气的传播力,打造"走出去"后通人气的影响力。黄文彦[4]基于营销战略理论分析探讨了"走出去"本土化的营销策略问题,提出先立足后发展的营销战略,提出农村包围城市的市场开拓策略、本土化营销策略和运营支撑体系策略。何清[5]研究提出了全球本土化的五项策略,即思维全球化、经营管理本地化、战略决策与经营决策分离、先全球后本土、建立多元文化。作为企业家的郭建堂[6]提出统一认识,发挥优势,推动水电施工企业"走出去",分析企业当前面临的发展形势,部署了未来实施"走出去"任务,此后其所在中央企业水电总公司及所属施工企业开始加大力度实践"走出去"战略。孙越[7]总结了所属水电施工企业实施"走出去"所取得的成绩,经验和面临的问题。张建文[8]分析了水电施工企业实施海外优先战略的必要性,结合"走出去"案例,专题分析研究了"走出去"过程中人力资源管理及薪酬制度改革,建议重视海外经营型战略性人才培养。赵东风[9]总结了中国水电企业海外水电投资项目的施工经验,从海外投资和项目施工两个维度,探讨了海外投融资模式、资本运作和工程建设管理。孙立新[10]研究了水电施工企业实施"走出去"战略的现状、难点(包括技术标准对接的偏差)、模式,分析了制约市场开拓的多种国内难点和国际难点,分析提出了劳务输出型、专业技术服务型、施工总承包型和投资开发型4种市场模式,建议加强战略转型,强化"走出去"力度。李铮[11],提出我国水电行业与发达国家仍然存在巨大差距的原因在于高端市场份额较小,仍主

[1] 傅玉成. 论国际工程承包中的联合经营问题[J]. 北京:建筑经济, 1995(5):36-39.
[2] 柳利军. 从走出去到融进去——论施工企业域外经营本土化操作[J]. 北京:施工企业管理, 2007(9)112-113.
[3] 范昀. 从走出去到走进去:CCTV-NEWS本土化发展战略[J]. 北京:电视研究, 2013(7):16-18.
[4] 黄文彦, 谢佳纯. 中国企业走出去本土化营销战略分析[J]. 南京:江苏商论, 2011(6):98-100.
[5] 何清, 常清. 论我国走出去企业的全球本土化策略[J]. 天津:中国绿碱, 2004(2):42-44.
[6] 郭建堂. 统一思想认识发挥整体优势实施水电施工企业走出去战略[J]. 北京:施工企业管理, 2001(4):9-11.
[7] 孙越. 努力实施走出去战略,大力开拓国际工程承包市场[J]. 北京:施工企业管理, 2003(6):20-23.
[8] 张建文. 试论水电施工企业国际化经营的人力资源管理[J]. 宜昌:水利水电施工, 2009(4):1-5.
[9] 赵东风. 中国水电打造国际品牌——柬埔寨甘寨BOT水电站项目施工纪实[J]. 北京:建筑, 2012(4):6-11.
[10] 孙立新. 中国水电施工企业走出去战略探讨[J]. 成都:四川水利, 2013(3):2-5.
[11] 李铮. 国际工程承包及海外投资企业走出去面临问题[J]. 北京:国际商务会计, 2013(11):38-40.

要处于以工程施工和劳务派遣为主的低端市场，因此要加大"走出去"力度，实现由规模扩张型向质量效益型转变的战略目标。

国家发布的进出口贸易总额的出口额能全面反映我国"走出去"的贸易成就。中国总承包商会定期发布中国企业"走出去"承包工程的经营成果。国资委发布的年度报告总体反映国有企业"走出去"经营成果数据。2011年4月，国资委召开中央企业"走出去"经验交流会。国资委提交的报告是一份较全面总结国有企业"走出去"经验的研究成果。中央企业贯彻"走出去"战略中，从国资委到企业本身，都进行了深入的研究，一大批企业做了战略规划和部署，采取了一系列战略措施，并初见成效。根据国资委的报告，在国资委管辖下的中央企业中，中央企业发挥自身的战略优势和资源优势，积极主动地开展国际化经营和实施"走出去"，充分利用两种资源、两个市场，取得了非常可喜的成绩，在"十一五"期间更是得到快速推进，对外投资合作取得了跨越式的发展，境外经济实力不断提高，资源保障能力大幅度上升，业务模式实现突破，一部分企业在全球资源配置和国际竞争力上取得明显进步，跻身全球化竞争行列。突出表现在以下五个方面：①加快"走出去"步伐，境外经济实力不断地增强，境外经营规模迅速扩大，境外业务的经济效益更加明显，对外进行投资和承接工程总承包得到快速发展，一批企业总承包金额处于亚洲公司前列。②积极开展境外资源的开发和互利合作，资源的保障能力已经大幅度地提升。境外能源资源开发能力明显增加，境外矿产资源开发取得了新的突破，境外农业资源开发取得了较大的进展。③坚持开拓创新，境外经营业务的商业模式实现新突破。对外投资方式更加丰富多样，大量采用跨国并购、产能投资、股权置换、战略联盟、合资合作等投资方式；投资合作区域和领域范围不断地拓宽，在亚洲、非洲市场保持传统优势，在欧洲、大洋洲的投资规模日益扩大；投资领域开始转型，逐步由贸易和对外承包，拓宽至设计研发、资源开发、生产制造、物流产业、园区建设等领域；境外业务逐步实现转型升级，通过商业业务模式和技术模式的不断创新和发展，更好地推动产业结构的转型升级，从投资项目到运营管理，带动设备出口和技术出口。④不断加强基础管理，抵御市场风险的能力明显地提高。组织架构和管理规章不断完善；风险管理的技术水平进一步提升和加强；应对突发事件能力大幅度地提高。⑤积极履行社会责任，营造良好的"走出去"环境，重视本土化经营；注重生态环境保护；积极支持和参与当地社会事务。中国水电建设集团有限公司的代表在国资委召开的中央企业"走出去"经验交流会上作了交流发言，全面总结了水电施工企业贯彻"走出去"战略的部署和取得的成绩，全面分析了当前中国企业面临的形势，取得的成绩，遇到的困难和采取的措施，提出今后的工作目标。综合分析表明，中央企业依靠技术能力和技术水平"走出去"的水平不断提升，也带动了各方面的技术标准"走出去"。

　　国有企业"走出去"的战略研究成果十分丰富。国有企业凭借资金技术优势在"走出去"的实践中不断加大力度和规模,跨国经营、跨国公司、跨国投资、跨国收购、跨国重组、战略联盟或战略同盟以及全球化等战略模式不断发挥作用和实践,无论理论层面,还是实践层面,都形成众多研究成果。一方面在"走出去"的实践中,借鉴和学习西方现代战略管理理论成果和知名公司的国际经营经验,另一方面结合企业实际和中国传统管理思想,创新发展,取得突出成就。但在"走出去"呈强劲势头的同时,难点也依然存在,并需要在"走出去"的实践中不断克服。黄孟复[①]主编的《中国民营企业"走出去"状况调查》较全面地反映了 2008 年前我国民营企业"走出去"的面貌。该报告涵盖民营企业境外投资问题、民营企业"走出去"融资问题、增强民营企业国际竞争力、中非民间合作现状等七个专题研究报告,开展山东、江苏等 6 省市民营企业"走出去"的专题报告,对 10 家民营企业做出专题研究,提出民营企业"走出去"政策建议。冯鹏程[②]在回顾和归纳民营企业"走出去"的必要性、动因、战略、模式、问题与对策等六个主题研究成果的基础上,进一步研究梳理了六大主题的逻辑关系,研究提出民营企业"走出去"的战略整合的分析框架和分析模型。值得注意的是,上述各类研究成果中,对于水电工程技术标准"走出去"的理论研究和实践研究均显不足。

　　(3) 产品"走出去"研究成果

　　产品"走出去"可以一般性地理解为产品出口,是对外贸易活动主要内容之一。从产品角度观察,企业的竞争有时直接表现为产品的竞争,包括产品生产、产品质量、产品品牌、专利技术、消费者偏好、产品数量等。从国际贸易理论、生产管理理论、国际营销管理理论等理论出发所得到的研究成果都可以视为产品"走出去"的研究成果。从经典管理理论到现代管理理论,再到当前的理论创新成果,产品的国际化越来越活跃,理论发展越来越快。我国从计划经济时期的外贸理论,到改革开放时期的外贸思想,再到当前中国特色社会主义阶段更加开放的外贸思想,在产品"走出去"实践和理论研究中获得一定成绩,理论研究成果十分丰富。我国在世界贸易中,已形成中国模式,从中国制造到中国创造,从"引进来"到"走出去",从对外贸易到贸易创造,理论和实践的发展不断支持和指导对外贸易的开展。在产品"走出去"研究中,已有专家注意到产品技术标准在对外贸易中的作用[③],注意到发达

---

① 黄孟复. 中国民营企业"走出去"状况调查[M]. 北京:中国财政经济出版社,2009.
② 冯鹏程. 中国民营企业走出去战略的整合分析框架[J]. 昆明:经济问题探索，2012(6).
③ 吴林海. 贸易与技术标准国际化[M]. 经济管理出版社，2004.

国家先进的技术标准对发展中国家相对落后的技术标准形成的贸易壁垒问题。而在解决这一问题措施的研究中，更多的研究侧重于国际标准化研究方面。在重大装备"走出去"方面，罗来军[①]结合装备制造业的特征，分析了作为"工业母体"和国民经济生命线的装备制造业在"走出去"中的重要作用，对比分析了美国、日本、德国的装备业水平，研究了我国装备制造业在世界经济发展中的作用和存在的不足与差距。刘美崑[②]认为重大装备是一个国家制造工业发展水平和整体工业水平标志，大型成套设备出口，不仅是产品出口，也是技术、标准和自主品牌的出口，是振兴制造业、扩大自主知识产权、扩大自主品牌、推动企业"走出去"的重要载体，也是国际经贸合作，互动双赢外交战略的重要内容。王绍礼[③]总结了铁路客车、重载机车货车、城际动车、城市轨道车辆、重大零部件等重大装备"走出去"的成效和存在的问题，认为重大装备"走出去"普遍存在初始赢利，结果亏损，赚了名声，没有赚钱的现象，提出要在国际市场打响品牌，实现赢利，让产品、技术、企业更好地"走出去"，必须在四个方面练好功夫，即分别在市场开拓、内在管理、风险控制、文化融合中四个方面练眼力、练筋骨、练防卫、练胸怀。2014年中国政府工作报告提出"让中国装备享誉全球"，着力推动高铁、核电等高端装备"走出去"，支持和鼓励通信、铁路、电站等大型成套装备更大规模地"走出去"。我国一些"走出去"的企业，开始采取跨国公司的模式，在国外设立工厂，同时应用国际标准和本企业更先进的企业标准，并在本土注册、认证或备案，通过产品的生产，实现了标准间接"走出去"，形成事实标准，相关成果中多见经验和成效总结，但却很少在更高的研究领域形成理论性的研究成果。

1.3.3 技术标准竞争研究综述

（1）标准竞争理论研究

对于标准的发展研究，以往学术界主要集中在对标准的系列化、统一化、模块化等标准的具体特征等研究方面，对标准竞争的研究也主要集中在宏观层面的定性研究，定量的数学模型的研究相对缺乏[④][⑤]。自2000年以来，一些专家学者针对ICT（信息和通信技术）产业的发展，开始从标准的网络效应（Network Effect）角度，对标准的竞争进行定量的研究。在国内，李太勇在2000年最早对于网络效应

---

① 罗来军，朱艳，罗雨泽. 中国工业"母体"如何走出去[J]. 中国国情国力，2007(1)：8-10.
② 刘美崑. 认清形势共同努力促进电力装备走出去健康发展[J]. 北京：电器工业，2009(1)：18-21.
③ 王绍礼. 装备制造企业走出去须练好"四功"[J]. 北京：企业文明，2013(4)：76-77.
④ 杨牧之. 电力标准化工作指南[M]. 湖北人民出版社，2003.
⑤ 金雪军. 提高国际竞争力的技术标准体系战略研究——以浙江省为例[M]. 浙江大学出版，2006.

和标准竞争之间的相关关系进行了研究。2004年部分学者对标准竞争的分析研究更加具体,李波从动态视角揭示标准竞争的演化发展过程。2005年王国才等学者对于网络外部性下技术标准的确立过程进行了分析,对存在消费者偏好情况下的网络效应市场的竞争问题进行了分析,还有闫涛、吕波等学者以博弈论为基本理论,以网络效应为切入点,从消费者选择的角度,建立起技术标准竞争的动态博弈模型,分析企业标准的竞争战略。王生辉[1]研究了网络效应的作用机制,认为技术标准的竞争更加激烈,甚至出现"赢者通吃"现象,提出网络化产业中影响技术标准的四个因素是在位用户、预期用户、兼容性、价格,提出的五项战略对策是发挥品牌与声誉作用、组织标准技术联盟、选择合理兼容性、提前宣告与承诺、渗透式定价。赵树宽[2]从技术变革路径和技术路径变革角度,分析企业通过提高技术能力和能力提升的累计性、路径依赖性等,提出技术标准竞争的本质是技术路径竞争。杨剑[3]围绕技术标准竞争中市场主体间在技术、经济和政治的动态博弈,研究分析了中国技术标准战略面临着"市场和标准制定体系"两种权力结构限制,研究分析了标准、编码与权利标准的建立,制约和影响着产品和工艺信息的编码,使得公共产品在不同使用要素或不同系统之间取得兼容,从而降低厂商之间信息成本,降低消费者与厂商之间的信息成本等。李泉[4]以产业技术标准为平台,应用双边市场理论,基于专用型标准和开放型标准对比分析,提出企业在不同市场中的竞争均衡及其可能的兼容性选择,并得出兼容性技术标准的产业整体利润较大,不兼容技术标准条件下企业个体的市场份额更大和获利更大。莫志宏[5]基于全球化时代竞争特点分析,从垄断竞争理论观点分析企业通过技术标准手段在激烈的市场竞争中取得垄断地位或是暂时垄断地位的意义,将传统的垄断竞争理论延伸到国际竞争领域,得出国家标准战略的本质是国家与企业共同取得国际市场的垄断地位,以使企业获得最大利益和国家利益最大化。郑准[6]从知识基础论出发,研究了技术标准、知识产权与企业竞争优势三者之间的关系,提出知识是企业能力和获得持续竞争优势的根源,基于知识产权的技术标准竞争是全球竞争激烈化的内在特征,企业标准能力是企业拥有长期竞争优势的重要要素,知识产权制度是技术标准竞争优势

① 王生辉,张京红. 网络化产业中技术标准竞争战略[J]. 北京:科学管理研究,2004(2):46-50.

② 赵树宽. 从技术能力形成角度看技术标准竞争及政策启示[J]. 长春:情报科学,2006(6):851-854.

③ 杨剑. 技术标准竞争权力结构限制与技术标准战略[J]. 北京:中国科技财富,2009(15):60-63.

④ 李泉,陈宏民. 产业技术标准的竞争与兼容性选择——基于双边市场理论的分析[J]. 上海:上海交通大学学报, 2009(4):513-516.

⑤ 莫志宏. 垄断竞争视角下的技术标准[J]. 北京:北京工业大学学报(社会科学版),2004(3):36-41.

⑥ 郑准,朱孜. 技术标准、知识产权与企业竞争优势分析[J]. 石家庄:经济论坛,2006(13):76-77.

的重要影响因素。王道平[①]在分析高新技术企业产业化发展特征基础上,基于实物期权方法原理,以不确定性、灵活性和不可逆性为价值评估因素,构建了技术标准价值评估模型,采用中国移动的相关技术经济数据,对 TD-SCDMA 技术标准的价值进行了评估,研究结论为开发商制定标准提供了价值依据,也为开发商创新生态系统竞争力发挥了重要作用。毕勋磊[②]研究总结了政府干预技术标准竞争的动因、方式、作用和影响因素,政府干预标准竞争的动因主要来自市场失灵和促进创新,干预方式包括直接投资、政府采购、设立服务机构,影响政府干预技术标准竞争因素包括技术状况、市场结构和政府能力,政府干预技术标准竞争的关键政策工具包括发放许可证、发放牌照、"背叛罚金"制度等,干预程度有温和型、中庸型和强烈型,同时要防止政府干预中的"政府失灵""育人天才",防止标准合作中的"搭便车"。

(2) 企业与产品标准竞争研究

Jarunee. W 基于苹果公司和微软公司的创新条件,分析了苹果公司和微软公司的技术战略和标准竞争,HuWujie 研究了 ICT 在中国的标准战略,指出未来的经济和政治竞争来自标准竞争,研究建立了基于标准生命周期理论的标准竞争动态模型,采用波特钻石模型分析工具,分析了中国信息通信技术(ICT)标准的发展,提出政府和企业应采取的竞争策略。一些研究认为,技术标准竞争与传统产品竞争的不同的是标准竞争具有网络效应,网络效应对标准竞争结果起着决定性的影响。张勇研究了企业技术标准竞争和标准化战略的相关问题,从企业战略的前瞻性角度观察标准竞争策略,标准竞争的不同策略对企业标准化战略产生影响,标准竞争策略研究有利于提升企业的标准竞争能力。日本和德国对标准的经济效益做了大量研究工作,对于指导本国的标准化建设和标准战略起到了十分重要的作用,边红彪编译的《日本国际标准化活动经济效益》反映了日本的标准战略和一些具体的战略措施,并通过具体案例(电灯标准等)详细分析了标准化所产生的经济效益。王金玉总结分析了主要发达国家技术标准国际竞争策略的核心、重点和取得的成效与主要经验,核心是争夺控制战略制高点、重点领域中公益、高技术、制造业和服务业,普遍重视健康、安全和环境标准,动力来自重大利益驱动、"胜者全得"的预期和"头脑型国家"概念的保持等三个方面,主要经验在争取控制战略制高点、主攻战略重点领域、开发研制开拓三位一体、提出企业需要培养国际型人才的

---

① 王道平,韦小彦,张志东. 基于高技术企业创新生态系统的技术标准价值评估研究[J]. 北京:中国软件科学,2013(11):40-48

② 毕勋磊. 政府干预技术标准竞争的研究述评[J]. 北京:中国科技论坛,2011(2:10-14).

建议。

1.3.4 基于商业生态系统的战略管理研究综述

（1）国外学者的理论研究

在理论研究领域内，穆尔（Moore）最先提出了应用生物生态系统观以反思企业之间过度竞争的现象，并于 1993 年提出商业生态系统的观念[①]，穆尔 1996 年利用生态学原理初步建立了商业生态系统的理论框架[②]，在竞争战略理论的指导思想方面取得重大突破，在学术界产生很大影响。穆尔阐述了运用生态系统理论解释商业运作，用系统的观点反思竞争，建议商业企业应力求以"共同进化"为目标，以合作为主要机制建立成功的商业生态系统，商业企业既要完善自身，更要主动参与构造整个生态系统，并促进该系统的发展，是因为该生态系统的前景将支撑或制约企业的发展。此后，很多专家学者围绕商业生态系统理论展开深入的分析研究和理论探索，使得商业生态系统理论得以广泛的传播与发展[③④⑤⑥⑦⑧]。Power[⑨] 进一步提出了网络商业生态系统中存在真实世界的实体系统和网络虚拟栖息地系统。Peltoniem M[⑩] 在研究中强调商业生态系统内部结构和内部动态关联性。马尔科·兰西蒂（Marco Iansiti）等[⑪]进一步提出生态战略观。Iansiti 和 Levin 深化了穆尔的理论观点，提出商业生态系统的竞争战略，并以沃尔玛、微软公司等为例，说明商业生态系统间的竞争战略不仅大大增进了商业企业自身的利益，而且也改善其所处生态

① Moore. J F, Predators and Prey: A New Ecology of Competition[J]. Harvard Business Review, 1993,71(5/6):75-83.

② Moore J F. The Death of Competition : Leadership and Strategy in the Age of Business Ecosystems [M]. New York:Harper Collins,1996.

③ Campbell-Hunt C. What Have We Learned About Generic Competitive Strategy? A Meta-analysis [J]. Strategic Management Journal,2000(21):127-154.

④ Peteraf M A. The Cornerstones of Competitive Advantage: A Resource-based View[J]. Strategic Management Journal,1993(14): 179-191.

⑤ Pankaj G. Competition and Business Strategy in Historical Perspective[J]. Business History Review, 2002.

⑥ Stoney C. Lifting the Lid on Strategic Management: A Sociological Narrative[J]. Electronic Journal of Radical Organization, 1998, 4(1): 1-35.

⑦ Margarita I. The Analysis of Strategic Planning in Transport[J]. Transport,2006(21):62-69.

⑧ 马尔科姆. 沃纳,韦福祥. 管理思想全书[M]. 北京:人民邮电出版社,2009.

⑨ Power T, Jerjiang G. Ecosystem : Living the 12 Principles of Networked Business[M]. London: Pearson Education Ltd, 2001:392-394.

⑩ Peltoniem M,Vuori E. Business Ecosystem as the New Approach to Complex Adaptive Business Enyironments[C]. Finland, Tampere: Frontiers of E-Business Research, 2004(267-281)

⑪ Marco Lansiti, Roy Levien. Strategy as Ecology[J]. Harvard Business Review, 2004(3)

系统的整体经营环境和经营状况。他们更认为商业生态系统的群落能够更好地应对日益动态和无限竞争的环境。群落的相互依存关系将越来越重要，越来越依赖于伙伴企业，认识到他们的存在是其自身所处的商业生态系统整体健康和发育的重要保障①②③。Tian ④等基于商业生态系统理论、价值网络和博弈论，构建了角色范式为特征的零售业关联企业绩效评估模型。Paul 等⑤提出适用中小企业的商业生态系统构建思路和分布结构原则，提出把基础服务设施、软件服务和中小企业集成的数字商业生态系统。

（2）国内学者的研究与实践

国内学者围绕商业生态系统的理论内容、发展及其应用，做了拓展研究，取得丰富成果⑥⑦⑧。商业生态系统理论强调了未来的竞争不再是企业间的直接竞争，而是商业生态系统之间的竞争。企业因作为某个商业生态系统中的成员，更应该为该商业生态系统作贡献并从中获益。董微微⑨、张海涛⑩等分别研究了商务网站信息生态系统的动力学模型、系统构建和运行机制等，董薇微认为商务网站生态系统由信息主体、信息资源和信息环境三大主体构成，通过建立系统因果关系模型和系统流图，认为网络交易量、用户规模和资金规模等三项指标是影响系统发展的关键要素。张海涛提出信息、信息人、信息环境和信息技术四因子模型，构建生态系统总体模型并分析其运行机制。李强⑪聚焦商业生态系统理论研究产业融合和网络经济环境条件下，剖析价值属性和联结属性，提出价值依附型、价值共享型、价值平衡型、价值独享型和价值回报型 5 种战略模式，并以信息技术行业 153 家上市公

---

① Prahalad C K，Hamel G. Strategy as a field of study：Why search for a new paradigm[J]. Strategic management journal，1994，15(S2)：5-16.

② Kay J. Foundations of corporate success：how business strategies add value [M]. Oxford University Press，1993.

③ Naman J L，Slevin D P. Entrepreneurship and the concept of fit：a model and empirical tests[J]. Strategic management journal，1993，14(2)：137-153.

④ Tian C. H，Ray B. K，Cao R. Beam：A Framework for Business Ecosystem Analysis and Modeling. IBM Systems Journal，. 2008 Volume 47：101-104.

⑤ Paul L，Bannerman，Liming Zhu. Standardizition as a Business Ecosystem Enabler[M]. Springer Berlin Heidelberg(2009).

⑥ 赵湘莲，陈桂英. 未来新的商业模式——商业生态系统[J]. 经济纵横，2007(4)：81-83.

⑦ 牛贵宏，李永发. 剖析企业发展的商业生态系统模式[J]. 特区经济，2006 (9)：325-327.

⑧ 白利. 利益相关者对商业生态系统的影响分析模式[J]. 企业技术开发，2007，26(1)：83-85.

⑨ 董微微，李北伟等. 商务网站信息生态系统的系统分析[J]. 北京：情报理论与实践，2012：11-15.

⑩ 张海涛. 商务网站信息生态系统构建与运行机制[J]. 北京：情报理论与实践，2012：5-10.

⑪ 李强，揭筱纹. 基于商业生态系统的企业战略新模型研究[J]. 管理学报，2012(2)：81-85.

司商业生态系统为例,采用斯坦普尔量表验证其理论框架,通过商业嵌入与耦合程度、商业价值与共享程度 2 个维度,量化分析出其 5 种战略模式企业所占比例和各自商业特征。上述基于商业生态系统理论的现有成果中,研究的对象仍为企业,但上述借助商业生态系统理论的研究基础所取得的研究成果和研究思路,对于指导水电工程技术标准"走出去"的研究具有一定的借鉴作用。

1.4 研究的主要内容与创新点

1.4.1 研究的主要内容

本研究从水电行业参与国际水电市场技术经济活动出发,特别关注中国水电工程技术标准的国际应用,即水电工程技术标准"走出去"问题。研究中以水电工程技术标准"走出去"为研究对象,以商业生态系统理论为主要理论基础,并运用管理学、技术经济学、战略管理等理论知识,对水电工程技术标准"走出去"的战略问题进行研究。研究中,梳理了技术标准的相关概念及内涵,分析了水电工程技术标准"走出去"的内涵及挑战性,分析了国际水电市场对工程技术标准需求的特点及竞争特点。研究通过建立水电工程技术标准商业生态系统,进而从水电工程技术标准"走出去"商业生态系统的适应性和成长性两个维度,探讨有关战略问题。研究中,在简要分析贸易壁垒基本概念及与标准关系的基础上,分析中国标准特别是中国水电标准的国际地位,分析主要水电市场国的标准和水电标准体系现状,分析国家开发水电的必然性和对水电标准的需求,并以水电行业执行的中国标准(包括国家标准和行业标准、企业标准)"走出去"为研究对象,以水电资源丰富的亚非地区广大发展中国家为区域研究重点,分析研究在发展中国家推广应用我国水电技术标准的战略问题。

本研究建立了水电工程技术标准商业生态系统模型,分析了生态系统的内部结构、形成机制、关键驱动因素和价值理念。在此基础上,重点探讨了水电工程技术标准"走出去"商业生态系统的适应性演化战略内容和成长性演化战略内容。在适应性演化维度分析中,分别研究了生态系统结构适应性、内生动力适应性和价值理念适应性战略。在成长性演化维度分析中,分别研究了生态系统协同成长演化、需求方导向成长演化和供给方导向成长演化战略,分析了生态系统成长演化动力方程。最后,通过建立战略评价分析模型,运用专家打分法收集数据,运用 4P3S 分析工具和 SPSS 软件进行数据统计和分析,对数据分析结果进行了讨论。

研究内容主要包括以下 5 个部分。

(1) 水电工程技术标准"走出去"战略的内涵分析

在本章中,首先简要分析水电工程技术标准"走出去"的内涵及其特性,梳理界定技术标准"走出去"研究的范围,研究分析水电工程技术标准"走出去"的特殊性及面临的挑战,进而提出水电工程技术标准"走出去"的战略内涵与战略内容。然后,基于对传统战略思维的局限性分析,提出商业生态系统理论及其对战略管理的意义,以及基于商业生态系统理论的水电工程技术标准"走出去"战略分析框架。

(2) 水电工程技术标准商业生态系统内涵分析

本章重点研究和构建了水电工程技术标准商业生态系统模型。首先,从水电产业特征出发,分析研究水电工程技术标准商业生态系统的成员,将生态系统成员分别纳入核心群落、政府群落、风险群落和寄生群落,以勘察设计子系统为例,采用层次分析法,梳理了成员角色及构成。其次,分析技术标准商业生态系统的形成机制,包括分析生态系统内外部环境、生态系统联结要素、生态系统价值理念和生态系统七大关键驱动因素等。再次,构建了水电工程技术标准商业生态系统静态结构模型,分析了内部层次结构和内部特征,强调技术标准在生态系统中位于核心群落的核心地位。最后,对技术标准商业生态系统内部种群间关系、种群营养级与生态位、成员战略角色进行分析,对技术标准商业生态系统的服务功能进行了分析。

(3) 水电工程技术标准"走出去"的商业生态系统适应性演化战略

第一,分析提出水电工程技术标准"走出去"商业生态系统的适应性演化概念,分析适应性演化战略的主要内容。第二,分析了影响"走出去"生态系统适应性演化的三大因素,即分别分析了基本要素变化、价值导向变化和关键驱动因素变化对适应性的影响。第三,分别重点分析水电工程技术标准"走出去"生态系统结构内容的适应性演化、内生驱动力适应性演化和价值导向适应性演化,提出适应性演化的战略评价方法。在结构适应性演化方面,研究了系统成员拓展和群落重构,分析了专业种群的拓展和重构;在内生驱动力适应性演化方面,研究了供给驱动力及供给满意度、需求驱动力及需求满意度以及满意度均衡,以我国对非洲投资为案例,简要说明需求满意度和供给满意度的适应性,借鉴经济学相关理论提出满意度计算公式;在价值理念的适应性演化方面,研究了价值理念的国别差异,提出从

"中国水电,中国标准",到"世界水电,中国标准"的价值理念适应性调整,提出"中国标准"适应世界水电开发要求、实现技术进步及与本土系统协同演化的适应性范式。

(4)水电工程技术标准"走出去"的商业生态系统成长性演化战略

首先,简要分析了典型商业生态系统的演化规律,对我国水电标准商业生态系统国内发展演化规律和阶段进行划分,分析了技术标准"走出去"生态系统演化阶段和演化前景,进而提出本土协同成长演化战略、需求方导向成长演化战略和供给方导向成长演化战略,提出借鉴生态学研究成果建立成长演化动力模型。其次,利用4P3S分析工具和层次分析法(AHP),分析了"走出去"生态系统的影响因素。再次,重点分析了三种成长性演化战略。在协同成长演化方面,研究了与本土生态系统创建新经济共同体协同成长和形成利益共享机制的协同成长;在需求方导向成长演化方面,提出增强需求方需求满意度的 4 种策略,即完全满足策略、协同演化策略、竞争演化策略和案例进化策略,并结合国际水电项目管理常用的 EPC 总承包模式,提出"后发协同,先发协同"策略,在调研分析后发协同成长演化案例的基础上分析了 EPC 后发协同的可行性、脆弱性和稳定性,在供给方导向成长演化方面,分析了技术标准"走出去"的供给方导向后,结论表明其原因在于中国参与国际水电市场的主动行为使得供给方导向成长性演化具有稳定性。最后,借鉴生态学和数学研究成果,基于 Logistic 增长和生态动力模型,分析了两技术标准商业生态系统协同与竞争的成长演化规律。

(5)水电工程技术标准"走出去"的战略评价模型

首先,基于4P3S分析工具,通过设计水电工程技术标准"走出去"评价内容、评价分析方法,通过问卷调查和专家打分,获取定量评价成果。其次,通过 SPSS 分析软件及统计学相关分析方法进行定量分析,得出分析评价结论。最后,对计算成果进行评价分析,并与前文研究的相关内容和结论进行关联分析。

1.4.2 研究成果的创新点

本研究是针对水电工程技术标准"走出去"进行的理论探索和实践研究,水电工程技术标准"走出去"是结合我国企业贯彻国家"走出去"战略而提出的一个命题。本研究从商业生态系统理论视角,聚焦我国实施"走出去"战略背景,实施水电工程技术标准"走出去"。在研究时采用了定性和定量分析相结合的方法,期望在理论与实践方面,在以下三个具体领域有所创新:一是理论方面创新。本研究在阐述商业生态系统理论相关研究成果的基础上，将该理论拓展到水电工程技术标准领域，构建了水电工程技术标准商业生态系统和模型。二是针对水电工程技术标准"走出去"，在新的"静态"视角下提出"走出去"战略，即提出水电工程技术标准"走出去"商业生态系统的"适应性"演化战略。三是针对水电工程技术标准"走出去"，在新的"动态"视角下提出"走出去"战略，即提出水电工程技术标准"走出去"商业生态系统"成长性"演化战略。

1.5 研究方法与技术路线

1.5.1 研究方法

本研究涉及技术经济学、管理学的交叉命题研究，还涉及战略管理、工程管理、标准管理、国际贸易、跨国经营、企业管理、政府管理等命题的交叉研究，除采用理论推演，逻辑推理，数量统计分析等方法外，还重点采用了下列方法：

（1）理论拓展分析法。基于商业生态系统的基本原理，探讨水电工程技术标准商业生态系统的形成及演变规律，进而研究水电工程技术标准"走出去"商业生态系统的变化规律，为制定水电工程技术标准"走出去"战略提供依据。

（2）案例调查分析法。在已有成果的基础上，围绕水电工程技术标准和水电工程建设，选择若干统计要素搜集相关数据，进行统计评价和分析，为制定水电工程技术标准"走出去"战略提供案例依据和数量依据。

（3）模型分析法。围绕水电工程技术标准"走出去"，参考商业生态系统理论、生命周期理论、竞争战略理论等提供的分析工具和模型，建立水电工程技术标准"走出去"相关研究管理模型和数量分析模型，并通过模型的定性分析和定量分析，更深入探讨水电工程技术标准商业生态系统"走出去"的演化规律，探讨水电工程技术标准"走出去"战略问题。建立的主要分析模型有：①水电工程技术标准"走出去"战略管理分析框架模型；②水电工程技术标准商业生态系统模型；③水电工程技术标准形成机制分析模型；④两系统间动态竞争 LV 分析模型[①]。

（4）计算机分析软件和工具。研究采用的分析工具有：4P3S 分析工具，层次分析法 AHP，专家打分法，Excel 工具，风险热力图模型，VISIO 作图工具，SPSS 软

---

① Eisenhardt KM. Building theories from case study research [J]. Academy of management review, 1989，14(4)：532-550.

件等常用数量分析方法等。

1.5.2　研究技术路线

本研究,结合研究内容,确定研究思路,制定了研究的技术路线。

(1) 研究思路

通过以上对课题内容和国内外研究现状的介绍,本研究主要涉及到技术标准、技术标准"走出去"的内涵界定和本质特征研究,水电工程技术标准特征分析,发达国家的标准化管理体系,水电资源丰富的发展中国家标准管理体系、标准化建设及多主体对水电工程技术标准的需求,标准"走出去"的理论观察,有关战略管理分析工具和方法的梳理与应用,我国水电工程技术标准在国际水电工程建设项目上的应用实践与本研究的理论相衔接,我国的区位优势所形成的内外部环境分析比较研究等。在以上调查和分析研究的基础上,基于商业生态系统理论的基本原理,分析和拓展形成水电工程技术标准商业生态系统的主要内容,对水电工程技术标准商业生态系统的形成机制、结构模型和内容、内部协同进化思路、系统间动态竞争思路、商业成员的生态位和战略角色、系统内的营养级和竞争特点等进行深入分析。围绕水电工程技术标准商业生态系统的理论特点,研究分析水电工程技术标准"走出去"的目标市场,分析水电工程技术标准"走出去"商业生态系统适应性战略和成长性战略,最后提出水电工程技术标准"走出去"战略实施路径和政策建议。研究中调查和分析了水电工程技术标准"走出去"的国别案例和类别(EPC、FDI)工程案例。具体研究时,遵循"规范研究→实证研究→对策研究"的研究过程和研究思路。首先,分析商业生态系统战略管理的基本原理;其次,创立和分析水电工程技术商业生态系统的基本原理;进一步地,针对创立的水电工程技术标准商业生态系统,利用商业生态系统战略管理的基本原则、基本分析工具(4P3S),又同时借助其他相关理论提供的分析工具等,分析水电工程技术标准"走出去"商业生态系统适应性演化战略和成长性演化战略的相关内容。

(2) 技术路线图

本研究的技术路线图如图1-1所示。技术路线图展示了研究工作的纵向逻辑关系和横向关联关系。纵向上,从分析研究问题背景出发,收集梳理前人研究成果,进而围绕研究问题,逐步展开和递进。横向上,注重研究方式,分析选择可借鉴的理论和研究工具。本研究既建立了研究模型,也结合了工程实践案例。

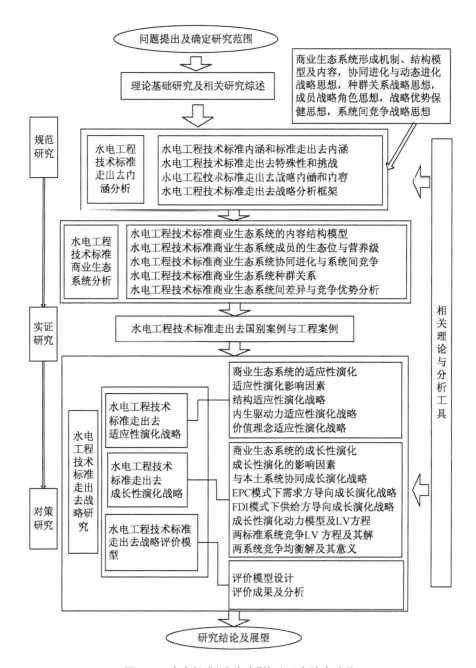

图 1-1　水电标准"走出去"战略研究技术路线

第二章
水电工程技术标准"走出去"
战略的内涵分析

技术标准作为一种缄默的知识,通常是一种静态的存在,似乎不存在"走"的概念。而标准的跨国应用,又表现为"走"的动态。因此,本次研究技术标准"走出去"战略,首先需要明确界定其相关内涵。

2.1 水电工程技术标准及"走出去"的内涵

2.1.1 水电工程技术标准的内涵

2.1.1.1 技术标准概念辨析

什么是标准?什么是技术标准?国内外学术界和工程界提出的术语和含义并不一致,不同的国家,不同的国内组织或国际组织机构等提出的术语与含义也不一致,且在不同时期也不断变化。如果仅从工程应用角度,标准和技术标准的概念完全可以含糊或宽泛一些,但从学术研究角度,必须准确确定标准和技术标准的内涵和外延,确定其适用范围。水电工程和水电工程适用的标准及技术标准范围广、内容多,更应对其进行分析和辨别,更应辨析技术标准"走出去"的范围和内容。我国标准化界和国际标准化界对标准曾给出过不同的定义。比较有代表性的定义有以下几种。下面分别进行研究分析。

(1)我国标准化研究工作对标准的定义及其变化

我国现行标准化有关文献给出的定义体现在 GB/T 3935 的两个版本中和有关工具字典中。(1)GB/T 20000.1—2002《标准化工作指南第 1 部分:标准化和相关活动的通用词汇》和 GB/T 3935.1—1996《标准化和有关领域的通用术语 第 1 部分:基本术语》对标准给出了最新的定义:标准(Standard)是为了在一定的范围内获得最佳秩序,经协商一致制定并由公认机构批准,共同使用的和重复使用的一种规范性文件。同时加列以下批注:标准宜以科学、技术和经验的综合成果为基础,以促进最佳的共同效益为目的。在 GB/T 3935.1—1996 的前言中,特别说明了制定本标准时,采取了与国际标准接轨的做法,"为了在基本概念上与国际通用,为国际贸易、经济合作和科学技术交流提供统一理解的基础,本标准中的术语及其定义的全部内容都与国际导则相同"。这里所指的国际导则是 ISO/IEC 第 2 号指南《1996 年 标准化和相关活动的通用词汇》,该指南是由 ISO 的标准化原理委员会(ISO/STACO)起草的,引用为国家标准时为其第六版。在文字表述上,这一定义与 ISO 的定义略有差别。(2)GB/T 3935.1 1983《标准化基本术语》第一部分给出的定义:标准是对重复性事物和概念所做的统一规定。它以科学、技术和实践经验的综合成果为基础,经有关方面协商一致,由主管机构批准,以特定形式发布,作为共同遵守的准则和依据。(3)现代汉语词典解释,标准就是衡量事物的准则。

(2) 有关学者和国际组织对标准的定义及其差异

① 盖拉德给出的定义。美国著名学者 J·盖拉德(J·Gaillard)在其著作《工业标准化——原理与应用》中,在研究概括 20 世纪 30 年代标准化对象与活动领域内产生的标准化成果时,给标准下了一个比较全面和明确的定义,即标准是对计量单位或基准、物体、动作、程序、方式、常用方法、能力(容量)、职能(功能)、性能、方法(办法)、设置(配置)、状态、义务、权限、责任、行为、态度、概念、构思(想法)的某些特征等,给出定义、做出规定和详细说明,以语言、文件、图样等方式或利用模型、标样(样本)及其他具体方法表现,并在一定时期内适用。显然,这一定义是采取"穷尽"样本的表达方式对标准的定义进行表述①。(注:括号内文字,表明不同学者翻译原文时采用词汇的不同,这些词汇在中文中还是存在差异的,故此列示。)②英国著名学者桑德斯在 1972 年发表了著作《标准化的目的与原理》,该书由 ISO 出版,从此,桑德斯给标准下的定义被广泛引用,具有较大影响。其定义为:标准是经公认的权威机构(当局)批准的一个个标准化工作成果。它可能采用以下形式:a 文件形式、内容是记述一系列必须达到的要求;b 规定基本单位或物理常数,如安培、米、绝对零度等。这个定义强调了标准要经"批准"。(注:对西方,批准单位更适合用"机构",而对我国,更适合用"当局或机构"。)③有关国际组织给出的定义。国际标准化组织(ISO)给出的定义即我国引用的定义(主要内容前文已介绍)。世界贸易组织(WTO)在《世界贸易组织技术性贸易壁垒协定(WTO/TBT)》的附

---

① 克努特·布林德. 技术标准经济学 理论、证据与政策[M].北京:中国标准出版社,2006.

件1中,对标准作出如下定义:标准是经公认机构批准的、非强制执行的、供通用或重复使用的产品或相关工艺和生产方法的规则、指南或特性的文件。该文件还可包括或专门适用于产品、工艺或生产方法的术语、符号、包装、标志或标签要求。

WTO定义和ISO定义存在着明显的差异:WTO定义强调了标准的"非强制性,即自愿性",只有技术法规为强制性文件;保留了"经公认机构批准"这一特征,但没有提及"协商一致",也就是说,WTO标准除了包括达到协商一致的文件,还包括了非协商一致的文件。可见,WTO的标准概念比较宽泛,包容了ISO文件,也包容了从ISO角度来看其他未达成协商一致的文件,这些未协商一致的文件,可能包括联盟标准、论坛标准等。这一差异体现了WTO推动和促进贸易自由发展的原则精神。

(3) 标准的分类辨析

标准的分类方法有许多种,可以按不同的目的、不同的方法,从不同的角度进行分类,各类分类方法中的细类,实际上既存在差别,也互有交叉与重复。

标准有不同的分类方法,常用标准分类如下:

其一,按层级分类。即按标准化的层次、标准的作用、标准的应用范围进行分类。通常分为:国际标准、区域标准、国家标准、行业标准、地方标准、企业标准、有关组织或事业单位的标准等。我国最新版《中华人民共和国标准化法》(2018年版)中将标准分为国家标准、行业标准、地方标准、团体标准、企业标准等五类。

其二,按执行标准的约束性要求程度分类。正如标准的各类定义所表明的,不同的标准在实际执行中的要求和约束程度是不同的,在不同的范围执行时其约束程度也是不同的。按标准执行时的约束力,通常将标准分为:强制性标准、推荐性标准。在我国还执行"强制性条款",即另行规定了推荐性标准中的强制性条款。还有相关部门和行业组织发布的指导性文件。

其三,按性质分类。按照标准的应用属性,将标准分为:基础标准、技术标准、管理标准、工作标准(包括作业标准)。

其四,按对象名称归属分类。按照标准对象的名称归属将标准分为:工程建设标准、环境保护标准、信息技术标准、产品标准、方法标准、工艺标准、过程标准、数据标准、服务标准、接口标准、种子标准、文件格式标准,等等。

其五,按标准化的对象和领域分类。按我国国家标准GB/T 20000.1—2002把标准化对象概括为"产品、过程或服务",GB/T 19000—2000进一步将标准化对象归纳为"过程及其结果",因而按标准化的对象,可将标准分为"过程"和"结果"两个大类。组织生产的标准,大部分是过程标准,而提供贸易服务的标准,大部分是结果标准。

其六,按发布对象分类。标准均有其特有发布对象。发布标准的组织或机构通常有政府、国际性组织、区域或次区域性组织、联盟或联合机构、行业组织、独立企业、私人(或个人)。

其七,其他分类方法分类。按标准的公开和协商一致性程度及市场驱动程度,将标准分为正式标准和事实标准。在科技进步推动下,根据预测和展望,会制定超出当前实际水平的定额或要求,即制定超前标准。为适应科技的飞速发展、科技创新要求及市场快速变化,克服正式标准制定和发布需要时间等弊端,ISO 等组织开发了一些"新型的标准化文件",及时反映市场变化;一些传统的标准机构还采取积极态度,将论坛会议达成一致的内容,形成"论坛标准",如国际研讨会协议(IWA),这些协议经过实践后,一些内容将会转化为正式标准。我国的标准分类如图 2-1 和表 2-1 所示。

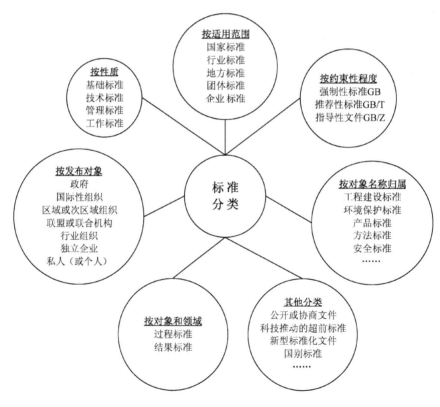

图 2-1　常见标准分类方法

表 2-1　常见标准分类方法综述

序号	分类方法	分类名称
1	按层级分类	国际标准、区域标准、国家标准、行业标准、地方标准、企业标准、有关组织或事业单位的标准等。 《中华人民共和国标准化法》:国家标准、行业标准、地方标准、团体标准、企业标准。
2	按执行标准的约束性要求程度分类	强制性标准、推荐性标准。在我国还执行"强制性条款"。
3	按性质分类(应用属性)	基础标准、技术标准、管理标准、工作标准(包括作业标准)。
4	按标准对象名称归属分类	工程建设标准、环境保护标准、信息技术标准、产品标准、方法标准、工艺标准、过程标准、数据标准、服务标准、接口标准、种子标准、文件格式标准,等等。
5	按标准化对象和领域分类	"过程"和"结果"两个大类。组织生产的标准,大部分是过程标准,而提供贸易服务的标准,大部分是结果标准。
6	按发布对象分类	发布标准的组织或机构通常有政府、国际性组织、区域或次区域性组织、联盟或联合机构、行业组织、独立企业、私人(或个人)。
7	其他分类方法分类	(1)正式标准和事实标准 (2)制定超前标准 (3)"新型的标准化文件" (4)"论坛标准" (5)按国别:中国标准,他国标准

（4）我国行业标准及其应用特征

长期以来,我国行政管理体制采用条块管理,行业(产业)的概念比较浓厚。在制定和执行标准时,行业观念与行政管理的这一现象紧密关联,因此,行业标准这一称谓在我国的标准化中具有非常浓厚的行政色彩。对行业标准的定义是,在国家行政管理划分的某个专业或行业通过并公开发布的标准可称为行业标准。这表明当某项技术经济管理活动没有可执行的国家标准而又需在全国某个行业范围内统一技术要求时,可以制定行业标准。我国的行业标准通常是由国务院有关行政主管部门(也即负责该行业管理的政府部门)负责制定或组织制定并发布,同时要报告国务院标准化行政主管部门备案。自中华人民共和国成立起,我国水电行业的主管部门,历经燃料工业部、电力工业部、水利电力部、能源部、经贸委、国家计委、国家发展改革委、国家能源局、中国电力企业联合会等多次变换,现为国家能源局。制定行业标准,执行行业标准,也并不排除一个行业不使用、不执行其他行业的标准。执行行业标准是开放的。标准采用执行并不囿于本行业标准。大型工程建设领域所采用的技术标准通常均是跨多个行业执行标准。以水电工程为例,水电行业发布了水电行业标准,同时,水电工程建设和生产运行过程中,还要执行大量的电力行业标准、水利行业标准、建筑行业标准、交通行业标准、环保标准、水保标准等。

标准除按上述主要方式进行分类外,各大类仍有进一步的细化分类。这里称之为子标准。如,对于行业标准,对于本行业内的各个具体的技术专业,分门别类制定了相应标准,这些细分的专业技术类标准,即为本行业的子标准。以水电行业为例,可进一步细化可分为设计标准、施工标准、制造标准、设备及其安装标准、运行管理、征地移民、造价定额、环境影响评价标准、投资与社会经济评价标准等。设计标准还可按专业进一步细分,如水文标准、规划标准、水工建筑物标准等。

根据以上研究,参考有关研究成果,我国标准体系的层次结构和标准的分类可用图 2-2 简要描述。

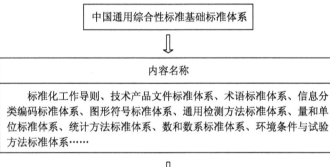

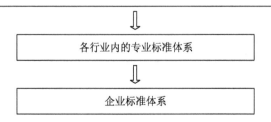

图 2-2　中国标准体系层次结构

一些学者、工程技术人员和管理人员对水电工程与水电工程技术标准的发展和具体内容等进行了更细致的分析和界定。根据以上分析,标准的分类方式有很多种,在不同的场合下,人们采用不同的表述。因此,对标准分类进行分析具有重要意义,对技术标准定义及其概念应进行准确界定。

(5) 技术标准的内涵

技术标准是将标准按"性质"分类时的一种分类方法。GB/T 20000.1—2002《标准化工作指南》为技术标准(Technical Standard)给出如下定义:对标准化领域内需要协调统一的技术事项所制定的标准。实际生产活动中,经常存在不区分标准与技术标准差别的错误行为。标准的范围是大于技术标准的范围的。在习惯上,很多学者用"技术标准"概念代替"标准"概念,尤其是技术性较强的工业生产、建筑建设等领域,这是需要注意的。混同使用标准和技术标准,是一种不严谨不规范的方式。在工程建设管理工作中,还常常制定和使用一些管理性标准,这些管理标准中主要是政府或授权组织规定的审批环节和审批手续办理,带有行政管理性质,这些内容不应看作是技术标准范畴。在水电工程技术标准中,移民安置与环境保护工程中,也多采取了技术性规定与行政管理性规定列入同一标准的方法。如在水库设计管理规定提出的"各级政府"在移民工程中的职责和工作内容,就带有很强的行政管理性质。这些规定在国际水电市场应用中,应予区别和区分。这些内容更适合于国际间作为管理工作经验、工作方法和工作程序等方面的交流,而不适合于在他国直接推广应用。在研究水电工程技术标准"走出去"时,应特别注意区别带有行政管理性质或只适用我国国情的管理规定。

2.1.1.2 水电工程的内涵分析

(1) 水电产业的界定

利用河流水能源,开发建设水电工程是人类解决能源供应的有效手段。水电是水力发电的简称。水力发电(HydroElectric Power,HEP)是指将水能(包括动能和势能)转换为电能的工程建设和生产运行等技术经济问题的科学技术。水力发电利用的水能(包括动能和势能)主要是蕴藏于水体中的位能(包括动能和势能)。为实现将水能转换为电能,需要兴建不同类型的水电站工程。一般地,水力发电均是利用河流、湖泊等位于较高处的具有位能的水体,在水体从高处向低处流动时,通过必要的装置——水轮机系统,将水体中所含的位能转换成转动的动能,再依靠水轮机提供的机械原动力,推动发电机运行,产生电能。水电是清洁能源,可再生、无污染、运行费用低,便于进行电力调峰,有利于提高资源利用率和经济社会的综合效益。在地球上传统化石能源日益枯竭紧张的情况下,世界各国普遍优先开发水电,大力利用水能资源。在世界各国经济发展中,随着国民经济发展,工业化进程推进,资源和环境制约趋紧,能源供应紧张,生态环境压力增大的情况下,为解决国民经济发展中的能源短缺问题,改善生态环境,促进区域或国家经济协调可持续发展,大力发展水电具有非常重要的意义。为修建水电站,需要大量的水泥、钢材、木材,以及品种繁多的其他建筑材料和原材料等,需要建造大坝、厂房等建(构)筑物,需要制造大量的机电设备和金属结构工程。水电工程建设投资规模较大,投入资金较多,投入的建筑施工设备和人力资源较多,高坝大库工程的科研和论证设计工程量较繁杂,需要大量的高级技术人员,就业人口数量巨大、技术层次要求高。大型水电站的社会与环境问题也十分突出,需要采取科学合理的方案进行解决。因此,水电工程的主要产品是电力,综合性大型水电站工程的水库还具有防洪、供水、灌溉、航运等综合功能。

水电工程作为基础产业工程,产业特点突出。修建水电工程通常要修建下列工程:在河流上修建拦水建筑物——大坝,修建泄洪建筑物,修建引水系统(隧洞或渠道),修建水电站厂房,修建电力送出工程,对工程的高边坡进行工程处理或治理,修建导截流临时工程,修建运维厂房等运行管理建筑物,同时,要修建对外交通公路,对水库淹没的内容进行补偿处理或进行安置等。一座水电站工程实际上是众多项分部工程或子工程的集合体。一般地,水电工程主要包括拦水建筑物工程、泄水建筑物工程、引水建筑物工程、厂房建筑物工程、电力送出工程及变电工程、地基处理工程、工程边坡治理工程、环境保护设施工程、水库移民安置与补偿补助工程、水土保持设施工程、安全与消防设施工程、自动化电力设备工程、建筑物及机电设备的监测检测观测系统工程等。

(2) 水电工程的概念界定

水电工程主要是指通过修建一定功能的建筑物和安装必要的设备,利用水的能量,形成电力电量的工程设施。水电工程具有以下九个特征:①需要大量的工程建筑物。水电工程结构复杂,建筑物众多,一般包括以下种类的建筑物,挡水设施如大坝;泄洪设施如溢洪道、泄洪隧洞;引水设施如引水渠、引水洞、引水管道;厂房工程;辅助工程如导流建筑物;补偿补助的工程设施;生态与环境的工程设施;原材料的生产设施(在工程现场建造的设施和非工程现场的设施);监测检测设施;生活设施工程如生活房屋;各种消防设备设施等。外围设施如交通工程、运输工程。包括厂内工程和非厂内工程(厂外工程)。厂内工程,如生产砂石料的生产系统工程,厂内运输工程,厂内钢结构制造、安装工程,大型混凝土构件预制工程等;厂外工程,如水轮机组、发电机组、变压器等的制造是在非工地的工厂完成的,各种电力电器设备也是在非工地的工厂制造的。②需要大量的工程设备。发电设备如水轮机、发电机;送电工程如变电站、变压器;监测检测设备;生产运行控制设备及系统等。工程设备中,大多数设备是厂外制造,厂内安装,少量设计是厂内制造与安装,如钢闸门工程。③需要大量的工程材料。传统的"三材"——钢材、水泥、木材,以及石油、炸药等,需要在工程区域生产和采掘大量砂、石、土料等,以及原材料的试验检测。④有大量复杂技术服务和科研工作,如勘察、设计、科研、施工和运行任务。大量运输——厂内运输和厂外运输。⑤需要大量技术论证。技术可行性、国民经济可行性、财务评价可行性、投资可行性、环境可行性、电力电量消纳可行性等。⑥涉及大量外部环境。移民、环境、水土保持、自然保护区、风景名胜保护区、文物保护、地质灾害防治、矿产压覆等。其中移民工作包括淹没实物指标调查、移民安置措施与补助补偿、专业项目补助补偿等。⑦非工程事务众多,需要大量的管理工作。包括行政管理、工程建设管理、建设资金管理、设计管理、施工管理、科研管理、电力营销管理,无不具有程序复杂、过程漫长、繁杂量大的管理工作任务。行政管理包括审批、核准、检查、鉴定、验收等。涵盖各个阶段、各种设备材料的价格管理、电力产品的价格管理、补偿补助的价格管理等。⑧需要大量人力投入。无论哪个环节、哪个阶段、哪项工作任务,都需要投入大量的人力资源去完成。大型水电工程更是如此。⑨需要大量资金投入与产出。工程建设需要大量资金投入,发电量售出后又形成大量收入资金回笼流。建设期资金的筹集、审批、管理等涉及大量资金管理机构,如投资人、政府、银行、国际金融机构、担保机构、法律服务机构等。其中,前五项是工程本身,是"实物"的集合,后四项是为工程服务的,是"管理"的集合。

(3)水电工程的业务范围

水电工程产业链很长,涉及主要业务范围较广。完成一座水电工程至少要经历下列各个阶段:国家发展规划、河流水电规划、工程枢纽区的地质勘察、工程设计与方案论证、工程建设施工与设备安装、工程运行。在上述各阶段中,要分别开展宏观经济分析与评价、工程设计、工程科研、材料试验、技术方案审查、分项工程的鉴定与验收、工程建设质量鉴定与评价、工程验收、工程运行前的试运行、商业运行等工作任务。完成上述工作任务,既有工程技术类的要求,也有管理过程性要求,既有行政管理制度的管理要求,也有技术可行性和技术质量的管理要求,既有强制性的要求,也有非强制性的要求。各种要求的载体又有不同的表现形式。

(4)水电工程的分项工程及跨行业特性

正如前节所述,水电工程是一个复杂的系统工程,包括众多的分项工程(子工程),是众多分部分项工程的集合体。如果按管理行业划分,这些分部分项工程中,有的是水电工程特有的工程,如水轮机设备工程,水电厂房工程;有的是与其他类别的工程具有相同本质的工程,如拦河大坝工程和泄洪设施工程与水利工程的拦河大坝具有相同本质,但具有服务于水电的特殊要求。如发电设备工程也与其他种类的发电设备工程具有相同本质;有的是与其他类别的工程具有完全一致特点和特征的工程,如为水电工程服务的交通工程,厂区内为生活服务的房屋等生产生活设施设备工程;工程边坡的处理与治理等。分项工程(子工程)也是由多项工程组成的。如厂房工程,包括地基处理工程,厂房结构工程,厂房装修工程,厂内各种设施设备工程。拦河大坝工程包括大坝建筑物工程,大坝内部交通通道工程,大坝基础处理工程,大坝安全监测工程等。正确区分水电工程中不同分部工程的作用和功能,是工程建设中选择适用标准(包括技术标准)的重要基础。

水电工程具有很强的跨行业特征。对于水电工程,从投资策划到工程投入运行,从工程设计到工程建设施工,从设备制造到安装生产,从主体工程到辅助工程,从行政管理到技术管理,按照目前的管理体制,无不涉及多个行业、多个专业、多个工种,即水电工程具有跨行业、多专业、多工种的特征。而每一行业、每一专业或每一工种,都有各自的管理规定和要求。一般地,水电工程均建在河流上,从大坝等标志性建筑物和从水电工程的部分产品如防洪、灌溉等角度分析,水电工程实际上也是一座水利工程,具有水利行业的特征;从另一方面分析,水电工程的标志之一是其产品为电力,是电量,水电工程实际上也是一座电力工程,具有电力行业的特征。这是水电行业两个最明显的跨行业的特征。河流的水电规划、水轮机组是水电行业专有的特点。同时,由于我国行政管理条块的分割,我国水电站的大型大坝、泄洪设施、引水设施、移民工程等等,均单独按水电行业管理。这是水电行业最明显的特征。道路交通工程建设一般按交通行业管理。水土保持工程按水利行业管理。电力送出工程按电力行业管理。工程用的各种机械设备按机械行业管理。水电工程建设还涉及的行业有林业、卫生、石油、电工、通信、水运、环境、安全、公安(消防、火工),等等。

2.1.1.3 水电工程技术标准的内涵分析

(1) 水电工程与技术标准需求的内在关系分析

基于对水电工程与技术标准需求的内在关系分析,可以得出如下结论。①水电工程需要大量标准,既需要管理标准,也需要技术标准。水电建设所需要的技术标准的制定和应用贯穿于水电产业的各个领域。在产业发展中起重要的技术支撑作用。②水电工程是高技术的基础性产业。水电工程建设是与自然界作斗争的基础性工程,是技术含量较高的建筑工程、机电工程等的集合体,需要有强大的国家级的技术实力和经济实力作支撑。高技术含量决定服务于水电工程的技术标准需要相应的技术水平,这也是一些发展中国家的水电工程技术标准体系不完备,技术含量不高的根本原因。③水电工程需要大量的生产力要素投入。要素投入包括大量的人力资源投入、科技投入、生产资料和资金投入,其产品是现代化社会经济发展的基础性需求品。在人力资源投入中,需要大量的工程技术人员,大量的科研技术人员包括基础科研人员和基本劳动力等。在生产资料要素投入方面,需要的生产资料种类、门类繁多,重型设备与精密仪器共存,自然界的原始材料与人工材料或加工材料共存,材料消耗量十分巨大。④水电工程需要政府投入大量的审批与监管工作。作为水电产业的产品是国民经济和社会发展的基本需求,水电工程的建设涉及移民问题,涉及环境保护问题,涉及水资源管理问题,涉及水安全和工程安全等众多社会性问题,因此,政府在水电工程建设中发挥着非常重要的作用,管理范围和管理力度均较大。⑤水电工程建设需要社会公众广泛参与。正是水电建设所具备的社会性,使得社会各方面可以广泛参与到水电工程中。近些年来,社会对水电开发多关注于水电建设对自然环境的影响。综上,水电工程是体系复杂,产业结构内容众多的体系,水电工程技术标准及其相关标准在产业发展中起重要作用,贯穿始终。水电产业中有植物性态的工程技术标准体系,有动物性态的商业成员和政府组织等,构成了一幅综合的生态系统景象。

(2)水电工程技术标准内容及特征辨析

对水电标准可以有五种不同的分类方法。根据前节的分析,标准可能从多个侧面、多个角度进行分类。水电标准具有一般标准的特点,也可以按照标准的分类方式进行再次分类。可以把水电标准作如下细分,并进而作下述分析。①按层级划分,国际标准、国家标准、地方标准、企业标准中,均有适用水电工程的水电标准。②按约束性划分,水电标准中有强制性标准、强制性条款,也有非强制性标准。③按发布对象划分,政府、国际性组织、行业性组织、团体、企业均发布有适用水电工程的水电标准。但在目前发布的水电标准中,尚无私人(个人)标准,个人的研究成果或专利应用到标准中。④按性质划分,水电标准中有基础标准、管理标准、技术标准、工作标准(作业标准)。⑤按其他方法分类,水电标准中既有过程标准,也有结果标准,既有服务标准,也有方法标准、工艺标准、接口标准,等等。

标准是一个庞大的复杂的体系。服务于水电工程的标准同样也是一个非常庞大而复杂的体系。在论述水电工程技术标准之前,可以先简要论述水电标准。水电标准体系既是具有一定专业性的标准体系,又是一个横跨多个行业、纵跨多个专业多个工种的标准体系,也是跨国界、跨地区的标准体系,同时,基础层面中普遍适用的标准在水电领域也是适用的。因而,水电标准体系实际是一个庞大的、复杂的、系统的标准体系。它具有以下特征:

① 水电工程技术标准的复杂性分析。水电工程本身所具备的复杂性,决定了

应用于水电工程的标准也是复杂的。从上述关于水电标准的分类可以看出，各类标准中均有水电标准，水电标准也在各类标准中得到体现。水电工程中具有自身特点的工程，建立有专用标准；水电工程涉及的所有行业，均要执行或参照执行相关行业的标准；水电工程从基础研究，到工程设计，再到工程建设施工，最后到工程运行，都需要标准约束和服务；从原材料选择，到材料加工，到构筑件制造，到半成品、产成品等都需要标准约束和服务；从人的管理，到物的管理，到信息管理，到经济管理，都需要标准约束和服务。所有这些特点决定了标准的复杂性，也决定了服务于水电工程的标准数量是无比庞大的。

② 水电工程技术标准的系统性分析。水电标准数量庞大，结构复杂，但并不是说水电标准是混乱的、无序的，实际上水电标准是有序的、系统的，是一个有机整体。使用各种分类方式是为了不同的管理目标和管理目的，实际工作中，标准针对具体的管理目而标制定。水电发展经历了一个漫长的过程，一个水电工程的建设也有一个漫长的过程。在人类认识自然、改造自然的过程中，逐渐认识了水，认识了地球地质，掌握了水的利用技术，掌握了工程建设技术，经验的不断积累总结，首先形成了水利标准。其后，人类掌握了水能的利用技术，形成了水电技术。经过二百多年的发展，形成了水电事业。水电标准也从无到有，一点点，一步步地逐渐建立和完善。我国的水电发展经过了整整一百年，形成了具有中国特色的水电标准体系。这个体系是系统的、有机的，尽管还在发展中，但从总体上看，已经是一套基本完整的系统的科学的标准，其内容已经覆盖到水电建设的方方面面，完全能够适应水电建设的需要。

③ 水电工程技术标准的专有性分析。在庞大复杂的水电标准中，有一些标准是水电行业专有的，是专为建设水电工程而制定的，因而具有主要服务于水电这一个行业的特点，很少或者根本不用于其他行业。水电标准通常也表现出两种形式，一类是专为水电工程建设而发布的行政管理性法规或规章，一类是专为水电工程建设而发布的技术性规范规程。行政管理性法规包括水电工程建设管理审批程序、水电工程安全鉴定规程、水电工程验收规程，以及一些技术规程中的行政性规定，如水电工程可行性研究报告中技术深度的要求等。技术规范规程包括水电工程投资可行性评价方法、水电工程勘察规程、水轮机安装规程等。

④ 水电工程技术标准的引用性——跨行业特征分析。如前所述，水电工程具有明显的跨行业特征，水电工程需要的标准也必然是跨行业的。水电工程本身具有一些与水利工程、电力工程等相同的工程属性，水电工程中又有诸如交通工程、机械工程、房屋建筑工程等众多类别的工程或子工程，这些工程的建设目的是服务于水电工程，但根据其建设方式、技术与质量要求，又必须执行相关行业的建设标

准。从这种意义上看,水电工程的建设,要大量引用其他行业的标准,包括技术标准和管理标准等。引用的标准是水电标准的重要组成部分,离开引用标准,水电工程也是很难管理和建设的。

⑤　水电工程技术标准的引用"板块"性——子系统特征分析。观察水电工程技术标准的服务对象可知,水电工程技术标准具有明显的板块特征。如当服务对象定义为勘测设计单位、建筑施工单位、科研试验单位、设备制造单位、生产运行单位时,则可将标准划分为勘测设计标准、设备制造标准、建筑施工标准、生产运行标准、科研试验标准等等,这时,水电工程技术标准具有明确的服务对象,表现为"板块"性和专业性;同时,针对水电工程技术标准整体系统而言,这种"板块"特征实际也体现出其子系统的特点,子系统在一定范围内是可以独立运行的。这一特点对于说明部分标准可以单独"走出去"这一事实具有很好的解释作用。

⑥　基础标准在水电工程中的适用性分析。在基础管理层面、宏观管理层面,国家发布了许多普遍适用的基础性标准,或者某行业的具有一定的普遍适用性标准。如关于标准的管理,是基础性的标准;关于工程建设的各项制度性的标准,宏观管理性的标准,钢材质量的标准是行业标准,但对其他行业来讲,只要使用钢材,必须适用其标准,并将作为基础标准。关于建筑物抗震标准,国家有统一的技术标准规定。水电工程也不例外,除了一些特别的要求,对于国家或各行业中宏观管理层面制定的标准、基础建设层面制定的标准、某行业发布而且适用于其他行业的基础性标准,水电行业均是适用的。水电水利规划设计总院于 2017 年发布的最新版《水电行业技术标准体系表》(2017 年版)可参见本书附录。

（3）水电工程管理标准的界定

特别需要指出的是,结合我国的行政管理需求,在水电建设的诸多管理性规定中,经常出现下列情况,一是政府行政文件中,为支持和服务水电建设,经常有技术性要求的条款和规定,二是政府行政文件中还有较多的内容与我国坚持的社会主义制度等政体息息相关,这是中国特色,也是符合国情的。再者,我国的工程建设管理制度是在计划经济体制基础上过渡到市场经济体制的,伴随着社会经济的发展,国家行政管理体制不断改革,机构不断变化,行业划分经常在调整,行业管理的行政管理部门不断变化,且经常出现"分合"现象。自中华人民共和国成立以来,水电的行业管理大体上已出现四分四合,当前仍在整合。行政管理上的条块分割,导致行业管理上的条块分割。同时,我国标准的建设,较长一段时间内采用的是行政管理部门牵头为主的方式编制和制定,即使大力推进企业在标准编制中的主导作用。然而标准制度的条块分割状况依然存在,并将长期存在。

在我国,管理标准通常有以下几种表现方式:

① 关于制定标准的管理标准。我国标准化法中,明确规定了谁来管理标准,谁来制定标准,如何制定标准,谁来发布标准,标准如何应用,体例格式是什么等内容,并配套出台了一系列的管理规定和管理标准,这些规定和标准是标准的标准,是管理标准的标准,多数都是基础标准。

② 服务于某行业的管理标准。以水电行业为例,为了完善水电建设管理,国家有关行政部门发布了一系列水电工程建设管理规定,有的以文件的形式发布,有的以规程规范的形式发布。如水电工程验收管理规程,规程中即规定了某项任务需要做,谁来做,做什么,也规定了应达到的技术要求。

③ 技术标准中的管理性条款。在各种技术标准中,特别是关于过程管理的技术标准中,经常出现管理性的条款,这些条款的主要内容是关于过程管理和程度性要求的。

④ 法律和行政文件中的管理性要求。在《中华人民共和国建筑法》《招标投标法》《建设工程勘察设计管理条例》等法律法规中,既明确了工程建设相关方和相关方的责任,也明确地提出了一些技术规定。这些技术性的规定,是技术标准的组成部分。即使是其中的管理性规定,很多内容实际上也是技术性的要求,是程序性的规定。

根据以上分析,本研究工作中有必要对水电工程技术标准进行详细的分类。分类时分别抓住以下五个关键词,并明确其具体的含义和内容:水电标准、工程标准、技术标准、工程技术标准、水电工程技术标准。通过前述分析,本研究做出以下界定:①水电标准,即服务于水电行业全领域的所有标准,不分行业、区域、管理、技术等。②工程标准,即服务于各行业的工程全过程的所有标准,也不分行业、区域、管理、技术等。③技术标准,即服务于各行业的所有技术性标准,不包括管理标准。④工程技术标准,即服务于工程全过程的所有技术标准,不包括行政管理性标准。⑤水电工程技术标准,即服务于水电工程全过程的所有技术性标准(包括技术条款),不包括服务于水电工程的行政管理性标准。以上分类看似简单的重复,实际上其内涵和各自覆盖的范围有着巨大的差异。本研究对适用水电工程建设的水电工程技术标准和水电工程管理标准的区别做出如下界定:①水电工程技术标准,即为实现水电工程的功能、质量、安全等制定的或适用的所有技术标准。②水电工程管理标准,即为实现水电工程的责任主体管理、技术过程管理等制定的或适用的所有管理标准。

(4) 水电工程管理标准与技术标准的关系

区分管理标准和技术标准看似简单,但要精细划分和仔细区别又有很大的困难。管理标准中,一些标准是技术管理的内容(包括对标准的管理),一些标准是行政管理(包括行政处罚)的内容,还有一些标准是技术法规性的内容,具有浓厚的行政管理色彩。管理标准与技术标准,既有区别又有联系,既有独立性又有统一性,在统一体中执行不同的功能,是一个系统中的两个方面,但在一些内容中,又相互融合,很难区分。在联系方面,两者都是为工程建设服务的,是工程建设中必须执行的。在区别方面,两者又有明显的分工。两者从不同的角度服务于工程建设。在相互融合的一些方面,也存在一些过渡性区域,技术的规定性与管理的规定性相互交融,不能单独地将其归为技术标准或管理标准。综上所述,区分管理标准和技术标准具有重要意义。特别是在研究"走出去"问题的时候,管理性标准中的一些内容是行政管理的规范性要求,这些内容不适宜"走出去"或没有必要"走出去"。特别是不能把我国政府强制性要求审查审批的技术法规等行政管理性要求,作为技术标准的内容推广"走出去"。

(5) 水电工程技术标准"子系统"的相对独立性辨析

① 政府及准政府组织子系统及其特点分析。在水电工程技术标准体系中,政府、准政府组织、行业管理组织通过一系列的管理规定,被授予管理职责。按照行政管理需要,他们负责基本规则的制定,基础性标准的发布,管理程序性的管理,在工程开发建设的若干环节,履行监督管理职责等。根据行政管理需要,涉及水电工程管理的政府和准政府组织层次较多,分类较广。

② 勘察设计子系统及其特点分析。勘察设计子系统是水电工程技术标准系统中的重要组成部分,在一定程度具有独立运行的特征。在勘察设计子系统中,其成员并不仅仅是勘察设计单位,实际上,政府、准政府组织、行业管理组织、勘察设计单位、设计科研单位、金融机构、通用与专用勘察设备、设计工具(软件)、勘察设计技术标准等均是系统的主要成员。

③ 建筑施工子系统及其特点分析。建筑施工子系统是水电工程技术标准系统中最庞大的组成部分,也具有独立运行的特征。在建筑子系统中,政府、准政府组织、行业管理组织、建筑施工单位、建筑设备生产制造供应商、原材料供应商、劳务分包商、金融机构、保险机构、建筑施工技术标准等是系统的主要成员。

④ 机电设备子系统及其特点分析。机电设备子系统是水电工程技术标准系统中以设备制造、供应、安装、运行为主要工作内容的子系统,水电工程中的机电设备系统是直接生产电力电量的装置,也是技术含量较高的子系统。在我国水电工程技术发展中,水电设备等技术标准,大量地采用或等同采用相关国际组织制定的通用技术标准。在设备制造子系统中,政府、准政府组织、行业组织、设计与生产商、科研机构、原材料供应商运输厂商、设备生产制造商、金融机构、保险机构、设备

生产制造技术标准等是其主要成员。水电工程金属结构制作与安装分为工厂制作和现场制作两种情况，对于大型工程，现场制作的工程量较大。其中水轮机制造与安装可以表现为独立的子系统。

⑤ 原材料供应子系统及其特点分析。原材料供应子系统是水电工程技术标准系统中相对分散的系统，为水电工程提供各种材料或原材料。在这一系统中，政府、行业组织、原材料（钢铁石油木材砂石土料等、各种特种材料）生产厂商、科研机构、金融机构、保险机构、运输厂商是其主要成员。在原材料系统中，水电工程有一明显特点是就地取材。用当地材料建设大坝，制作混凝土骨料等，其中砂石等原材料的加工生产和混凝土的加工生产均可以表现为独立的子系统。

⑥ 服务管理子系统及其特点分析。大量服务系统存在于水电工程技术标准系统中，包括水电建设咨询机构、政策咨询、法律服务、资金支持、软件服务、信息服务、财务管理等。

⑦ 工程运行子系统及其特点分析。水电站工程建成后，进入长期的运行状态，生产电力电量。工程建成后，工程维护与维修管理、设备运行与维护维修、生产销售、工程发电调度与防洪防汛调度、社会服务等成为水电工程运行的常态，与运维相适应的技术标准体系服务于系统。

⑧ 子系统联合及其特点分析。水电工程建设需要经历一个较长的过程，水电工程运行更是百年大计。在工程论证、工程建设期间，水电工程建设的相关内容，以及其商业成员的运动，有时是单一子系统运动，更多的是多系统同时运动。特别是在水电工程技术标准"走出去"的时候，这种特征更加明显。水电工程各类建设机制与商业模式，如 EPC、F-EPC、BT、BOT、EPT 等，正是不同子系统的联合表现。子系统的联合通常是根据业主或市场需要形成的。这也为水电工程技术标准"走出去"在重点领域突破提供了较好契机。

2.1.2 水电工程技术标准"走出去"的范围界定

水电工程技术标准"走出去"，主要包括以下内容：水电工程技术标准的国际应用，相关水电企业参与国际水电市场相关经济技术活动，政府与有关组织在"走出去"中发挥相关作用等内容，即标准"走出去"不是单一的指水电工程技术标准的文本或技术内容的推广应用。水电工程技术标准"走出去"在国际水电市场应用可参见图 2-3。

（1）水电工程技术标准"走出去"内容的规范性界定

我国的水电标准数量庞大而复杂，又是一个有机的系统。那么，是不是所有的标准都能"走出去"？答案肯定是否定的。在研究标准"走出去"时，哪些标准能够

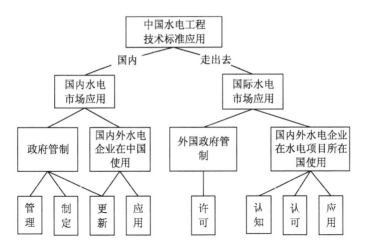

图 2-3　水电工程技术标准"走出去"在国际水电市场应用示意图

"走出去"? 是必须首先回答的一个问题。根据以上研究,可以看出,并不是适用于水电建设的所有标准都适用于"走出去"。水电工程建设中,用于工程管理的管理标准中一部分标准或一部分内容是不适合于"走出去"的,或者不完全适合于"走出去",其中最主要的原因就是行政管理性的标准不适合于"走出去"。工程技术标准中的行政性管理规定,特别是关于行政主体、行政程序的管理条款,也不适用于"走出去"。同时,技术标准"走出去"后的应用,又离不开管理标准的支持和支撑。技术标准"走出去"后,必须面对新的管理标准。因此一些管理标准的规定性需要改变方式后才适合"走出去",或者叫换个面孔"走出去",换个方式"走出去",并与东道国的管理标准相融合,相对接。东道国未做出管理要求的内容,一部分可比照中国标准开展管理工作,一部分管理内容又是可以省略的,不必再开展相关工作。综合上述,对水电建设中所有能够"走出去"的技术标准,主要包括以下三个方面:①可直接"走出去"的标准,即服务于水电行业的各类技术性标准(除去行政管理性条款)。可借鉴推广的技术标准,即服务于水电行业的部分管理性标准(除去行政管理性条款)。如我国关于水电工程建设中明确执行"四个设计阶段"管理程序,包括预可行性研究、可行性研究、招标设计、施工图设计,并相应制定了每个阶段的设计工作应完成的技术性要求,技术性要求的内容包括工程技术、移民、环境、经济评价、产业符合性、社会稳定评价,以及对矿产、文物、水资源的影响等专题内容。但在世界范围内的大多数国家,并不执行这样的阶段划分,或阶段深度的技术要求完全不同。②可供参考的技术规定,即法律和行政文件中关于水电行业的技术性的管理条款(但不能直接引用法条)。③可供交流的技术标准,即有的管理性标准带有浓厚的民族特色,有些甚至带有政治特色,这些内容可以与目标国家的"同行"进行交流,但不适合于"走出去",更不能直接应用。如移民政策中的一些规定性条款,一些行政文件中要求支持地方经济发展和少数民族地区发展的技术性要求。由于标准本身是一套科学的有机体具有系统性,关联性,只"走出去"技术标准部分,是否意味着有机体的解体? 是否意味着"走出去"的部分将无所适从,或者水土不服? 这是必须正确认识的一个问题。矛盾的解决,必然会产生新的矛盾体。标准体系也不例外。技术标准"走出去"后,一定要产生相应的管理标准为其服务。如何产生新的管理标准,这也是标准"走出去"需要研究的另一个重要内容,这一点,也是标准"走出去"不同于产品"走出去"的重大差别。因此,必须对水电工程技术标准"走出去"的内容进行规范性界定与厘清。

(2) 水电工程技术标准"走出去"目标的规范性界定

水电工程技术标准"走出去"有多种形式,"走出去"的目的和目标是为了在国际水电市场获得广泛应用,同时便利我国水电企业服务国际水电市场,国际水电市场的应用情境包括以下三种,一是我国商业企业应用中国标准服务水电市场,二是东道国商业企业使用中国标准服务本国水电市场,三是第三方使用中国标准服务国际水电市场,使中国标准满足世界水电发展的需要,不再限于服务中国水电,而是服务于世界水电,标准走出中国,走出国界,达到"世界是平的,世界是新的"景象。水电相关商业成员,不论中国的还是他国的,在国际水电项目中广泛采用中国水电工程技术标准服务国际水电市场,是水电工程技术标准"走出去"的最大价值所在。水电工程技术标准"走出去",可以成为某国许可采用的标准,也可能是两国间的双边互认标准,或者成为国际水电市场的事实标准。不论哪种形态,单就水电工程技术标准本身来说,仅是技术标准文本和技术标准内容的国际应用。而这种应用是支持中国水电商业企业"走出去"的重要支撑力量和重要的基础性条件,这是推动水电工程技术标准"走出去"的重要推动力。国际水电市场,特别是发展中国家水电市场对水电工程技术标准有一定的需求,这种国际水电市场的需求既是一国开发水电的需求,也是一国提升技术水平的需求。这种需求成为我国水电工程技术标准"走出去"的拉动力。推动力与拉动力的结合,是水电工程技术标准"走出去"的综合驱动力。

(3) 水电商业成员与工程技术标准"走出去"的规范性界定

在水电工程技术标准"走出去"的活动中,并不仅仅是技术标准本身的运动,而是技术标准与商业成员共同的运动。单一的技术标准的运动,其意义是不大的。水电工程技术标准与水电相关商业成员共同运动,技术标准得到一国政府的许可,或国际水电市场的认可,商业成员使用水电工程技术标准参与国际水电市场服务成为常态,而不会受到技术性壁垒排斥。商业成员在国际水电市场提供服务,可以采用任何技术标准,只要是一国政府许可或项目业主许可的技术标准。但是,由于技术标准的特别性,商业企业要全面理解和掌握技术标准需要大量的人力资源投入、技术要素投入和资金成本投入。如果商业成员已经熟悉并全面掌握的技术标准体系获得国际水电市场的认可和采用,则该商业成员将比其他商业成员有更多更经济地获得市场和提高市场份额的机会。在水电产业领域,有多种门类的水电商业企业,同一类的水电商业企业数量众多。水电商业企业服务国际水电市场有多种表现形态,可能是单独一家商业企业,也可能是多家商业企业联合,服务同一技术内容;更多的是多家商业企业服务于同一水电工程的不同的技术领域,这就需要商业企业的联合或有机结合,而这种有机结合的"平台",可以使水电工程技术标准体系通过相互合作结成战略伙伴,达到竞争未来的目的。

(4)水电工程技术标准"走出去"与政府等组织作用的规范性界定

在水电产业中,政府的管理作用不可或缺,在一些领域政府发挥强制性作用。水电工程技术标准"走出去",以及水电产业参与国际水电市场竞争,既是水电企业自身发展的需要,也是一国经济参与国际竞争的需要。国际水电市场的规模为我国水电企业国际竞争提供了较好的市场条件。我国政府制定了"走出去"的基本国策,对于水电产业"走出去",水电工程技术标准"走出去",应从政策层面、政治层面和经济活动层面,提供更多更完善的服务,创造更多更好的支持环境。我国政府及相关主管部门积极支持水电工程技术标准"走出去",支持水电产业"走出去",是水电工程技术标准"走出去"的重要支撑,政府及有关组织的水电"走出去"研究活动也是研究水电工程技术标准"走出去"的重要内容。

2.1.3 水电工程技术标准"走出去"竞争与合作特点

我国水电工程技术标准"走出去",与发达国家水电工程技术之间的竞争,并不仅仅来自于技术标准本身,而且是来自商业生态系统之间,是系统性的挑战,表现为全面与整体性的竞争与合作、全过程与动态性的无限竞争与合作、合作与排他性交织,而不仅仅是局部与零散的、偶发或静态的、单纯竞争或单纯合作的有限竞争与合作。这些系统性的挑战,决定了水电工程技术标准"走出去"后生态系统能否形成,以及能否顺利生存与发展。

(1)全面与整体性的竞争与合作

水电工程建设是大规模的基础设施建设,通常是工程规模大、资金投入大、建设周期长,涉及工程淹没和工程移民,在一定区域内要改变自然环境的现状,也涉及河流生态的变化。因此,建设水电工程所采用的技术标准需要具有较大社会经济影响面和技术覆盖面。一项工程采用的技术标准,涉及技术经济评价技术、工程建设技术、设备制造与安装技术、环境工程技术、移民安置技术、工程管理技术等，各个技术领域都需要工程技术标准。无论哪个方面的竞争与合作，均是影响面较大的，会涉及众多机构的竞争与合作，有时可能会表现为国家间的竞争与合作。全面性竞合表现在国家间对于水电市场的竞争与合作，这也是国家间综合技术经济实力的较量。技术标准的竞争是国家"走出去"战略的组成部分，我国水电工程技术标准与其他国家水电工程技术标准之间的竞争，是当今世界水电市场上最为激烈的竞争景象。一方面是因为我国水电工程技术标准后来居上，不断超越发达国家标准。另一方面是国家综合国力提升，核心商业企业的技术能力和综合能力提升，增强了竞争力，竞争已经不再局限于单个企业之间、单一设备之间，而是技术标准的全面竞争。除商业企业直接参与竞争外，还有政府参与市场竞争，投资人与其他风险承担者参与竞争，社会公众参与竞争等。整体性竞合表现在技术标准的整体性竞争与合作，具体工程项目的整体性竞争与合作，时常表现为核心商业企业之间的直接竞争。全面与整体性的竞争与合作，也就形成了水电工程技术标准商业生态系统间的全面竞争与合作。

（2）全过程与动态性的无限竞争与合作

一国水电发展是一个持续的历时较长的过程，对水电工程技术标准的需求也是一个较长的过程。水电工程技术标准的需求与水电开发程度密切相关，水电开发程度越低，对水电工程技术标准的潜在需求则越多。水电工程技术标准商业生态系统服务于水电开发的全过程，这一全过程包括工程建设项目的全过程和一国水电开发的全过程，只要水电市场存在，水电开发必然要选择支撑性技术标准，则标准间的竞争与合作相伴存在。水电工程市场是由一个个独立的水电工程的建设过程组成的，水电开发建设的进程和开发程度表现为动态性。水电工程技术标准在一个水电项目中获得应用，仅说明技术标准在一个"点"的应用，但不能推断在下一个水电工程中仍然获得应用，即水电工程技术标准的竞争与合作，永远是动态的。在一定时期内，若水电项目足够多，或一国水电开发尚未全面完成，则竞争与合作的市场行为将是动态的和无限次进行的。竞争与合作的无限性还表现为竞争与合作对象的无限性和不确定性[1][2]。市场中的竞争主体，从技术标准层面观察有众多体系，从商业企业层面观察有众多企业。任何一个企业都可能选择任何一个标准参与竞争，增加了标准竞争的不确定性。支持我国水

---

① Pettigrew A M, Whipp R. Managing Change for Comprehensive Success [M]. Oxford: Basil Blackwell, 1991.

② Feurer R, Chaharbaghi K. Strategy Development: Past Present and Future [J]. Management Decision, 1995(33): 11-21

电工程技术标准"走出去",必须更多地培养使用中国标准参与竞争的核心商业企业。

（3）合作与排他交织

水电工程技术标准"走出去",与其他技术标准之间的合作与排他是交织的。一方面,合作性特别表现为新成员加入商业生态系统。本土技术标准的加入,与"走出去"技术标准共同服务于东道国水电建设,取长补短,适于本国技术管理的国情。本土精英成员的顺利加入并发挥作用,也更有利于技术标准的采用。东道国精英成员包括商业成员和非商业成员。商业成员因其直接利益的驱使而加入"走出去"商业生态系统,非商业成员因政治、经济等多种原因支持生态系统的发展。也就是说,合作多来自与东道国之间。另一方面,排他性,主要表现为技术标准选择的唯一性。水电工程建设的特点是工程项目的唯一性。同一工程项目在不同的技术领域可能选择不同的技术标准,但对于同一技术问题的处理,通常只能选择一种技术标准,而不可能应用多个技术标准。经济学研究认为,在一个国家或一定区域,对于消费者来说,消费偏好是永远存在的。消费偏好的存在,使得技术标准选择存在偏好。"走出去"的我国水电工程技术标准,必定要克服东道国曾经的消费偏好,形成对我国有利的新的消费偏好。

2.2　我国水电工程技术标准"走出去"的特殊性及挑战

水电工程技术标准"走出去",要面对国际水电市场的特殊性,适应国际水电市场的采购特点,既要应对发展中国家的技术标准需求与考验,也要面对与发达国家技术标准之间的竞争。

2.2.1　国际水电市场的特殊性及技术标准竞争

2.2.1.1　国际水电市场的特殊性

本研究从以下几个角度观察分析国际水电市场,包括水电工程建设市场的总投资规模、水电工程总数量、水电工程的总装机容量等。经综合分析,国际水电市场具有如下一些特点。

（1）市场容量方面

一是全球水电市场总体规模依然巨大,包括电站数量,投资规模等。二是发达国家水电开发程度总体较高,剩余开发量总体较少,但仍有开发潜力,特别是在一些中等发达国家,为解决能源、电力供应和供水需求仍需开发建设水电工程,三是大多数发展中国家,特别是一些水电资源丰富的发展中国家,随着其经济发展展现出对电力的需求，因此水电开发潜力巨大。

(2) 市场竞争方面

高端竞争与低端竞争共存，合作与竞争共存。西方国家依靠技术、资金、装备实力，具有较强的竞争力，特别是在技术标准优势、大型装备优势、现代化管理优势、技术咨询服务等方面具有高端优势能力。中国在提供建筑劳务方面具有较强的竞争力，在规划设计、部分关键技术等方面具有高端优势，在人力资源成本方面具有低端优势，在一些国家具有区位优势和政治优势，现代化竞争能力不断提升，比较优势的地位开始呈现。

(3) 技术标准竞争方面

产品竞争表现为产品被顾客选择和使用，商业企业之间的竞争直接表现为企业获得服务的机会或企业的产品和服务被顾客选择。在市场经济条件下，顾客可选择的产品或产品的替代品数量很大、品种很多，顾客可供选择的商业企业通常也很多。但是标准作为一种特殊商品，其可选择的范围或数量通常是有限的，而且替代性更强。同时技术标准的选择，离顾客想要获得的服务或终级产品还有一定的距离，也就是说，顾客选择了技术标准后，还要再通过自己使用或其他商业企业为其提供服务的过程后，通过对技术标准的应用，再转化为愿望的实现。在世界范围内，水电工程技术标准体系有一定的数量，但体系的数量仍然有限，且发展程度也明显的不同。标准间差异的存在使得标准在被应用时具有明显的"可选择性"和"可替代性"特点。世界水电工程建设市场对技术标准的需求，对某个国家来说，可能表现为三种情况：一是本国建立了较成熟的技术标准体系，通常不采用其他国家或组织的标准体系。如我国的水电工程建设对标准的选择，就是建立我国水电工程技术标准，并通过技术立法要求我国的水电工程建设必须适用于我国标准，突破我国技术标准的技术规范，要按有关法规要求进行技术论证方可引用和采用。二是本国基本未建立完整的技术标准体系，而是主要依靠引进其他国家或组织的技术标准，开展本国的水电工程建设。这种情况主要存在于经济技术水平欠发达的国家。这些国家也是本研究重点关注的国家。三是本国已经建立了一定的技术标准体系，但还不完备或者技术水平还不高。如越南等国家，还需要更多地引进技术，来补充完善本国技术标准和实施本国水电工程建设。针对第二种情况，对于技术标准的需求者而言，选择一种适用的、满足自身建设需求的技术标准是一种决策，而对于拥有技术标准的国家企业而言，是其输出技术标准的行为，表现为自己的技术标准与其他技术标准之间的竞争，被选择的标准体系及其相关成员将成为被选择的获益者，竞争的胜利者，未被选择的标准及其商业成员，则是竞争的失败者、不获利者。技术标准的竞争脱离传统企业竞争和产品竞争的特点，表现为群体的竞争和更大范围内的商业生态系统间的竞争。在水电工程建设市场,技术标准的需求者并不是简单地选择某一类技术标准就完成了技术标准选择的使命和任务,而是选择技术标准后,同时选择掌握这类技术标准的商业企业,并完成相关的工程建设,包括土建工程勘察设计施工和成套的机电产品采购与安装。在世界水电市场中,最常见的方式是,工程建设方在其工程招标文件中或其招商文件中,明确提出本工程建设"执行某某技术标准(体系)"。因此,水电工程技术标准的竞争,不是单一地表现为技术标准本身的竞争,也不是单一地表现为水电商业企业之间的竞争,实质是水电工程技术标准商业生态系统之间的竞争。如图 2-4 所示。

图 2-4　水电工程技术标准竞争的实质

2.2.1.2　国际水电市场的采购特点及技术标准竞争分析

（1）国际水电领域采购特点

当前,国际水电领域的采购特点以业主委托的代理机构进行国际采购为主。广大发展中国家限于自身技术经济发展水平相对较低,大多数水电工程建设项目采取国际招标的方式,采购设计、施工、设备等。招标采购文件中,通常都明确指定许可采用的工程技术标准。根据原中国水电工程顾问集团参与国际采购项目的经验,目前大多数的水电工程项目的服务采购均明确许可采用欧美等发达体系的技术标准,也有一些项目明确许可采用中国水电工程技术标准,但许可采用中国标准的,有时又附加额外条件,要求与欧美标准进行技术比较后才许可应用。国际咨询工程师联合会编写与制定的《生产设备和设计——施工合同条件》《设计采购施工EPC/交钥匙工程合同条件》《施工合同条件》等,通常简称《FIDIC》合同指南,在国际水电市场上获得广泛应用。《FIDIC》合同条件中,设计的技术标准与法规、生产设备、材料和工艺等都提出了执行技术标准的要求。如《生产设备和设计——施工合同条件》中第 5.4 款"技术标准与法规"明确指出"设计、承包商文件、施工的工程均应符合工程所在国的技术标准、建筑、施工和环境方面的法律,适用于工程将生产的产品的法律以及雇主要求中提出的适用于工程的或适用法律规定的其他标准,这些关于工程和分项工程的法律应当是根据雇主接收的规定和工程或分项工程时通行的法律。这些特点说明，我国水电工程技术标准已经在国际水电市场产生影响，但影响力还不够大，还不足以形成市场优势，投资人采用中国水电工程技术标准的信心不够强，也不够坚决。这一特点也决定了我国应加大力度，推动水电工程技术标准"走出去"。

（2）国际水电市场的技术标准竞争

国际水电工程技术标准之间的竞争主要表现在以下三个方面：一是各国或区域争取在国际标准中的地位和在国际标准制定中的话语权。通过对国际标准的制定，提升本国或区域组织在技术标准方面的领导地位。在这个领域，西方发达国家始终占有较大的优势，发展中国家不断争取在国际组织中的地位，不断争取和扩大在国际标准中的地位。当前国际水电市场中，国际标准中的水电工程技术标准方面的工程建筑领域的标准数量是相对较小的，而国际标准中水电工程机电设备方面的技术标准数量是较多的，并且多数由发达国家作为技术标准编制的秘书处单位，西方发达国家在水电设备领域的国际标准话语权占有主导地位。二是在国际水电市场中，采购工程建筑服务和设计服务时明确提出对水电工程技术标准的需求。这种采购服务通过在国际招标文件中明确提出对技术标准的要求或者原则性要求。有些招标文件，提出的要求相对"宽松"，如规定采取任何一种标准体系均可，但又增加附加条件，对于不采用欧美标准的，要作出与欧美标准的比较。三是在国际水电市场中机电产品竞争方面，针对机电产品的技术要求而提出对水电工程技术标准的要求。在上述三种情况中，我国水电工程技术标准在国际水电市场竞争中常常处于劣势地位。我国水电工程技术标准中，机电方面的技术标准多数是直接或间接采用国际标准，但限于技术和制造等多方面的综合能力，竞争仍处于不利地位。在工程建筑领域，我国水电工程技术标准是在近年才逐渐完善和提升，国际应用仍然不被广泛认可，即使采用中国标准，也需要我国企业和广大技术人员花费大量时间和精力，在水电项目中使用中国标准时需要开展大量与欧美标准的分析对比工作，才能说服项目业主或其委托的工程师使用或接受中国标准，造成巨大人力资源浪费和间接经济损失。由于技术标准制定的理念、技术水平的差异，国际水电工程技术标准的竞争状态是很复杂的，既存在中国水电工程技术标准与发达国家水电工程技术标准间的竞争，也存在发达国家技术标准间的竞争。这种状况，对于中国水电工程技术标准"走出去"而言，既有机遇也有挑战。机遇是中国标准有比较优势就有机会获得市场；挑战是中国标准需要同国际水电市场上知名度更高的发达国家技术标准体系竞争。

2.2.2　发展中国家水电技术标准需求的特殊性及挑战性分析

（1）东盟国家水电标准及其发展

东盟目前有 10 个国家，经济发展水平各不相同。一些国家在不同时期受到长期的殖民统治，到目前经济仍不发达，处于落后状态。东盟各国的技术标准管理体系各有特点。东盟 10 国中，除老挝外，其他 9 个国家都是 WTO 的成员国。东盟各个成员国之间经济技术发展水平的差距很大，人均国内生产总值的差距高达 100 倍以上，远远地高于欧盟内部 16 倍差距和北美自由贸易区内部 30 倍差距的水平，经济发展水平和所处的经济发展阶段也各不相同，合作的目标和承受能力更是不尽一致。因此，对技术标准的管理模式及管理理念也大不相同。①东盟标准与质量协商委员会（ACCSQ）简析。1992 年 10 月 22 至 23 日，在菲律宾马尼拉召开的东盟各国经济部长第 24 次会议上，创建了东盟标准与质量协商委员会（ACCSQ）。该委员会作为一个地区性标准化组织，主要职责是负责消除包括标准、质量检测和技术法规等形式在内的非关税壁垒，负责成员国之间生产标准协调和技术法规一致性协调。该组织是一个松散型区域组织，没有制定自成一体的东盟标准。这也是与欧盟的标准体系差别较大的地方。欧盟有欧洲标准化委员会（CEN）、欧洲电工标准化委员会（CENELEC），这些组织发布有本组织的标准，并在欧盟范围内共同执行和遵守。ACCSQ 成立目的是消除包括标准、质量检测和技术法规等形式在内的技术性贸易壁垒，使国家标准与国际标准进行协调一致从而实现多边认可的合格评定，以求达到一套标准与检验程序被大家共同认可的最终目标。②东盟发展中国家各国水电工程技术标准及其发展。东盟各国都有自己的标准化管理机构。但从总体上看，各国的水电工程技术标准仍是很不健全的，关于水电工程建设管理体系也不完整，在有关的法律法规中，只对工程建设提出一些宏观的技术要求。因此，东盟各国的水电开发，都不是基于本国的技术能力与水平，在水电开发时，基本上都是依靠引进国外技术标准实现水电工程开发之目标。东盟国家当前都在结合自身经济发展的需要开发水电，也在开发水电的过程中不断探索、建立其水电工程技术标准体系，但是建立和制定的进程依然较慢。

（2）亚洲其他国家水电标准及其发展

除东南亚地区国家外，亚州其他国家水电资源相对较少，但也有一些国家水电资源有一定的蕴藏量，具有较好的开发价值。如西亚地区的伊朗、伊拉克、巴基斯坦等，北亚地区的哈萨克斯坦、吉尔吉斯斯坦等，都有一定的水电资源。从总体上看，亚洲国家中，只有日本和中国的技术标准体系较完备。近年来，上述国家为开发水电资源，基本选择引进国外技术标准体系。

（3）非洲发展中国家水电标准及其发展

非洲的大多数国家仍是发展中国家，或是欠发达国家。一些国家虽然拥有丰富的水电资源，但限于技术水平和国家经济实力，其水电开发总体上处于较低程度。非洲国家技术标准包括水电工程技术标准在内，基本上都处于不完善状态，开发水电主要采用国外技术标准。由于一些国家长期受到西方殖民的影响，许多国家仍将前殖民国家的语言作为官方语言，在技术标准引用方面也多采用前殖民国家的技术标准。如具体节在分析法国技术标准时，有数十个国家采用法国技术标准。总体分析，广大发展中国家水电工程技术标准体系相对不完善，技术水平较低，技术人才匮乏，装备生产和应用水平落后，但开发水电的需求旺盛，需要引进和依赖国外技术和技术标准，同时由于历史的原因，对西方技术标准存在传统的依赖性，而在引进技术标准时又结合其国情提出各种各样的特殊需求，我国技术标准想要在其国际水电市场中获得应用，必须接受其需求特性的挑战。

我国致力于与广大发展中国家建立友好关系。在长期的经济援助活动中，我国与众多国家建立了较友好的经济技术关系，通过水电水利工程的援建工作，水电工程技术标准也得到应用和"走出去"，并在众多国家产生一定影响，在与西方国家技术标准竞争时，具有了一定的比较优势地位。在全球经济一体化和发展中国家加快经济发展的形势下，发展中国家加大了水电开发力度，加快水电开发进程，形成了较大水电建设市场和水电工程技术标准需求市场，为我国水电工程技术标准"走出去"参与国际竞争提供了机会和空间，也对我国水电工程技术标准的国际应用带来新的考验和提出了新的挑战。

2.2.3 国际水电市场发达国家技术标准体系的竞争性分析

综合分析，发达国家的技术标准在世界水电市场占有重要地位。除水电开发需执行的国际标准外，世界上经济技术较发达的国家都有相对成熟完善的水电工程技术标准体系，主要的水电工程技术标准体系有美、英国家标准体系，欧洲有关国家的标准体系，日本标准体系，相对完善的标准体系有印度标准体系、越南标准体系等。美国水电标准体系中的陆军工程师团标准和垦务局标准在世界范围内影响较大，法国标准在法语区影响较大，俄罗斯标准在俄语区影响较大[①]，英、印、澳新标准在英语区有较大影响等。国际标准在各国均有一定影响，我国标准中也较多地借鉴和采用了国际标准。纵观发达国家标准策略，其国际标准竞争模式大致可划分为三种类型：一是欧盟采取的是标准"控制型"策略；二是美国采取的是标准

---

① 何宝海. 俄罗斯水电建设综述[J]. 吉林水利，2007（6）：30-31.

"控制争夺型"策略;三是日本采取的是标准"争夺型"策略。有关研究认为,国家经济实力、技术实力是选择国际标准竞争策略的重要基础①。下面简要分析国际标准、美国陆军工程师团水电标准和欧洲国家相关标准。

(1) 国际标准及我国参与度

国际标准定义:国际标准是指国际标准化组织(ISO)、国际电工委员会(IEC)和国际电信联盟(ITU)等国际性组织制定和发布的标准,以及经国际标准化组织确认并公布的其他国际组织制定的标准。ISO负责制定综合类的国际标准,IEC负责制定电工方面的国际标准,ITU负责制定电信方面的国际标准。国际标准化组织的产生,推动了标准在国际范围内的采用和执行,国际标准由此诞生。1865年,国际电报联盟产生,这是成立的第一个国际标准化组织,国际电工委员会(IEC)于1906年成立,国际标准化组织(ISO)于1947年成立,中国作为ISO的发起单位之一,最早在1931年加入了该组织。20世纪60年代以来,全球经济高速地发展,国际贸易日益活跃和不断增长,世界贸易组织(WTO)通过要求各成员国签署技术贸易壁垒协议(TBT协定)等多种方式,进一步地强化确定了技术标准在国际贸易活动中的重要地位。WTO要求各成员国在制定参与国际贸易的商品和服务方面的技术法规和技术标准时,不仅需要以相关国际标准为制定的基础,促使国际标准成为双边或多边签订国际贸易合同的重要依据,以及解决国际贸易争端的基本依据,而且技术标准对国际贸易、生产技术扩散和社会经济发展的作用进一步提高,不执行国际标准,在国际贸易活动中将会寸步难行。

我国采用国际标准,通常做法是将国际标准的内容,经过分析研究和试验验证,等同或修改转化为我国国内标准(包括转化为国家标准、行业标准、地方标准和企业标准,下同),并按我国现行标准审批发布程序审批和再次发布。改革开放后,我国不仅致力于制定本国标准,而且注重吸收和借鉴国际标准,通过将国际标准转化为我国标准,用于技术指导和管理生产。同时,随着我国技术水平和管理水平的不断提高,我国也不断提升标准地位,注重将本国标准转化为国际标准或参与制定国际标准。我国大力支持各商业企业特别是具有技术实力的大型优势企业,将具有自主知识产权的技术标准转变成为国际标准,以便更加有力地提高我国企业和产业的国际竞争力。2008年10月,在第31届ISO大会上,我国正式成为ISO的常务理事国,这是我国自1978年重新加入ISO以来首次提任这一组织高层的常任席位,标志着我国标准化工作取得了历史性的重大突破,更标志着我国在国际标准制定和应用方面有了更多的话语权。在平等互利与合作发展的基础上,我国与20

---

① 陈国义等. 中国工程建设标准化发展研究报告(2011)[M].北京:中国建筑工业出版社,2012.

多个国家、区域性的标准化机构，以及有关国际标准化组织之间签订了合作协议。建设和开通了中美、中英、中新、中韩标准信息交流和沟通平台，中欧、中德平台也即将开通，更大程度地促进双边贸易活动和企业发展提供标准化、信息化服务。我国在实施"走出去"战略中，大力提升实质性参与国际标准化活动的有效性，我国共承担 35 个 ISO/IEC 技术秘书处，担任 22 个 ISO/IEC 技术机构主席和副主席，在 ISI、IEC 注册的专家人数已达到 800 余人。到 2011 年 6 月底，我国国家标准总数为 28 426 项。2009 年，国家标准总数为 23 843 项，其中强制标准 3 132 项，推荐性标准 20 559 项，国家标准化指导性技术文件 152 项。上述标准中，采用国际标准和国外先进标准的比例达 68%。同时，我国已备案的行业标准 4 万多项，地方标准 1.5 万多项。由我国为主提出、主导制定的国标标准草案共 180 项，然而已被批准成为国际标准的仅有 64 项。

（2）美国水电工程技术标准及其国际影响

美国是世界上较早开发水电的国家。全美水电技术可开发水电装机容量 146 700 亿 MW，年发电量 5 285 亿 kW·h，经济可开发 3 760 亿 kW·h/a。得益于工业化的发展，美国水电开发已有 100 多年历史，并且发展迅速，在 1998 年，水电开发量达到 3 088 亿 kW·h，达到技术可开量的 58.4%。美国比较集中的水电开发项目包括田纳西流域的水电开发和对哥伦比亚河的水电开发，以著名的胡佛大坝工程（1936 年 3 月建成，拱坝 221.4m，208 万 kW）、大古力大坝工程（1941 年建成，坝高 168 m，648 万 kW）等，哥伦比亚河流域水电梯级的成功开发标志着美国的水电开发能力达到非常先进的水平，美国的水电工程技术标准也于上世纪 80 年代达到了较先进的水平，无论基础研究、管理水平、施工技术水平，还是工程规模，均走在世界的前列。美国的标准化体系是一个由工业部门和民间专业标准化团体支持的高度分散型的组织体系，其标准体系主要由三个部分组成，一是以 ANSI 为协调中心的国家标准体系，二是联邦政府标准化体系，三是各专业标准化团体的专业标准体系。在国际标准化组织中，美国的水电工程技术标准制定机构中，美国陆军工程兵团的标准和美国垦务局标准最有影响力。陶洪辉、张钦芝等对美国水电开发和有关标准进行了简要总结和介绍，其中关于美国陆军工程师团标准主要内容摘录如下[1][2]。美国陆军工程兵团（United States Army Corps of Enginers，缩写 USACE）是美国主要的水利水电工程的管理机构，建于 1775 年，是陆军工程建设和防御工事的建设机构，其初主要是属军事机构，逐渐演变为军民共用机构。在

---

[1] 陶洪辉. 美国陆军工程兵因水电工程标准体字介绍[J]. 红水河. 2010(2)：94-97.

[2] 张钦芝摘译. 美国混凝土大坝的升级改造[J]. 国际电力，2000(3)：24-27.

200 多年的发展中,目前人员已达近 4 万人,下设 11 个分局 40 余个分区,是世界上最大的公共工程、规划、设计、施工、运行、检查的管理机构,同时仍承担大量的军事工程建设。陆军兵团是全美历史悠久、规模最大的水利水电工程综合性管理机构,在美国共修建了 300 余座水坝工程,装机容量超过 2 000 万 kW,占美国总装机容量的近 24%,同时也为全世界 100 多个国家提供工程服务。在历史的发展过程中,得益于工程建设经验和总结,其建立了以下标准体系,包括工程通告(EC)、工程指令(ED)、工程设计指南(DG)、工程规定(ER)、工程手册(EM)、工程小手册(EP)、工程技术函(ETL)、工程表格(ENG)等 8 个系列的技术标准,合计约 1 400 多份标准,这些标准中以 EM、EP、ER 及 ETL 系列最为重要。其标准体系结构如图 2-5 所示。

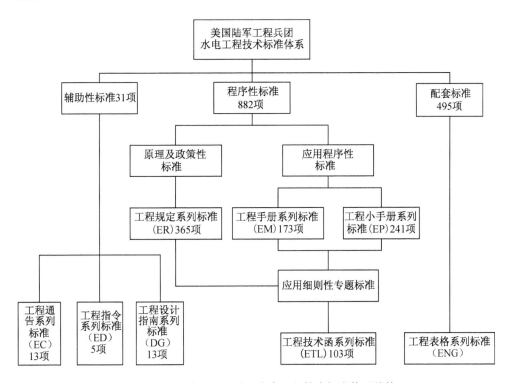

图 2-5　美国陆军工程兵团水电工程技术标准体系结构

美国陆军工程兵团水电工程技术标准体系在世界范围内的水电工程勘察设计、建设施工等各个方面均处于领先水平,在世界水电开发中得以广泛应用,成为水电工程建设的世界通用标准。其编制的《水力设计通用手册》等设计手册也为我国水电工程的发展和技术标准的发展起到重要作用,其开发的各类应用软件也得以广泛应用,其标准体系于 1998 年全部电子化,在其官方网站可以全文免费下载,为世界水电发展作出了较大贡献,也为美国水电工程技术标准"走出去"打下较坚实的基础和产生深远影响。美国水电开发在上世纪基本完成,后续的任务集中在对现有水电站的维护和升级改造,新建水电站很少且较小,因此其水电工程技术标准的发展已缺少大型水电工程项目支撑,技术标准的技术水平提升较慢,总体上存在技术发展停滞现象。正如奥巴马所言:"我们的国家发展存在困难和阻碍,我们需要变革。"美国水电近年来的发展趋势主要为扩建老水电站,开发小水电,以及为电力生产的调峰填谷而兴建一批抽水蓄能电站等,但开发总量实际上已经较小。

（3）欧洲水电标准及其国际影响

欧洲是世界上主要的发达经济体集聚地区,在欧洲及欧盟范围内,既有统一的标准,又有各国的标准,以及由欧洲相关组织制定并通过法律性规定在各国通用的标准。法、德、英是欧盟的主要成员国,也是欧洲范围内在国际标准化活动中最具有影响力的三个国家[①]。俄国的水电标准也处于较先进的水平,在俄语区有较大影响,但不在欧盟范围之内。前苏联时期,前苏联标准对中国标准建设产生过积极作用。与美国不同,欧洲各国标准化管理与运行更加强调协调和统一,各个国家的标准既有各自特点,又在欧盟和欧洲标准化组织的影响和领导下具有一定的共同点。这些共同点包括,采取政府授权、非政府组织统一管理的标准化运行模式,协调利益相关方参与标准化活动,注重协调标准的制定与标准的实施活动,标准化管理体制受到欧盟法律法规的影响和制约。但英国政府对于标准的管理中,BSI 更加注重标准与认证的有机结合,德国政府对于标准的管理中,更加注重准政府机构,使 DIN 成为标准化的核心,法国政府对于标准的管理中,更加注重 AFNOR 与行业领域的标准局的密切配合。英法德都是老牌资本主义国家,对非洲、亚洲的一些国家进行过长期的殖民统治,其技术标准在其曾经殖民过的国家产生了深远的影响。德国的工业化和现代化发展,促使其水电开发技术在一定时期达到较高的水平。德国的水电工程技术标准体系纳入 DIN 体系。DIN 下辖 78 个标准委员会,管理着 28 000 项标准。

2.2.4　技术标准"走出去"战略态势的特殊性分析

在国际标准竞争中,经济实力是竞争取胜的基础,技术能力是竞争取胜的关键,建立战略同盟是竞争取胜的有效保障措施。市场优势是竞争取胜的一个重要因素。国际采购是竞争的主要载体和表现形式,竞争对手与合作伙伴是竞争面对的直接对象,共同构成水电工程技术标准竞争的战略态势。

---

① 苏燕,赵树湘. 法国罗讷河上的小水电开发[J]. 水利水电快报,2010（9）：24-26.

（1）国家经济实力基础性作用

一国的经济实力是其国家的标准参与国际竞争的重要基础。我国参与国际标准竞争，可以采取"全面跟踪，重点突破"的策略。根据比较优势理论观点，其优势在于，我国的经济实力和经济总量已经远高于大多数的发展中国家，因此我国有能力集中财力，在一些重点领域取得突破，并进而获得竞争优势。到 2013 年底，我国GDP 总量已达到 568 845 亿元（2010 年为 397 983 亿元，2011 年为 471 564 亿元，2012 年为 519 322 亿元），依然位于世界第二位，属于经济总量较大的国家。但我国的人均 GDP 2013 年仅为 41 908 元，仅位于世界第 89 位，仍然较低（2010 年为30 015 元，95 位；2011 年人均 35 083 元，89 位；2012 年人均 38 354 元，87 位），属于中等发达水平，依然是发展中的大国。这一经济特点，决定了我国技术标准在国际竞争中既存在一定的优势，也存在一些劣势。总之，我国水电产业的技术标准在国际竞争局势中，非常符合"全面跟踪，重点突破"的特点。近年来，我国在技术标准的发展中，也努力做到了全面跟踪国际水电标准发展趋势，并大力发展和完善我国水电工程技术标准。现在已经形成重点突破、增强国际竞争力的良好前提，也形成了技术标准"走出去"的良好前提。水电工程技术标准的发展，今后仍应致力于在国际水电市场的突破。我国综合实力提升，是水电工程技术标准实现国际水电市场突破的重要基础。

（2）水电技术实力的关键作用

水电工程技术标准参与国际竞争，技术实力的展示发挥着关键作用。技术实力至少包括以下三个方面，技术标准的内容和质量，技术标准通过人的能动性发挥生产力作用程度、实施技术标准的人才素质和技术标准持续提升的研发创新能力。在国际水电工程技术标准之间的竞争中，技术实力发挥着举足轻重的作用。竞争的关键是各国水电产业所拥有的技术实力的竞争。一个国家的经济实力再强大，如果以水电工程技术标准为核心的水电工程技术能力较低，仍然无法参与国际标准竞争，或者可以说竞争力是很弱的。当前，我国水电工程建设的综合技术能力总体上是较强的，在很多领域，已经赶上甚至超越了发达国家的技术水平，总体上也与发达国家技术水平相当。在研究方面，以勘察设计为核心的企业集团、以建设施工为核心的企业集团和以大型水电机电设备为核心的企业集团均加大了科技创新的力度，投入大量资金开展科学研究，相当多的研究成果转化为技术标准和专有技术。以水电勘察设计为核心业务的原中国水电顾问集团，近 5 年来的科技投入经费占主营业务收入的比重在近些年来都达到 7% 以上的水平，总体投入也逐年增加，再结合工程应用实践，在很大程度上保证了勘察设计技术标准水平的持续提升。通过完善标准化体系的建设，大量的研究人员保证了水电工程技术标准研究人员的数量和质量，一大批生产科研一线的技术人员参与技术标准的编制和研究活动，为技术标准的提升提供了充足的人才保障。水电工程技术标准参与国际竞争，是水电产业"走出去"的一项全局性的战略任务，技术标准的不断创新和持续提升，需要各个主体之间的协同一致。从"技术"到"知识产权"再到"标准"，再从标准的授权、推广到应用，需要商业模式的不断创新，每一个环节都极大地依赖各相关部门和组织之间的高度配合。根据水电工程技术标准发展现状和其在国际水电开发中的地位，我国政府和各相关单位应加大对水电技术标准"走出去"的支持力度，将水电工程技术标准列为国家"重点竞争型技术标准"，实现水电产业国际竞争的重点突破。我国以水电工程技术标准为核心的总体技术能力，是水电工程技术标准"走出去"参与国际竞争的关键和能力保障。

（3）战略同盟或战略伙伴的可能性

建立战略同盟，特别是建立水电工程技术标准战略同盟，有利于水电工程技术标准"走出去"的持续生存和发展。战略同盟关系需要双边或多边的互惠互利和实现共赢①。当前我国已经在若干国家建立投资贸易区，为实现技术标准同盟关系建立了良好的平台。我国也与若干国家签订了经济贸易协定，在技术标准层面达成共识，这也为水电工程技术标准进一步"走出去"提供了契机。2008 年 10 月我国正式成为 ISO 常任理事国，首次成为国际标准化组织的常任席位。我国已与一大批国家签署标准化双边、多边协议。截至 2010 年底，我国与多达 130 多个国家之间签订了双边投资保护协定，与东盟、智利等 7 个国家和地区签署了自由贸易的协定，成立了 30 多个投资工作组，签署了多达 11 个基础设施领域的合作协定和备忘录，签署了 14 个劳务合作协定或备忘录，商务部有关机构与 36 个国家和地区的 71 个投资促进机构之间建立了合作机制，签署了 67 个投资促进备忘录。我国已在东盟 10 国设立投资产业园区。在上述国家中，包括发展中的水电资源丰富的国家，为水电工程技术标准加快"走出去"的步伐提供了制度保障。

（4）竞争对手依然强大

总体上看，发达国家的经济实力更加强大，技术条件相对更加完备，战略联盟措施更加得力和商业经验更加丰富，在许多领域包括水电领域，发达国家仍然控制着国际标准的制高点，对我国经济发展国际竞争构成威胁，对我国水电工程技术标准参与国际竞争构成威胁。这种局面在相当长的时期内仍然存在。我国加入WTO 以后，在经济全球化的推动下，我国参与国际经济的竞争能力虽然得到增强和提高，在一些领域已经具有世界领先水平。但在水电领域，从我国水电建设"走

---

① 苏燕，赵树湘. 法国罗讷河上的小水电开发[J]. 水利水电快报，2010（9）：24-26.

出去"的主要企业中国水电建设集团发布的经营成果看,其已经占有世界水电市场大中型项目的50%左右,但其背后的情况是,大批项目被要求执行欧美标准进行建设。这说明竞争对手——欧美水电工程技术标准依然强大,竞争能力依然很强,仍然占据着技术制高点。在大型水电设备提供方面,我国水电设备制造方面的技术标准,尽管已经广泛采用国际标准,但我国的综合竞争力依然处于不利地位,机电产品的国际水电市场占有率依然较低。也就是说,在高附加值的国际水电市场,我国的市场份额是较低的,竞争能力也还是较低的。提升中国产品的价格,要立足技术标准和软实力的提升,才能实现价值提升。

2.3　水电工程技术标准"走出去"战略内涵与内容

2.3.1　水电工程技术标准"走出去"战略的内涵

迈克尔认为,战略就是创建一个独特的定位。穆尔认为要用商业生态系统的观念,全局地、动态地审视我们从事的活动,而不是片面地、静态地做出决定,主张合作型共赢,避免竞争性争夺,任何活动都可通过开拓商业生态系统,进而通过生态系统的扩展,达到获取领导地位的战略目标。水电工程技术标准"走出去"是一项战略管理活动,基于穆尔及有关商业生态系统理论的研究成果,水电工程技术标准"走出去"战略内涵包括战略环境分析、战略内容设计、动态研究战略问题、战略目标设定、战略评价与反馈。

（1）水电工程技术标准"走出去"的战略资源与战略环境

水电工程技术标准"走出去"战略环境包括国内资源与环境和国际资源与环境。国内资源与环境和国际资源与环境中都包括三个维度的内容:一是技术标准本身的资源与环境,包括水电工程技术标准的技术水平和发展前景,世界水电发展现状与前景,世界范围内技术标准政策;二是国际市场贸易环境,包括国家外交关系、贸易政策等;三是文化环境,包括教育水平、民俗习惯、消费偏好等。

（2）水电工程技术标准"走出去"的战略内容

首先,"走出去"的技术标准生态系统首要任务是面对群落(种群)成员的激荡变化和拓展的生态系统形成。水电工程技术标准商业生态系统的形成,以及"走出去"的商业生态系统的拓展,在不同的资源与环境条件下,有其内在的演化规律和发育特点。生态系统的持续拓展和健康发育演化过程中,尽管生态系统从静态结构角度观察是保持结构稳定的,但是其群落(种群)中成员数量增减和商业活动纷繁等的变化,竞争合作,激荡协谐,在中国成员引导下生态系统价值观念逐步形成并稳定。其次,技术标准"走出去"商业生态系统在面对新资源新环境条件下,必然存在适应性演化的战略问题。从生态系统内部分析研究适应性演化,将从生态系统形成机制出发,着重于其影响因素、自身结构、内生动力和价值理念。再次,"走出去"技术标准生态系统将在适应新资源新环境条件下,在外部条件约束力和内生推动力的双重维度力量作用下,遵循某种规律发展演化和成长发育。分析生态系统的成长性演化,要从国际水电市场自身的存在性出发,着重于与现实水电市场的运行状态结合,在分析影响成长性演化的相关因素后,分析国际水电市场常见的EPC模式和FDI模式,前者多为需求方导向,后者多为供给方导向,需要以满意度为测评,构建成长性演化战略。同时,为更深入研究成长性演化问题,本研究借鉴生态学和数学领域的研究成果,更进一步研究两种技术标准生态系统合作与竞争的战略问题,以便进一步探索战略研究的数学化和数量化。

水电工程技术标准"走出去"战略并不是一项独立的一次性战略活动,而是持续进行的战略管理,因此,战略管理的研究,需要围绕世界水电市场的发展和变化持续地动态地展开。

(3) 水电工程技术标准"走出去"的战略目标

水电工程技术标准"走出去"的战略目标有两个主要内容,一是推动水电工程技术标准"走出去",二是维护"走出去"后的稳定状态。推动水电工程技术标准"走出去"和拓展标准商业生态系统。研究水电工程"走出去"的战略目标之一是为了实现水电工程技术标准"走出去",确保我国水电企业参与国际水电市场建设活动,在国际水电市场获得应有地位,确保我国技术标准获得水电建设各方的许可后,在水电工程建设项目中获得应用。由于水电工程技术标准包含的知识属性和技术属性的特殊性,使用中国水电工程技术标准更加有利于中国商业企业参与国际水电工程建设活动,参与国际水电市场竞争,从而更加有利于获得占有市场后的直接经济利益和间接经济利益。按照本文研究观点,水电工程技术标准"走出去",与之相伴的是中国企业、中国装备、中国资金"走出去",同时境外成员主动或被动地加入到商业生态系统,形成拓展后的商业生态系统,并在东道国扎根生长发育。水电工程技术标准"走出去"后的持续稳定和最优稳态。水电工程技术标准本身是持续存在的物的属性,所蕴含的知识和技术属性具有传承性,但一国或一区域选择应用水电工程技术标准,是根据水电工程项目开发建设的需要而断续进行的,也就是说,从项目个体而言,水电项目都是单一个体,选择水电工程技术标准存在个体断续特点,因此,水电工程技术标准"走出去"后在一国或一区域获得"被持续许可"的市场地位是水电工程技术标准"走出去"的另一重要目标之一。"被持续许可"应达到最优的稳态,这种最优稳态的特征是外部成员持续加入生态系统并保持稳定,中国技术标准在境外拓展后的生态系统尽快发育到领导权阶段,中国标准及中方核心商业成员较长时期保持领导权地位。

（4）水电工程技术标准"走出去"的战略评价

对战略实施后的成效进行分析评价并反馈是"走出去"评价的重要环节。必要时,从战略环境分析开始,重新反思和检验战略制定的思想、制定过程、战略内容等,以便优化改进战略,若评价发现既定战略存在重大缺陷,甚至可能需要采取颠覆已有战略的措施,并另谋新战略。

2.3.2　水电工程技术标准"走出去"战略的内容

在本研究中,对于水电工程技术标准"走出去"战略的内容,主要从以下三个方面进行深入研究:一是建立水电工程技术标准商业生态系统。基于商业生态系统理论,建立水电工程技术标准商业生态系统,建立系统结构模型,并分析其内部结构、内生动力和价值导向,分析其基本演化规律。传统典型商业生态系统基于组成要素、内生动力、系统价值角度,研究商业企业的发展规律,提出商业生态系统由四大群落组成,提出并论证生态系统发展具有四阶段特征,基于4P3S分析工具做相关分析研究。本研究认为,水电工程的行业特征具备商业生态系统分析研究的各种要素,基于商业生态系统理论研究成果和思维逻辑,建立水电工程技术标准商业生态系统概念,具有战略管理实践的可行性。分析水电工程技术标准商业生态系统,分别从水电产业特征、水电工程技术标准体系特征、商业生态系统理论特点等角度出发,分析论证水电工程技术标准商业生态系统的群落成员构成、系统价值理念的形成和系统形成的驱动力,构建水电工程技术标准商业生态系统和结构模型。水电工程技术标准商业生态系统不仅具有静态结构,而且具有动态变化特征,水电工程技术标准的动态发展规律具有阶段性成长发育特点,演化阶段分为开拓阶段、拓展阶段、领导权阶段、更新或死亡阶段。以上基本研究为进一步研究水电工程技术标准"走出去"作好基本理论铺垫。二是建立基于生态系统内部层次结构的适应性演化战略。基于所建立的水电工程技术标准商业生态系统分析模型,研究水电工程技术标准"走出去"商业生态系统的适应性,研究商业生态系统的适应性演化战略。适应性演化战略内容包括适应性演化影响因素分析、结构适应性演化、内生动力适应性演化和价值导向的适应性演化。水电工程技术标准"走出去",实际上是水电工程技术标准商业生态系统的国外拓展,生态系统的国外拓展包括适应性拓展和成长性拓展;水电工程技术标准"走出去"战略,也即水电工程技术标准"走出去"拓展商业生态系统的演化战略,包括适应性演化战略和成长性演化战略。水电工程技术标准商业生态系统的适应性拓展首先表现为系统商业成员的增加和减少,成员变化引起商业生态系统内部结构的变化、成员生态位变化,以及利益分配机制的再平衡等。水电工程技术标准商业生态系统适应性演化研究,首先应研究影响生态系统演化的主要影响因素,本研究将影响因素归纳为生态系统基本要素、生态系统价值导向和生态系统关键驱动因素三个影响因素。其次,研究生态系统结构适应性演化,分析成员变化特点,以及成员变化对生态系统群落内容的重构,基于设计、施工、装备等三个重大专业种群进行适应性演化分析。再次,研究分析内生驱动力的适应性演化,重点研究分析供给驱动力、需求驱动力,以及两者的均衡,探讨驱动力要素的适应性及供给和需求的满意度。最后,通过分析价值理念的适应性,研究价值理念的国别差异,提出水电工程技术标准"走出去"价值理念的适应性调整。三是建立基于生态系统动态变化发展的成长性演化战略。基于所建立的水电工程技术标准商业生态系统分析模型,研究水电工程技术标准"走出去"商业生态系统的成长性,研究水电工程技术标准商业生态系统的成长性演化战略。成长性演化战略内容包括成长性演化影响因素分析、与本土生态系统合作演化、需求方导向协同成长演化、供给方导向协同成长演化和成长演化的动力分析模型。水电工程技术标准商业生态系统的成长性演化影响因素给采用传统的4P3S分析工具和使用层次分析法进行要素分解。与本土生态系统协同演化分析,围绕创建新经济共同体协同演化而研究,协同演化仍具有阶段发展特征,协同演化的利益共享机制与生态系统的成长发育机制应相协调。EPC总承包模式主导下的国际水电市场是以需求方为导向的技术标准需求市场,需求方的效用对水电工程技术标准商业生态系统演化产生重要作用。中国对外直接投资FDI规模增大,对水电工程技术标准"走出去"产生引领作用,增强了供给方驱动力,有利于水电工程技术标准"走出去",增强水电工程技术标准商业生态系统成长演化的稳定性。

2.4 水电工程技术标准"走出去"战略分析框架

2.4.1 传统"走出去"战略思维范式及其局限性

传统战略思维主要表现在以下三个方面,在研究水电企业"走出去"时,关注到技术标准的应用,在研究产品"走出去"时也关注了技术标准的应用。但这些战略思维存在明显的局限性与不足。

(1)水电企业"走出去"战略研究进展与不足

研究企业"走出去"的理论成果浩如烟海。其主要理论成果包括基于企业间竞争观点的比较优势理论、核心竞争力理论、战略管理理论、企业文化战略、本土化理论等①,基于企业间合作观点的战略联盟、产业链管理、客户管理等。在此理论基础上,我国鼓励有竞争优势的国内企业,有计划、有步骤地到国外投资办厂、承包工程、提供服务,以实现从直接产品到生产要素、从资金资本到科技技术、从人才劳务到全面管理,主动地进入更大范围的国际市场。而这些理论研究无一例外地将技术标准列入企业的核心能力,而忽略了技术标准本身所具有的特征,如:知识性、技术性、传播性和共享性等自然属性。不同的企业,无论是竞争还是合作,对外投资、生产产品或提供服务,必须基于某种技术标准开展,企业间的竞争与合作将政府、社会、风险承担者、寄生者等作为战略管理的外部环境,而实际上这些要素的很多成员都是与技术标准编制、发布、传播、应用等密切相关的成员,各自在技术标准的不同领域发挥作用,包括主导作用或辅助作用。水电企业实施"走出去"战略实践中,借鉴和吸收了大量企业"走出去"的理论研究成果,已逐步从对外经援、劳务输出、承包工程,发展到 EPC(设计、建设、采购)、BT(建设—移交)、BOT(建设—运行—移交)、FDI(对外直接投资)等更高级形式,也就是说,现有研究成果对企业"走出去"战略的研究产生了积极作用,对企业实施"走出去"战略具有重要意义。但由于当前许多企业对技术标准"走出去"战略的研究不够重视和不够深入,对技术标准"走出去"的重要性认识不到位,使得"走出去"一直处于较低的水平,在实践中不得不大量地经常性地采用国外标准,增加了竞争难度,降低了竞争力,减少了国际经营效益。

（2）水电机电产品"走出去"战略研究进展与不足

研究产品"走出去"的理论成果十分丰富。研究产品竞争的理论源于生产过剩理论。20 世纪初期工业化发展带动了制造业的巨大进步,以泰勒的科学管理原理为代表的生产管理理论使得大量生产成为可能,很多产品在满足人类生产生活需要的基础上产生过剩,大多数产品的消费由卖方市场变为买方市场,形成产品消费竞争。更先进的管理理论和生产技术的发展,生产管理追求高效、低耗、大批量、低成本,使得产品向规模化、标准化、专业化、低成本发展。在物质更加丰富的时代,人们对品种规格、花色式样、需求数量呈现出多样化、个性化的需求,追求品牌的观念诞生。改革开放后,西方管理理论在我国得到重视和应用。我国的产品"走出去",主要源于货物贸易,并可追溯至中华人民共和国成立之初,货物贸易的发展为国民经济的恢复和发展作出了重要贡献,并取得持续发展。到 2008 年我国货物贸易总额达到全球第 3 名,出品排名达到第 2 名,我国也在货物贸易中积累了更多产品"走出去"的经验。其主要成就表现为货物贸易发展越来越迅速,贸易的结构不

---

① Mintzberg H. Patterns in strategy formation[J]. Management Science,1978,24(9):934-948.

断地得到改善,积极地参与国际交换与分工,促进经济体制向市场经济转轨,大量引进了国外先进技术,促进国内产业结构不断优化,装备水平不断提升。但也明显存在不足,其中主要不足是核心技术能力不足,表现在机电产品和高新技术产品的出品主要集中在中低技术水平的、劳动密集型的加工制造和组装[①]。水电产业的机电产品出口情况显著体现了这一特征。产品"走出去"的主要战略思路是基于产品质量、品牌、贸易自由化、突破贸易壁垒(包括技术壁垒等)。各种典型理论成果大多是基于产品和消费需求的特点,通过价值链分析,通过细分市场,实行差异化战略、集团化战略,综合分析外部和内部环境,以期形成产品的竞争优势和实现从优势到市场等。产品战略观存在明显的不足,即其只关注产品,而忽略了产品外更多的战略要素。当前,我国水电机电产品主要更多地采用国际标准进行研究、设计和生产,自主的核心技术相对较少,因此水电机电产品的"走出去",更多的是在国外应用国外标准,国内标准的国际化应用实际处于较低水平。但国内学者并未对此引起高度的重视,对于水电机电产品技术标准"走出去"的研究明显不足。

(3) 中国水电技术标准国际化研究进展与不足

在第一章中曾论述,我国水电建设所采用的技术标准,限于国内管理体制的变化和水电行业的特点,水电工程建设采用的技术标准,既有水电专有技术标准,也有分布在电力工程、建筑工程、水利工程、交通工程、机电设备等领域的通用性标准。在越来越深入广泛地参与国际化过程中,我国政府和各行业非常重视标准的国际化研究,形成了大量的研究成果。中国标准化研究院自 2007 年起每年编制的《中国标准化发展研究报告》,从 2008 年起每年编制的《国际标准化发展研究报告》、住房和城乡建设部标准化定额研究所从 2008 年起编制的《中国工程建设标准化发展研究报告》均较详细地记录和整理了我国标准化发展的研究成果,《中华人民共和国标准化法》和标准发展规划对我国标准的发展做出了战略性的部署。2011 年发布的研究报告中所列示的"ISO 或 ITC 发布的由中国作为主要起草国制修定的国际标准"和"中国承担 ISO 或 IEC 的 TC、SC 秘书处","中国专家承担 ISO 或 IEC 的主席、副主席职务"等附表,证明了我国标准化不断取得新的成就。但进一步分析发现,我国标准化国际化研究重点,仍然放在国内标准建设和提升国内标准水平方面,以及致力于更多地参加国际标准制定或发挥作用方面。然而,对于如何把现有成熟的,甚至已具有国际先进性的技术标准推广到世界范围内应用,研究成果并不多见,因此产生了领域空白。水电领域关于技术标准"走出去"的战略研

---

① 柳斌杰,李东升. 中国经济国际化进程[M]. 北京:人民出版社,2009.

究更是鲜见,公开发表的研究成果非常少。一些成果多存在于相关企业和行业组织的内部研究报告,研究成果尚未形成完整理论观点。

2.4.2　商业生态系统理论及其对战略管理的意义

2.4.2.1　商业生态系统结构与演化机制

自穆尔提出应用生物生态系统观以反思企业之间过度竞争的现象,并于1993年提出商业生态系统的观念,1996年出版了《竞争的衰亡》,很多学者专家围绕商业生态系统理论进行了深入的理论研究和应用研究,使竞争战略理论的指导思想发生了重大突破,也使得商业生态系统理论得以广泛的传播与发展[①]。

（1）传统典型商业生态系统研究简析

基于商业生态系统的理论,个人和组织是在一个相互作用的经济联合体内活动,这个联合体内的众多客户、众多供应商、主要生产厂家以及其他相关人员相互配合、支持,使产品得以形成或服务得以完成,形成一个完整的商业生态系统。商业生态系统理论从生态学的角度透视全球范围的现代商业与贸易活动,并反思近代兴起的竞争理论指导商业活动时存在的不足[②],认为商业企业不能把企业自身看作个体的运动,单一的运动,而应把自己放在与自身相关联的商业系统中作为商业成员之一观察企业的发展,由此强调商业企业的活动是追求与商业生态系统共同进化,并在商业生态系统持续发展的四个阶段中,不断审视商业企业自身的发展,强调企业在主动为商业系统贡献价值的同时,获得自身的商业利益。穆尔等在商业生态系统理论中强调,在动态的、无限的和无边界的商业活动中,研究商业企业的发展战略,还应强调系统内商业企业成员之间的协同进化,在共同进化的前提下,服务于商业生态系统间的竞争。商业生态系统的利益最大化才是商业生态系统中每个成员利益最大化的根本保障。商业生态系统理论指导商业成员企业按照商业生态系统持续进化的四个发展阶段,基于4P3S七个维度,持续地审视和观察所面临的发展状态和所处地位。Iansiti和Levien等学者研究商业成员的战略角色,将商业企业分为主宰型企业、骨干型企业和缝隙型企业[③],鼓励主宰型企业领导商业生态系统的发展。商业生态系统理论主张企业的战略管理要基于企业经营环境是一个联系紧密、互为依存的共生进化的开放系统,是有机的整体系统,商业

---

①　Campbell-Hunt C. What Have We Learned About Generic Competitive Strategy? A Meta-analysis. Strategic[J]. Management Journal,2000(21):127-154.

②　胡岗岚,卢向华,黄丽华. 电子商务生态系统及其演化路径[J]. 经济管理,2009 (6):110-116.

③　Marco Iansiti, Ray Levien. Keystones Advantage : What the New Dynamics of Business ecosystems Mean for Strategy, Innovation, and Sustainability [M]. Boston : Harvard Business school Press,2004.

企业的竞争是商业生态系统间的对抗,商业企业制定战略,不仅源于自身资源与环境,更要从所处的整个商业生态系统出发,研究自身在商业生态系统中所扮演的战略角色,研究与其他商业企业的互动关系,通过商业生态系统的进化优化而保持对自己有利的战略环境。商业成员企业不应仅着眼于外部环境和内部资源制订战略,而更需要着眼于商业网络所建立的各种商业生态关系,建立整体性的符合生态系统利益的商业发展战略。

（2）传统典型商业生态系统静态结构模型

典型商业生态系统静态结构模型如图 2-6 所示①。

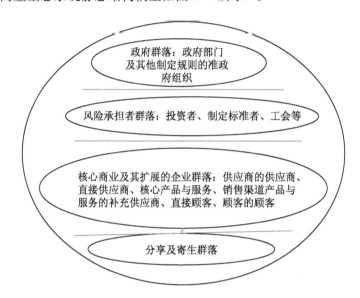

图 2-6 传统典型商业生态系统静态结构模型

商业生态系统中有各类成员,用生态系统的概念应表述为群落。无论何种商业生态系统,一般可分为四大群落。第一是商业系统的核心群落。核心群落由核心商业及其扩展企业组成。核心商业包括直接的供应商、核心产品生产与服务、产品销售渠道与服务的补充供应商。扩展企业包括产品生产的上游企业,如供应商的供应商;产品生产后的销售对象——直接顾问,以及顾客的顾客。第二是商业系统的风险承担者群落。包括投资者、资产所有者、贸易协会、制定标准的机构、工会等。第三是政府群落。包括政府部门及其他制定规则的准政府组织。第四是商业生态系统中分享及寄生者群落。包括在商业生态系统每一个角落中分享业绩者或

① 穆尔 JF. 竞争的衰亡——商业生态系统时代的领导与战略[M]. 梁骏,等译. 北京:北京出版社,1999.

寄生在商业生态系统中的组织与个体。新的群落也可能加入或生成。这样的商业生态系统可以理解为厂商商业生态系统或服务商业生态系统(可简称为厂商商业生态系统或服务业生态系统)。由于商业生态系统不遵从传统的行业界限,商业生态系统内既有同行业内的商业成员,也有跨越行业的其他商业或部门。从上述简要分析发现,传统的商业生态系统从企业角度出发,以产品供给和服务提供为核心形成的,是以产品生产与服务的上下游关系、围绕产品生产与服务的外部关系等构建的,其核心群落是生产商或服务提供商、客户、供应商等。

(3) 传统商业生态系统基本演化阶段分析

穆尔认为典型商业生态系统一般经历开拓阶段、拓展阶段、领导权阶段、更新或死亡阶段等四个发展阶段,表现为周期性、成长性的发展规律。商业生态发展阶段可用图 2-7 表示。

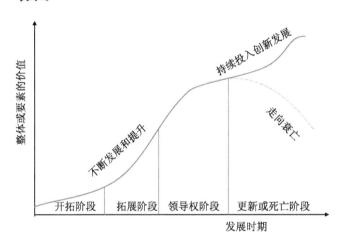

图 2-7　典型商业生态系统发展阶段

2.4.2.2　商业生态系统演化战略思想

(1) 商业生态系统的协同适应性演化

生态系统的存在基于系统中的成员不断发展和发育,系统内部成员之间保持共生是根本。商业生态系统理论强调商业生态系统内部成员在保持共生的前提下谋求自身的发展。商业生态系统理论假设企业要把其生存环境视为一个完整的商业生态系统,看似松散的生态系统内部包括众多有机联系的参与者,正如自然界生态系统的营养级和能量流动,所有的企业都有自己的使命和作用,为生态系统作贡献,商业企业的相互依存使得生态系统保持健康,也使成员单位取得更强的生存能力和生存效果,个体的进化带动生态系统的共同进化,形成新时代的商业竞合的法则。由于商业生态系统内的各个商业组织相互影响,且相互关联,每个商业成员制定的战略和实施的行动最终都会对系统内其他共生成员的战略和行动产生影响和作用,为了适应不断变化的系统内部环境,各成员企业必定要在经济、技术、地域、产品等各个层面进行相互交流,协同进化,共同适应。在自然界的进化中,协同进化是指一物种的进化导致另一物种的进化,即物种间的协同进化。正如鹰兔博弈,雄鹰捕食弱兔,兔种群变得更加机敏,则雄鹰必须更加机敏才能捕食进化的弱兔。沃尔玛发展了,其供应商得到了发展,提高产品质量,沃尔玛向更高层次发展,带动供应商获得更多的经济利益。这样以沃尔玛为核心企业的商业生态系统获得更大的发展。现有研究将商业企业分为主宰、骨干、缝隙型三类,或将商业成员按影响力判断和制定内部发展战略的重要划分方式,将商业生态系统的内部生存关系细分为共生、共栖、偏害、互利、竞争、捕食 6 种关系,这种基于商业成员的规模、作用、影响力、获取生存要素的能力等仿生方式的划分方式,能够指导商业企业更加细分资源和环境,更清楚地认识自身生存状况和成长方向。

(2)商业生态系统的动态成长性演化

商业生态系统的静态状态是指在一定时期内的相对稳定状态,任何商业生态系统都不会是永久保持不变的恒态结构。随着时间推移,商业生态系统都将发生变化,一些变化呈现规律性或周期性。假设一个商业生态系统遵循从产生到灭亡的四阶段发展规律,这种规律性变化即为成长性。成长性包括随时间推移的任何动态变化,这种动态变化既包括增长扩大性的动态变化,也包括减弱缩小性的动态变化。生态系统的成长性既包括整体生态系统的成长性,也包括生态系统内部要素的成长性,系统内部各要素成长的累积效应,决定商业生态系统的健康健壮程度,推动商业生态系统的整体动态成长。

2.4.2.3 种群关系及商业成员战略角色

(1)商业生态系统内的种群关系分析

基于生态学原理,商业生态系统理论将系统中的成员分为四个群落。即社会自然环境系统、支持环境系统、核心供应链系统、其他竞争系统。上述四种种群中,核心供应链系统是商业生态系统的核心种群,核心供应链系统为顾客提供直接有价值的服务和产品,而支持环境系统、社会环境系统和其他竞争系统均是核心供应链系统的外部环境。

(2)商业生态系统内的商业成员分析

商业生态系统中四大种群中的成员在子系统中各自发挥重要作用。社会自然环境种群系统成员:主要包括政府部门及其他制定规则的准政府组织,以及影响生态系统的社会环境,自然环境等。支持环境种群系统成员主要包括投资者、资产所有者、贸易协会、制订标准的机构、工会组织等。核心供应链种群系统成员包括商业成员的集合体,也是商业生态系统的核心群落,是市场的主体。其成员主要包括直接的供应商、核心产品生产与服务商、产品销售渠道与服务的系统供应商,也包括与核心企业相关联的拓展企业,产品生产的上游企业,如供应商的供应商,产品生产的销售对象,直接顾客,以及顾客的顾客。围绕生态系统理论和商业生态系统理论的研究,很多专家学者围绕核心商业做了大量的分析,Schaeffer D J 等[1]提出了生态系统健康的度量问题。这些研究对商业生态系统成员作用进行了深入研究,取得丰富成果。其他竞争种群系统成员主要包括分享者和寄生者,他们寄生在商业生态系统的每个角落和组织,分享生态系统的业绩,同时也为生态的系统发展作出必要的贡献。如与生态系统相关的法律服务组织、商业业务的中介机构等。这些组织寄生在商业生态系统内,相互之间同时也进行着必要的协同合作与生存竞争。在商业生态系统中存在两栖成员,他们有时出现在某种种群中,有时出现在另一种群中,在不同的种群中发挥着不同的作用。如一些商业成员在核心商业种群中是商业企业成员,当他们从事咨询服务时,又成为中介服务成员。

（3）商业成员的战略角色分析

商业生态系统中的成员位于的种群不同,承担的系统角色也不相同,即战略角色不同。很多专家学者的研究中均注意到核心供应链系统的作用,从不同角度论证其战略角色。政府及准政府组织的作用,侧重于服务系统中的商业成员,为商业成员的运行制定规则,对于商业成员而言,提供政府管制或社会承受的外部商业环境。商业企业成员致力于为顾客提供产品或服务。投资人和资产所有者致力于投资和形成企业,创造商业企业。寄生和分享者致力于为商业生态系统的其他成员提供相关服务。角色不同,其战略地位不同。

很多专家学者从不同角度深入研究了商业企业成员的战略角色。穆尔在其著作中,论述了开拓者的战略角色,论述了从开拓角色到领导权角色,在此基础上,一些研究将商业企业分为主宰、骨干、缝隙型三类角色,企业自身能力、企业在系统中的生态位和企业所处整个生态系统的状态三种因素影响促使企业战略角色的转变[2]。企业战略管理的中心内容从管理自身向管理联合体转移,操纵商业进化就意味着影响未来,以此获取最大利益。

两栖成员在生态系统中发挥重要作用。在工程建设商业生态系统中,特别是

① Schaeffer D J,Hevricks E E, Kerster H W. Ecosystem Health:I Measuring Ecosystem Health[J]. Environmental Management,1988(12):445-455.

② 刘鲁川,陈禹. 企业生态位与电子商务建设[J]. 软科学,2006,20(5):131-134.

推行建设监理制和业主工程师制的项目管理中,监理工程师和业主工程师,当他们作为监理和业主工程师角色时,提供的是第三方服务,是间接的顾客角色,当他们直接作为商业成员从事工程设计施工等业务时,他们又作为商业企业在系统中发挥作用。两栖成员的战略角色具有更多的变化和复杂性。包括穆尔在其著作中论述的,一些成员还跨两个商业生态系统或跨入到社会生态系统的两栖成员,这些成员在不同的生态系统中自然也承担着不同的战略角色。"当他们进入不同的生态圈的时候,彼此间无限地影响……当一个生态系统给另一个生态系统带来浩劫的时候,这种关系就会十分复杂。"此外,复杂的商业系统中存在若干子系统,子系统的领导者为子系统的发育起着关键作用,同时带动子系统为整个生态系统的发展作出贡献。

2.4.2.4 竞争优势保健与动态优化思想

商业生态系统是动态发展的系统,并遵循生命周期规律。成功的商业生态系统经历四阶段发展演化,从弱势到强壮,从不完善到健康发育,不断给商业系统成员带来收益。然而,商业生态系统并不是一直持续健康发展的,受各种因素影响,系统或者走向衰亡,或者需要"转变",穆尔在其著作中提出了"危机中的保健——一种机会环境"和"对需要转变的商业生态系统施加影响"的战略思路,指导商业生态系统向更完美更完善的方向发展。当生态系统处于健康发展的较优状态时,并不意味着没有危机。穆尔通过人类社会中保健业的存在与发展,论述了对商业生态系统进行"危机中的保健"和"对需要转变的商业生态系统施加影响"。商业生态系统处于较优状态时,商业成员在商业生态系统中获得最优利益,享受商业生态系统带来的最大利益,系统的各种服务功能健康运行,各要素协同发挥作用。商业生态系统理论的保健思想,指导商业成员应具有保健意识,如果过度和过快地瓜分商业生态系统利益,必将影响系统的健康成长,保持生态系统健康和优化成长,是每个商业成员的自律性行为。商业生态系统的动态优化思想,将指导系统内的商业成员按照商业生态系统的动态演化规律,为生态系统的健康不断提供优质的能量,进一步提升生态系统的健康程度,最大限度地创新生态系统的服务功能和提供更大价值的商业利益。当商业生态系统的内部全部要素或部分要素处于非健康状态或可能向非健康状态发展时,动态保健将是最优的决策。

2.4.2.5 系统间竞争战略思想

(1)商业生态系统内共生进化分析模型

穆尔强调商业生态系统内部成员之间的互相合作和协同进化,但并不否定生态系统内部存在竞争,而更加鼓励系统内部成员,不要限于既定的商业规则,而要更加关注系统内部资源和竞争的配置,积极改变旧规则的竞争,创造新规则竞争,力争商业成员自身加快发展,更新发展,并成为竞争的胜利者和新领域的领先者。穆尔基于美国电报公司的发展案例说明了制定新规则并成为新规则的领导者的战略作用。商业生态系统的共生关系可用逻辑斯蒂(Logistic)模型加以分析。Logistic 模型表达式方程[①]:

$$\frac{\mathrm{d}x(t)}{\mathrm{d}t} = r \times x(t) \times \left[1 - \frac{x(t)}{N}\right] \qquad (\text{式 3-1 a})$$

或表示为:

$$\dot{x}(t) = r \times x(t) \times \left[1 - \frac{x(t)}{N}\right] \qquad (\text{式 3-1 b})$$

式 3-1 中,$x(t)$ 表示 t 时刻企业所取得的市场规模,N 是在各种外部因素约束之下的市场规模的最大值,$x_0 = N$ 是市场规模的稳定平衡点,即当 $t \to \infty$ 时,$x(t) \to N$,$1-x/N$ 表示企业发展所受到的阻滞作用,产生规模效益递减作用。并由此提出两企业原始协作和演变关系的表达式。基于本研究特点,并参考其他学者研究成果整理出两企业共生关系表达式方程组:

$$\begin{cases} \dfrac{\mathrm{d}x_1(t)}{\mathrm{d}t} = r_1 \times x_1(t) \times \left[1 - \dfrac{x_1(t)}{N_1} + \sigma_1 \dfrac{x_2(t)}{N_2}\right] \\ \dfrac{\mathrm{d}x_2(t)}{\mathrm{d}t} = r_2 \times x_2(t) \times \left[1 - \dfrac{x_2(t)}{N_2} + \sigma_2 \dfrac{x_1(t)}{N_1}\right] \end{cases} \qquad (\text{式 3-2 a})$$

或表示为:

$$\begin{cases} \dot{x}_1 = r_1 \times x_1(t) \times \left[1 - \dfrac{x_1(t)}{N_1} + \sigma_1 \dfrac{x_2(t)}{N_2}\right] \\ \dot{x}_2 = r_2 \times x_2(t) \times \left[1 - \dfrac{x_2(t)}{N_2} + \sigma_2 \dfrac{x_1(t)}{N_1}\right] \end{cases} \qquad (\text{式 3-2 b})$$

式中,$x_1(t)$、$x_2(t)$ 分别表示两企业各自的市场规模,γ_1、γ_2 分别表示两家商业企业的市场规模增长率,N_1、N_2 分别表示两家商业企业各自的最大市场规模。在两家商业企业均从原始共生关系协作发育的假设前提下,上式表达了两家商业企业的共生关系,而 σ_1 表示企业 2 对于企业 1 的竞争力促进系数,σ_2 表示企业 1 对于企业 2 的竞争力促进系数,即 σ_1、σ_2 表达了两家商业企业的相互促进程度,也即协同共生程度。上述研究成果对于研究水电工程技术商业生态系统间竞争有较好的借鉴作用。

---

① 　周宇虹. 关于 Logistic 方程的几种推导方法「J]. 工科数学,1998(8):112-115.

（2）商业生态系统间动态进化与竞争

在零售商业领域,沃尔玛与家乐福之间展开商业竞争,带动以各自为核心商业的零售商业生态系统在竞争中发展。动态的无限竞争是商业生态系统理论的竞争观和战略观,从整体考虑,开放生态系统吸引更多成员,核心商业成员企业发挥领导和领先作用。范保群提出了基于商业生态系统理念的竞争战略分析模型框架,紧紧围绕价值理念、关键驱动因素两大关键形成和构建商业生态系统,通过不断地价值创造、价值分享机制过程,吸引更多更强的支持驱动因素、辅助驱动因素来巩固强化商业生态系统,并在生态系统成长和发展中,不断审视环境变化,不断关注价值创造的变动和不断分析驱动因素的调整,重组重构和更新完善商业生态系统,以创造和保持商业生态系统持续的竞争优势[①]。在研究商业生态系统竞争战略时,基于生态位分离理论基础,可将商业生态系统中的商业成员按"肩负任务"分别确定企业应采取不同的战略,包括网络核心战略、支配主宰型战略、坐收其利型战略、缝隙型战略等4种战略选择。胡广平分析研究了"两种群竞争模型的稳定性分析",在其研究成果中,论证了在考虑具有阶段结构的竞争模型时,进一步考虑种群竞争过程中的自食作用,提出了四种具有自食现象的种群竞争模型[②]。这种自食作用,在自然生态系统中表现为种群的生存竞争,本研究将其引申到商业生态系统中,即将种群内的自食引申到商业生态系统内部商业成员之间的竞争与捕食。为此,综合以上研究成果,采取 L-V 模型框架,可建立基于商业生态系统内部协同或竞争的商业生态系统间竞争模型。典型 L-V 竞争模型如下式所示。两种群动力系统通常用微分方程组[③]表示：

$$\begin{cases} \dot{x}(t) = x(t)[\beta_1 - \alpha x(t) - b_1 y(t)] \\ \dot{y}(t) = y(t)[\beta_2 - ry(t) - b_2 x(t)] \end{cases} \qquad （式 3\text{-}3\ a）$$

其中：

$$\begin{cases} \dot{x}(t) = \mathrm{d}x(t)/\mathrm{d}t \\ \dot{y}(t) = \mathrm{d}y(t)/\mathrm{d}t \end{cases} \qquad （式 3\text{-}3\ b）$$

上述方程组及其参数表示的意义：方程组表示 X、Y 均为一个生存阶段的两种群之间的竞争。$x(t)$、$y(t)$ 表示两种群各自在 t 时刻的种群密度；β_1、β_2 分别表示

---

① 范保群,王毅. 战略管理新趋势：基于商业生态系统的竞争战略[J]. 商业经济与管理,2006(3)：3-10.

② 胡广平. 两种群竞争模型的稳定性分析[J]. 高等数学研究,2008(1)：102-104.

③ 陈兰荪. 数学生态学模型与研究方法[M]. 北京：科学出版社,1985.

X、Y 两系统各自的出生率;$\alpha = dx/dt$,表示种群 X 的增长率;$r = dy/dt$,表示种群 Y 的增长率。当两种群均不再增长而趋于稳定时,$\alpha = 0$,$r = 0$。b_1、b_2 表示两生态系统间的竞争系数。b_1 表示种群 X 捕获 Y 的能力;b_2 表示种群 Y 捕获 X 的能力;α、r、b_1、b_2 等 4 个参数分别表示两种群间有以下三种生存关系。

1) $\alpha < 0$(即 X 的数量下降),$b_2 > 0$,表示捕食—被捕食系统。Y 捕食,X 的种群数量下降,X 种群的发展受到限制。

2) $\alpha < 0$,$b_2 < 0$,表示为双方相互竞争的竞争系统,X 种群数量减少,Y 种群捕食能力下降。

3) $\alpha > 0$(即 x 的数量增长),$b_2 > 0$,表示双方为互利系统。Y 捕食,但 X 仍能保持种群发展和种群数量增长。

2.4.3 商业生态系统理论思想与水电工程技术标准"走出去"战略分析逻辑关系

本研究在简要总结分析水电工程的技术特点、水电工程技术标准体系和内涵,在分析国际水电工程建设相关环境和研究我国水电行业"走出去"的实践经验的基础上,提出了基于商业生态系统理论观点,采用商业生态系统理论的分析工具提出通过构建水电工程技术标准商业生态系统,树立水电工程技术标准"走出去"的战略思维。

(1) 树立水电工程技术标准"走出去"的战略新思维

现代国际经营管理活动,面对复杂多变环境,在不同经济发展环境中开展,在不同政治政策环境中开展,要求管理的主体能够深谋远虑,准确把握国际经营未来发展规律和发展趋势,必须做到放眼世界,胸有成竹,必须能够准确地把握国际经营内部与外部的本质联系,也就是说要准确地选择和确定战略观念[①]。战略管理观念是由多种观念构成的体系,其内容包括全局性观念、综合性观念、长远性观念、创新性观念、结构性观念[②]。研究和实施水电工程技术标准"走出去",首先要树立战略管理的观念,并选择合适的战略管理理论指导战略实施。穆尔指出:"今天管理的重要问题是……我们如何制定新世界的战略……最需要的是一种新的语言、新的战略逻辑和新的实施方法。许多陈旧的思想根本不再适用。在多变的新的世界秩序中,必须持续不断地改变自身的组织结构和经营结构,努力地超越传统行业

① Seth A,Zinkham G. Strategy and the Research Process:A Comment[J]. Strategic[J] Management Journal,1991(12):75-82.

② Hall D J,Saias M A. Strategy Follows Structure[J]. Strategic Management Journal,1980,1:149-163.

的划分界限……倡议使用'商业生态系统'这个更合适的术语代替'行业'。该术语为凝聚创新观念的激烈的共同进化的微观经济划分了界限。商业生态系统横跨着许多行业,其中的商业成员共同培育可协同的创新能力,他们通过协同合作与协同竞争,不断地开发出新产品,持续地满足顾客的不断增长和不断变化需要,时刻准备进行下一轮的创新和革新……在'充满机会的环境'中,创造新奇的方法,抓住机会,创造与其他生态系统相互生存的网格。"水电工程技术标准体系及水电产业是商业生态系统观念最切合的适用体系,需要全面树立水电工程技术标准商业生态系统的管理观念,研究水电工程技术标准"走出去"。基于动态的而非静止的观念,基于全局的而非片面的或个体的观念,基于长远的而非短期的观念,基于综合的而非单一的观念,即基于生态系统的观念而非产业链观念,研究水电产业发展规律,研究水电工程技术标准发展规律,研究水电工程技术标准"走出去"发展规律,制定水电工程技术标准"走出去"发展战略。水电工程技术标准是"缄默知识",隐含在标准中的技术需要通过生产和技术活动转化到工程建设中去。在我国水电产业"走出去"的国际化经营实践中,水电工程技术标准一同"走出去",并形成了一定的市场。我国水利水电工程技术标准在一些方面自身仍处于不断提升和发展完善中[1],我国政府有关部门再次强调要重视和加强在援外工程中使用中国技术标准,推动水利水电技术标准国际化。水电产业是以水电工程技术标准为核心的庞大商业生态系统,基于商业生态系统观点,以技术标准为商业生态系统核心组成部分,分析水电工程技术标准商业生态系统演化规律,和"走出去"后建立新的商业生态系统后的发展规律及内部商业成员的利益分配规律,在研究水电工程技术标准"走出去"战略时,需要基于商业生态系统的观点,应进一步对生态系统的形成机制、层次结构特点、群落内容、服务功能、健康评价指标、竞争特征等做深入分析研究[2]。

（2）水电行业具备商业生态系统的构成要素

水电工程建设是复杂的系统工程,行业内商业成员数量众多,核心商业成员发挥主导作用,延伸和拓展商业成员产业链长,而且成员规模数量巨大,水电建设需要政府提供更多更直接的服务或实施管制,风险承担者数量众多且参与工程项目服务、获得利益和承担风险,水电工程涉及移民和生态环境等敏感问题,社会对水电工程建设关注程度较高,水电工程投资较大且集中,寄生和服务于水电工程的其

---

① 史晓新,朱党生,张建永,等. 我国水利工程生态保护技术标准体系构想[J]. 人民黄河,2010(12):26-28.
② 孔德安,潘翃. 水电工程技术标准"走出去"商业生态系统演化分析[J]. 人民黄河,2012(12):117-119.

他服务提供者众多,且多为技术水平要求较高的专业服务。

(3) 水电工程技术标准"走出去"保持商业生态系统形态

水电工程技术标准"走出去",其主要目的是希望技术标准在国际水电市场的工程建设中获得应用。水电工程技术标准获得应用,直接的受益者是我国"走出去"的企业或产品,以及项目所在国相关人,间接受益人是项目所在国企业等相关人。水电工程技术标准"走出去"前是完整的商业生态系统,"走出去"拓展后,将仍然保持商业生态系统的形态,但在"走出去"后,对于新拓展的领域,商业生态系统成员有所调整,系统内的成员有增减变化,最主要的变化是项目所在国的成员的加入,新成员包括与水电建设相关的各类成员,生态系统的每个群落都会有新的商业成员加入,新成员的加入也将影响和改变生态系统的利益分配格局。这正是基于商业生态系统理论研究"走出去"战略的核心思维亮点。

(4) 水电工程技术标准商业生态系统研究是有益的探索

构建水电工程技术标准商业生态系统,研究水电工程技术标准"走出去"战略理论,是一项有益的研究和尝试。研究水电工程技术标准"走出去",一些学者和机构开始探索和思考,政府有关部门对于技术标准"走出去"也给予一定的重视,已发布文件支持技术标准英文版的建立和发行。据了解水电行业已经发布大量勘察设计、建筑施工等领域的技术标准。至 2013 年,已发布英文版勘察设计技术标准 50 余项。水电工程技术标准"走出去"英文版本的发布和提供,确实为技术交流、商业谈判、工程现场技术合作等提供了很多便利条件,提高了水电行业的国际竞争力,提升了中国企业的国际经营能力和效率。但并不能说明水电工程技术标准已经实现了"走出去"。国内学者基于商业生态系统理论研究企业发展战略从不同角度进行了分析,取得了丰硕成果[①]。树立水电工程技术标准商业生态系统的观念,研究水电工程技术标准"走出去",是一种全新的思维模式,能够站在全局的高度,统观国内和国际水电产业特点,能够对交织复杂的水电产业梳理出一个清晰的战略管理思路,有利于国内商业成员基于商业生态系统理论明确各自在商业生态系统的地位和作用,即找到自身在商业生态系统中的战略定位和战略地位,通过自身战略角色作用的发挥,为生态系统提供价值服务,主动维护生态系统的健康,实现水电工程技术标准"走出去"战略。水电工程技术标准商业生态系统观念也有利于国外商业成员更直观地明确自身在商业生态系统中的战略定位,更加自愿地加入商业生态系统并主动为商业生态系统服务,与中方商业生态系统成员一道,共同为新拓展的商业生态系统功能的完善和价值的实现作出贡献,并从不断健康成长发展的

---

① 　高建荣. 商业生态系统在我国企业制定竞争战略中的应用分析[J]. 经济问题,2007(11):58-59.

商业生态系统中获得更大更直接收益,形成多方互利共赢的合作形态。本研究将主要围绕这一理论基础开展深入研究,通过这种研究尝试,期望对水电工程技术标准"走出去"战略研究做些有益工作。

2.4.4　基于商业生态系统的水电工程技术标准"走出去"战略分析框架

2.4.4.1　"走出去"战略分析框架模型

通常地,战略管理的主要内容包括:战略分析与制定(Strategic Analysis and Formulation)、战略评价与选择(Strategic Evaluation and Choice)、战略实施与控制(Strategic Implementation and Control)等三个基本环节。这三个基本环节相互联系,相互区别,共同构成一个完整的管理过程。水电工程技术标准"走出去"是我国经济发展参与世界经济全球化的必然选择。水电工程技术标准"走出去"的战略,必须从内外部环境和战略态势分析着手。水电工程技术标准"走出去"的战略问题是一项全新的课题,当前尚没有比较成熟的研究成果。本研究借鉴相关管理研究成果,基于商业生态系统理论观点和战略管理思维,提出以下水电工程技术标准"走出去"的战略管理研究框架模型。研究框架模型如图 2-8 所示。

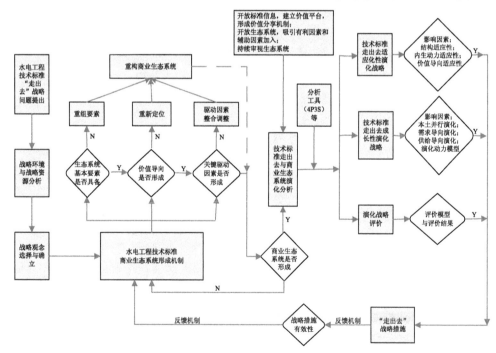

图 2-8　水电工程技术标准"走出去"战略管理研究框架模型

在上述模型中,主要由四个重要内容组成,第一部分为水电工程技术标准"走出去"战略环境分析;第二部分为水电工程技术标准"走出去"商业生态系统形成、构建及演化阶段分析;第三部分为基于水电工程技术标准商业生态系统演化,研究水电工程技术标准"走出去"商业生态系统的适应性演化战略和成长性演化战略;第四部分为在战略管理的实践中,应建立战略实施反馈机制,对战略管理的效果进行反馈分析,或通过战略实践案例,验证战略管理的实施效果。在后续章节中,将对相关内容做出具体研究和分析论证。

2.4.4.2 "走出去"战略分析的核心问题

制定和实施水电工程技术标准"走出去"战略,必须明确战略管理的核心问题。水电工程技术标准"走出去"的使命,决定了标准"走出去"是为了企业"走出去"并实现较好的经济效益,并不是单纯的为了标准本身"走出去"。战略管理的核心是正确地提出问题和找到正确的答案。伟大的科学家和思想家爱因斯坦曾指出:"我希望知道我应该向自己提出什么问题!"著名的战略管理学家彼得·F·德鲁克在论述商业企业经营管理时提出,制定企业战略,应当思考和回答三个方面基本问题:我们的商业企业是个什么样的企业? 未来将是什么样的商业企业? 应该成为什么样的商业企业? 并进一步地指出,要给出上述这三个方面问题的答案,则需要进一步思考和回答下列问题:谁才是对我们最有价值的顾客? 顾客向我们购买的到底是什么? 我们应当进入什么价值的市场? 什么是最有发展前途和最有价值的市场? 本研究认为,我国水电工程技术标准"走出去"战略管理的核心问题是如何"走出去"? 因此需要,解决"走出去"的政府政策、人力资源、财力支持、国际合作等各种相关问题。在水电工程技术标准如何"走出去"的问题中,包括以下子问题:首先是技术标准的内容和技术水平;其次是与之相随的企业形态和组织结构的适应性;第三是政府的支持与政策;第四是业主与投资人及金融服务机构的承受能力;第五是全球水电市场的规模和对我国标准的接受程度;第六是国际社会及公众对我国水电工程技术标准的了解与认知。分析水电工程技术标准"走出去"战略,需要回答图 2-9 中相关问题。

2.4.4.3 "走出去"战略管理要素分析

在分析战略管理核心问题的基础上,水电工程技术标准"走出去",还要重点解决以下战略管理要素问题:包括战略管理的观念,水电工程技术标准"走出去"的驱动力,水电工程技术标准"走出去"中商业成员特别是核心商业成员的作用,水电工程技术标准的知识与技术的共享程度,水电工程技术标准的许可管理,水电工程技术标准的市场细分,水电工程技术标准"走出去"的投入管理等。对上述战略管理

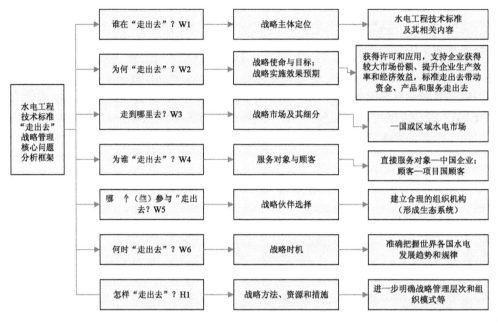

图 2-9 水电工程技术标准"走出去"战略管理核心问题分析框架

问题,还需进一步明确各个问题的管理要素,对各个管理要素可分别注重其必要性和重要程度。战略管理要素及要素细分内容如表 2-2 所示。

表 2-2 战略管理要素及要素细分内容

战略管理要素	要素细分内容
1.战略管理观念的树立	1.水电工程技术标准"走出去"战略观念选择； 2.与发达技术标准的竞争策略； 3.技术标准间的竞争选择； 4.与发展中国家标准系统的合作关系； 5.中国标准的国际地位与发展阶段特征； 6.商业成员自组织性机制
2."走出去"的驱动力	经济全球化； 政府推动； 企业海外经营； 企业自身发展； 技术标准国际化活动； 技术标准国际交流； 其他国家"引进来"

续　表

战略管理要素	要素细分内容
3.商业成员的作用	1.三大类水电核心企业设计、施工、设备等要在中国标准"走出去"中发挥主导和骨干作用； 2.水电延伸企业在中国标准"走出去"中发挥主导作用； 3.中国政府及准政府机构应制定专项政策支持中国标准"走出去"； 4.行业组织在中国标准"走出去"发挥主导作用；顾客—电力用户—在中国标准"走出去"发挥主导作用； 5.投资人及金融机构、担保机构在中国标准"走出去"中发挥主导作用； 6.分享与寄生者在中国标准"走出去"中发挥主导作用
4.知识共享程度	1.中国标准文本译为英语等外语文种； 2.中国标准文本译为东道国官方语言； 3.市场化与海外经营措施,推动中国标准"走出去"； 4.加强中国标准品牌宣传与推广,建立宣传网络等； 5.加强水电中标项目的技术沟通,调整为执行中国技术标准； 6.与东道国企业或组织共享"走出去"技术标准获益； 7.加强中国标准的国际交流； 8.加强技术标准"走出去"的文化宣传活动； 9.加强中国水电建设成就的全球宣传,用成就间接吸引； 10.推动发展中国家对中国标准"引进来"
5.许可管理	1.中国标准"走出去"应与相关国家"双边互认"或"多边互认"； 2.中国标准"走出去"应在东道国"认证"注册； 3.境外业主的工程师许可采用中国标准； 4.东道国政府许可采用中国标准； 5.国际组织认同中国标准； 6.中国水电工程技术标准大范围成为国际标准
6.市场细分	1.国际水电工程,水电产品及材料采用中国标准,并在全球范围生产和供应； 2.中方服务的项目,水电产品及材料采用中国标准,且仅中国供应； 3.水电工程技术标准在少数国家或地区重点突破； 4.全球同步推广中国水电工程技术标准； 5.积极推动中国标准整体"走出去"； 6.以工程建设施工标准"走出去"为主"走出去"； 7.以勘察设计标准"走出去"为主"走出去"； 8.以机电产品标准"走出去"为主"走出去"； 9.以勘察设计等专业间联合"走出去"；

续　表

战略管理要素	要素细分内容
7.投入管理	1.中国企业海外水电投资直接带动中国标准"走出去"； 2.加大对中国标准"走出去"的直接投入； 3.发展中国家若要使用中国标准，相关技术人员应进行"教育、培训、考试与注册"； 4.支持发展中国家逐步建立和完善技术标准体系； 5.为发展中国家培养熟悉中国标准的技术人才； 6.支持相关机构宣贯中国标准
8.战略管理	1.成员战略定位； 2.相关组织愿景； 3.战略支持系统； 4.文化差异影响； 5.战略计划与实施方案； 6.战略全过程管理

2.4.4.4 "走出去"战略管理分析的原则

水电工程技术标准"走出去"战略制定的原则是战略管理的基本依据，是制定战略的重要指南，也是制定战略计划工作的重要而困难的工作。当前我国水电产业"走出去"的实践中已经积累了一些经验，其他产业在国际经营中也积累了一些经验。结合水电工程技术标准"走出去"的需要，本研究提出以下观点：

（1）适应市场需求与主动创造市场

市场是永恒的主题。市场的客观需求是制定战略的基本出发点和立足点。能够满足市场某种程度持久需求和日益增长的需要，这一战略才是科学的，水电技术标准才有存在和实施的基础。水电工程技术标准主要服务于水电工程建设市场。水电工程技术标准服务水电市场，水电市场需求水电工程技术标准，两者相辅相成。全球水电开发方兴未艾，持续性水电开发形成持续的技术标准需求市场。世界范围内对水电工程技术标准需求有三种方式，一种是本国标准满足或基本满足开发需求，基本不再向第三国或第三方寻求技术标准支持和服务。这些国家以发达国家为主，中国也主要依靠自己的力量解决。第二种情况是主要采用国际组织的相关标准，但对于其中不能满足需求的部分，仍需采取其他措施解决。第三种是本国技术标准体系相对较不完善的国家，主要采取采用和许可采用其他国家或组织的技术标准体系，来满足本国水电开发技术需求。针对国际水电市场对水电工程技术标准需求现状，以中国水电工程技术标准为技术支撑体系的相关单位，应积极使中国标准适应全球水电市场需求，满足全球水电市场需求，对其中不完全适应全球水电市场的内容进行调整和修订。相关企业和组织应积极加入到支持水电工程技术标准服务全球水电市场的相关活动中去,更加主动地以中国标准谋求市场,以中国标准占有市场,努力达到执行中国标准获得最大的经济效益目的。国际水电工程建设市场是充满竞争的市场,是相对开放的市场。对于技术标准的选择,也是相对开放的,以满足工程建设功能为主要目标选择技术标准体系。国际水电采购特点是在采购策划阶段和采购环节明确对技术标准体系相关内容需求。这一特征给我国水电工程技术标准"走出去"创造市场提供了机会和条件。也就是说,水电建设市场培育和水电工程项目论证策划阶段,是加大我国水电工程技术标准体系宣传和沟通交流的最有效时期。创造市场比等待市场更有效率和价值。

(2)规划先行与高端切入

科学开发水电的基本规律是各国都要结合本国经济发展水平,对水电开发做出规划性的安排,这种规划性的安排,既要结合本国的经济技术发展水平,经济发展和人民生活对电力的需求,也要结合河流的水电资源特点。因此,水电规划通常是水电开发必要的工作环节。规划工作也是水电开发的最前端的工作,好的规划为后续水电的开发将奠定良好的基础。这也是我国水电开发长期以来坚持的宝贵经验。在国际水电市场中,首先应推广规划先行的先进理念,特别是向发展中国家推广我国水电工程技术标准理念。原中国水电顾问集团已在"走出去"的过程中成功实践了这种经验。中国水电工程技术标准技术水平总体上已达到国际先进水平,特别是在水电工程建筑的勘察设计和施工领域,已经走在世界的前列。因此,水电工程技术标准"走出去"一定要充分发挥我国技术标准的高水平,从技术的高端,到服务的高端,再到工程建设质量的高端,都要充分展现出来。

(3)抓住"走出去"有利时机

我国水电工程技术标准体系的完善建立和提高始自中华人民共和国成立,在近十多年中体系完善步伐加快技术水平大幅度提高,在技术标准的服务和支撑下,成功建设了一大批高质量的水电工程,也包括一大批世界级超大规模的水电工程,这证明了我国水电工程技术标准的相对成熟和完善。正是我国水电工程技术标准体系的提升和技术水平的提高,才为我国水电工程技术标准"走出去"提供了可能。当前世界水电开发建设正在持续进行,特别是很多发展中国家水电开发进程的加快,为我国水电工程技术标准"走出去"提供了机会,尽管还存在很多困难,巨大的市场需求仍是我国水电工程技术标准进入全球水电市场的最有利时机,机不可失。

(4)发挥优势与扬长补短

战略的主旨是具有对抗含义的。制定战略的实质是为了高屋建瓴,致胜致强。无论是与强大的对手竞争,还是与相对较弱的对手竞争,任何一项战略都有其优势和劣势,战略竞争中以弱胜强,以小搏大的例子不胜枚举。我国水电工程技术标准不断进步和发展,已经形成一定的整体优势。水电建设的成就也彰显了我国水电工程技术标准的科学性和实用性。这是我国水电工程技术标准内涵的最直接展现。在技术标准的很多技术问题中,如高坝建设、泄洪消能、深厚覆盖层处理、岩溶地区筑坝、各类坝型设计与施工,我国水电工程技术标准都已位于世界建设水平的前列,这是我国水电工程技术标准最大的优势所在。只要不断强化优势地位,就能够获取更有利的市场地位,能够应对更加瞬息万变的市场环境。发挥优势,巩固市场地位,努力确保核心技术在主要中心市场中的优势地位,是战略制胜的基础。找准短板,修补短板,进一步加强和提升技术标准技术优势,提高我国水电工程技术标准的适应性是必要选择。过去,我国水电工程技术标准致力于服务我国水电建设,所有技术标准均按中国法规体系制定和发布,对国际市场的适应性重视不足,存在对国际水电市场的不适用性。其中,水电工程技术标准体系复杂,行政机构变革后未及时统一编号,标准文本仅为中文等情况,极大地制约着我国水电工程技术标准的国际应用。在很多技术方面,中国水电工程技术标准的经验、水平、算法、工艺,已经走在世界前列,但在与发达国家标准的对比研究方面做得不足,未能体现出我国水电工程技术标准的适用性和先进性。

（5）积极投入与集中资源

技术标准的国际竞争涉及经济贸易活动的各个方面。我国水电工程技术标准参与国际竞争,必然需要大量的人力、物力、财力等的投入。对水电工程技术标准的投入主要在以下几个方面,加大对水电工程技术标准"走出去"的研究,加快提升中国水电工程技术标准的国际适用性研究和调整,加强国际市场调查研究,加快技术标准中文文本的翻译出版和发行,加强中国水电工程技术标准的国际交流,必要时为相关国家培养培训能够掌握中国水电工程技术标准内容的学生、专家和学者等。积极投入,才能有更快更多的收获。投入是为产出服务的,投入是为了更多地产出。对于水电工程技术标准"走出去"的投入要有组织、有计划、有步骤地进行。任何一个组织或国家,执行一项战略行动都需要一定的资源,由于资源的有限性,务必使有限的资源发挥最大效用。要使有限资源发挥最大效用,集中资源是一种有效的方法,在明确方向,突出重点,找到关键因素后,通过集中资源,能在短期内更快完成相关任务,达到一定目标。在一些领域和专业,要集中资源,集中力量,加快推进,才可能获得成功。当前,在以勘察设计业务为主的原中国水电顾问集团倡导下,一批水电企业和专业学者,正在整理、翻译、出版急需的中国水电工程技术标准文本,并取得一些成果,但仍未能满足水电企业"走出去"的需要,相关工作仍要进一步加强。这仅是基础性工作。今后,还应在国际人才培养、国际交流与合作等更高层面上加大投入力度。中国水电企业在海外投资的水电项目,特别是在周边国家投资的水电项目,与我国境内河流存在上下游关系的水电项目,更应加大我国水电工程技术标准采用的力度,尽最大可能采用中国水电工程技术标准。

（6）量力而行与规避风险

水电工程技术标准"走出去"与国际水电市场的技术标准需求紧密关联。市场创造需求,需求提供机遇,但抢抓机遇的同时,也面临市场风险。在贯彻水电工程技术标准"走出去"的战略中,参与相关活动的组织的数量、规模、结构、要素投入、政府政策支持程度、相关各方的工作力度,都与战略制定和实施息息相关,密不可分。工作力度和要素投入力度越大,战略执行的效果可能越好。然而,根据规模经济理论的观点,当要素投入过度后,单位投入所带来的效益达到一定程度后将会下降,也就是说,过度的要素投入,可能带来事倍功半的结果。对于水电工程技术标准"走出去"战略制定,既要关注水电工程技术标准本身的相关问题,如标准的完善、宣贯、翻译、人才培养等,也要关注随同标准"走出去"成果的数量、质量和内部竞争问题。有计划、有目的、有步骤地推进相关工作,才能够达到最佳效果。市场经济变化莫测,市场风险无处不在。水电工程技术标准"走出去"参与市场竞争,也将面对市场的风险。技术标准的内涵,包括基础理论、技术水平、技术路线、技术工艺和方法,以及包含在技术标准中的专利技术、专有技术等,无不面对国际水电市场更深层次,更大范围的考验。参与国际水电市场竞争的水电企业,在引用中国水电工程技术标准从事工程建设、提供产品、提供服务时,也将通过服务质量、产品质量、工程建设质量等,接受着市场的考验。技术复杂的工程项目,存在更多的技术问题需要克服和解决。这些考验和新问题,都是水电工程技术标准应面对的风险事项,决定着技术标准的品牌和声誉,也是技术标准"走出去"的风险之所在。规避风险最有效措施是加强科学研究和正确应用技术标准。在市场一线直接参加水电建设和水电企业更应主动地积极研究中国水电工程技术标准"走出去"后的海外适应性和环境变化,及早分析,科学预测,主动防范和规避技术标准风险。

（7）服务本土与进化共赢

水电工程技术标准"走出去",服务对象是国际水电工程项目,发挥作用的主体是我国参加海外市场经营的相关企业。水电工程技术标准"走出去"在服务相关国家水电工程项目的同时,应主动地与本土政策、法规和其现有技术标准相适应,相结合。对于发展中国家,也要积极支持其水电开发技术进步,提升其技术水平,这也是相关国家非常希望得到的。通过服务本土工程,支持本土企业发展和享受收益,提升本土技术水平和技术标准水平,与本土相关方面充分合作和融合,达到互利共赢,共同进化,将更有利于我国水电工程技术标准"走出去"。

（8）核心企业成员的骨干作用

企业是水电工程建设主体，也是"走出去"主体。无论服务类企业、建筑类企业，还是机电设备生产制造类企业，都是水电工程建设的主体和"走出去"的主体。在水电工程技术标准"走出去"过程中，核心企业、骨干企业应发挥行业领导作用，担当责任和义务，积极推动水电工程技术标准"走出去"的相关活动，在提供人力、物力、资金方面发挥带头作用。我国水电企业的主力军主要为中央管理的国有大集团、大企业，更应在水电工程技术标准"走出去"战略中发挥骨干和核心作用，在政府及相关组织的支持下，团结各方，协调各方，发挥组织领导和综合协调作用。

（9）以综合能力应对动态竞争

水电工程技术标准"走出去"涉及水电产业的各个方面，涉及政府、企业和社会环境，涉及水电工程技术标准，也涉及相关行业的技术标准，因此，水电工程技术标准"走出去"绝不是一项孤立的战略行动，而是一项综合性行动。水电市场是全球性的，随着世界经济的发展和各国技术经济的发展，水电市场呈现动态的变化。水电市场的竞争，水电工程技术标准的竞争，均处于动态的变化之中。应对动态的变化，不能简单地采用静态的思想、理论来解决动态的问题，而是应主动地以动态的综合能力，应对这种动态竞争。综合能力包括国家经济实力、技术实力、创新能力、核心企业的能力、延伸企业的能力、各种服务系统的支持能力、政府发挥的作用等。在上述综合能力的发挥中，不仅仅是一个单位或一家企业的战略内容，更是同类企业和组织要共同发挥作用的战略内容，即要形成集群优势，集团优势，共同面对动态的竞争。这也正是本研究要倡导的以商业生态系统的综合能力，应对水电工程技术标准动态竞争的重要观点之一。

第三章
水电工程技术标准商业生态系统分析

3.1 水电工程技术标准商业生态系统特征与成员构成

3.1.1 水电产业的商业生态系统特征

在历史的长河中,人类为充分利用河流水资源和利用水能资源,通过兴建水利水电工程来实现其目的。100多年来,在水电开发中,从小型的水电站工程,到大型工程的高坝大库水电站,从单一功能的、简单建筑物的小型水电工程,到多功能、复杂建筑物的高坝大库水电工程,人类开发建设水电工程的数量、质量、技术难度不断增加。主要表现为同期建设的工程数量增加,工程建设技术要求提高,机械化、电气化、自动化程度提高,从前期论证到建设管理,从生产运行到电力输送,从原材料生产,到设备制作安装,从勘察设计到建设施工,水电工程建设从传统产业链,发展到更加复杂的产业关系。这种复杂的产业关系表现为以下八个特点:

(1)为解决电力供应,同一时期建设水电工程数量众多,发展速度表现为较快增长。以我国为例,近30年来,水电工程的开发建设速度快速增长具体可表现为装机规模快速增长。至2010年底,我国水电开发程度分别达到了39.4%和27.8%,水电总装机容量和年度发电量均位居世界第一。我国历年水电装机容量和发电量情况见表3-1和图3-1。

表 3-1　我国水电工程建设装机容量和发电量(仅中国大陆)

年份	水电装机 (万 kW)	水电发电量 (亿 kW·h)	年份	水电装机 (万 kW)	水电发电量 (亿 kW·h)
1978	1 728	446	2000	7 935	2 431
1979	1 911	501	2001	8 301	2 611
1980	2 032	582	2002	8 607	2 746
1981	2 193	656	2003	9 490	2 813
1982	2 296	744	2004	10 524	3 310
1983	2 416	864	2005	11 739	3 964
1984	2 560	868	2006	13 029	4 148
1985	2 641	924	2007	14 823	4 714
1986	2 754	945	2008	17 260	5 655
1987	3 019	1 002	2009	19 629	5 717
1988	3 270	1 092	2010	21 606	6 867
1989	3 458	1 185	2011	23 298	6 681
1990	3 605	1 263	2012	24 947	8 556
1991	3 788	1 248	2013	28 044	8 921
1992	4 068	1 315	2014	30 486	10 601
1993	4 459	1 507	2015	31 954	11 127
1994	4 906	1 668	2016	33 207	11 748
1995	5 218	1 868	2017	34 359	11 931
1996	5 558	1 869	2018	35 259	12 321
1997	5 973	1 946	2019		
1998	6 507	2 043	2020		
1999	7 297	2 129			

　　注:表中数据摘自中国水力发电学会分期编辑出版的《中国水力发电年鉴》和《中国水力发电信息年报》。2008 年及以后数据摘自《中国水力发电年鉴》2018 年版。

　　在世界范围内,除美国等发达国家水电开发程度较高的国家外,有关国家的水电开发也表现为较快的增长。据有关材料统计显示,十多年来,世界水电装机规模及发电量情况呈现稳步增长的态势,具体如表 3-2 所示。

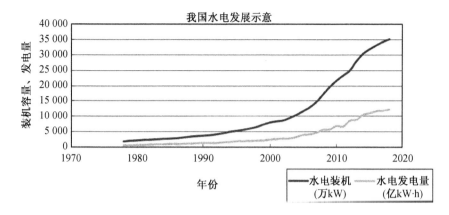

图 3-1　我国历年水电发展装机容量和年度发电量

表 3-2　近年来世界水电装机规模及发电量

年份	世界水电装机(亿 kW)	世界水电发电量(亿 kW·h)
2005	8.71	29 110
2006	8.89	30 250
2007	9.20	30 780
2008	9.24	32 030
2009	9.28	32 540
2010	9.37	34 270
2011	9.45	34 675
2012	11.05	36 731
2013	11.33	37 932
2014	11.72	38 831
2015	12.06	38 844
2016	12.43	37 000
2017	12.67	41 850
2018	12.92	42 000

注:表中数据引自中国水力发电学会编辑出版的《水力发电年鉴》和《水力发电实用手册》等。

中国和全世界水电发展的装机容量和发电量增长,表明水电近些年仍然保持快速增长,水电电量仍是解决世界经济发展电力需求矛盾的重要措施,与水电资源量对比,世界水电仍有很大发展潜力。

(2)水电工程技术标准贯穿始终,成为水电建设快速发展的内在动力。在水电产业中，政府或其授权的管理机构，服务提供商业，产品提供商业，均以水电工程技术标准为行为依据，技术标准贯穿水电工程建设管理的全过程，为商业企业提供知识和技术，成为商业企业提高技术水平的动力之源和能量之源。政府或商业企业也不断培育和发展水电工程技术标准，提高其技术水平，补充和完善其内容，为水电商业企业提供更加强大的能量，共同促进了生态系统的健康发展。

（3）水电建设需要大量的生产力机构。包括勘察设计服务商、建设施工商、设备制造商、原材料生产商、科学研究机构、基础科学研究机构、技术知识总结与传播机构、建设管理机构、公众的关注机构、众多的政府管理部门等。

（4）同类商业的数量增加，从同业并行生存演化到同业竞争。为了开发水电，从涉及水电工程建设的商业群体，到政府管理机构，各门类的机构均大量存在于商业生态系统中。对于商业企业，由于商业企业的趋利性，各种商业企业不断产生和发展，当少量工程建设存在时，各国一般均采取有计划的同业生产管理模式，随着水电开发数量的增加，市场发育程度的提高，均由同业生产管理模式发展为在国际市场竞争条件下的同业或跨行业的竞争和合作并存。

（5）服务和商业供应范围增加，从国内供应到国内外共同供应。在世界经济贸易发展，特别是在经济全球化的推动下，在当今航空和海洋、陆地运输条件高度发达的条件下，企业从服务提供，到原材料和设备供应，已从单一的国内供应，发展到国内外共同供应，除政府干预外，国家界限已不构成服务和商业供应的重大制约因素，服务和商业供应已表现为无国界性。

（6）产业的范围从简单到复杂，从有限到无限。水电产业的范围，已从简单的水电工程，发展到复杂的水电工程，从低坝、简单机电设备工程，到高坝、大库、复杂的自动化机电设备工程。服务与生产的供应，从有限的边界，到已很难划分产业的边界。如水电机电设备的产业边界包括机电设备运行、机电设备安装、机电设备生产、各种金属材料及合成材料、初级材料、金属冶炼、金属矿山开采，产业的边界越来越模糊，设计服务的产业边界包括勘察设计、工程师培养、规程规范、设计原理、基础科研、基础理论，产业边界也越来越模糊，表现为从有限边界到无限边界。

（7）同类商业的竞争与合作，从静态管理模式到动态管理模式。在水电市场中，同类商业大量存在。在商业企业的趋利作用下，商业企业间通过竞争或合作获取市场，获得服务机会，取得经济利益。商业企业从更加关注自身战略发展和战略资源，不断提升自身规模，提升自身技术实力的静态管理模式，发展到更加关注外部环境，更加关注行业内资源，更加关注哪些资源可以为自身发展提供服务，更加关注社会效益和公众要求，更加关注其他服务能否满足水电行业发展等的动态管理模式。

（8）商业竞争与合作从个体间发展到群体间。规模的扩张和技术要求的提高使商业竞争与合作逐步演化到群体间的竞争与合作。在低级阶段,群体间的竞争合作表现为争取一个服务或商品的提供机会,商业企业的个体间展开竞争,你死我活,激烈竞争。在当前的市场竞争中,竞争更多地表现为群体间的竞争,表现为垄断竞争,寡头竞争,甚至国家间、"国家群"之间的竞争[1][2][3]。水电产业也越来越表现出这些特点。

综合以上分析,水电产业越来越表现为这样一种状态,水电产业内的组织,不论是有意识建立的,还是自行组织的,以及由于某种原因偶然形成的,都自觉或不自觉地加入到水电产业中后,相互作用,相互补充,并通过内部竞争或合作相互完善,组成一种相对松散的无边界的经济联合体,联合体中包括客户、供应商、政府管理机构,以及各种与水电产业发展相关的商业或有关人员,任何一种商业或群体均不能独立地完成水电产业的使命,任何一个商业企业越来越需要依靠整个水电产业的健康发展,并自觉或不自觉地与其他企业相互合作,共同维护产业的健康,即综合表现为商业生态系统形态。水电产业内的任何成员均以水电工程技术标准为组织行为依据,技术标准通过技术和知识的传播,贯穿水电产业全过程,成为水电产业内生动力的能量源泉,也就构成了以水电工程技术标准为核心的水电工程技术标准商业生态系统。

3.1.2　水电工程技术标准商业生态系统成员构成

根据水电产业的特征,按照商业生态系统的管理思想,水电工程技术标准商业生态系统由四个大群落组成。下面再进一步分析生态系统中每一群落的具体内容,对每一群落做进一步的研究和分析,分析群落内成员的组成,成员的特点和作用。水电工程技术标准"走出去"拓展活动,将在境外形成新的拓展的商业生态系统,对于新生的商业生态系统,其群落内的成员将发生变化,成员的作用也将发生一些变化和调整。

3.1.2.1　水电工程技术标准商业生态系统的成员构成

核心与扩展群落包括技术标准体系、技术标准制定者群落、技术标准应用者群落和顾客等四个核心群落及其扩展群落。关于技术标准体系及其"走出去"内容已在第二章中做了必要的分析。本节着重分析另外三个方面。

---

①　Wernerfelt B. A. Resource Based View of the Firm[J]. Strategic Management Journal,1984(5):171-180.

②　Chaffee E. Three Models of Strategy[J]. Academy of Management,1985(10):89-98.

③　Montgomery C A. Wernerfelt B. Balakrishman S. Strategy Content and the Research Process: A Critique and a Commentary[J]. Strategic Management Journal,1989(10):189-197.

（1）制定者群落的成员构成

水电工程技术标准制定者是指制定水电工程技术标准且技术标准获得有管理权部门的许可而得到发布的组织和个人。水电工程技术标准的制定者具有以下特征：一是有能力制定水电工程技术标准的组织或个人；二是水电工程技术标准获得有管理权的部门许可并发布执行；三是水电工程技术标准制定者可以是组织，也可以是个人。制定水电工程技术标准首先应具有一定的能力，无论是组织还是个人，不具有一定的与水电工程相关的技术能力的组织或个人是难以制定出高水平的水电工程技术标准的。这种能力来源于对水电工程技术的掌握、水电工程经验的积累、研究的水平等。水电工程技术标准制定者的主体是企业或有关研究机构，这些企业或机构都是行业内的优秀群落，或在某个专业领域具有很深的造诣。单一个人制定水电工程技术标准并获得发布者极少。制定的水电工程技术标准只有经过政府发布才具有法律效力。我国的水电工程技术标准是分级发布的，主要有政府发布标准、行业组织发布标准、企业发布标准三种情况。政府发布的水电工程技术标准中包括国家标准和各级政府发布的地方标准（主要是省级政府发布），政府发布的标准中有许可引用和使用的国际标准，即国际标准只有转换为国家标准后，才被许可在工程建设中使用。与水电相关的企业（含间接参与水电工程的企业）发布的技术标准中的技术要求必须满足国家标准的技术要求。任何组织发布的标准要得到政府的许可。在我国，并不是所有编制出来的技术标准都能得到许可的。水电工程技术标准制定者可以得到授权，也可能得不到授权。研究和制定水电工程技术标准是组织、企业和个人的需要和爱好。水电工程技术标准制定者是一个很大的群体、群落。如果把群落的下一层级群落定义为"种群"，那么，群落中将有很多"种群"，同一种群必然有很多的物种。在研究水电工程技术标准的界定时，本研究对标准进行了分类，水电标准本身是标准的一个群落，设计标准、施工标准、设备标准必然是其子群落，设计标准还可进一步根据技术专业进行多层次细分，每一层次中都有众多的具有标准制定能力的物种。在我国，水电工程技术标准的制定者主要为水电行业内的核心企业。一些研究机构参与到水电工程技术标准制定者群落，他们更具有分享与寄生者的群落身份，但从标准制定角度，他们中有很多确实也是制定者。只有高水平的水电工程技术标准才能在我国得到许可和应用，这也就决定了这样一个现象，潜在的、可能具有水电工程技术标准制定者身份的群落很大，但真正能够因技术标准获得发布而获得标准制定者身份的，又是一个相对较小的群落。也就是说水电工程技术标准制定者群落是不大的，甚至是可数的。在我国，水电工程技术标准制定者这个群落的主要成员是各种与水电工程相关的标准化委员会及其成员。从这种意义上讲，标准制定者群落数量是可数的，并且数值不大。组织和个人会为获得水电工程技术标准制定权而竞争,也会为获得技术标准发布而竞争,这一竞争表现得你死我活。被许可的取得胜利,其技术标准得以应用。不被许可的技术标准将不能被应用。任何人都可以发布标准,但是,除用于研究外,只有得到政府或有权组织许可的水电工程技术标准才能被应用。那些获得制定权并发布了水电工程技术标准的群落,也就在标准制定过程中,第一时间掌握了技术标准的各种技术要求,这在应用技术标准的竞争中首先取得了优势。本研究还引用"核心标准"这一概念。也就是说,当把研究对象缩小到某一具体范围,如缩小到某一行业时,这一范围或行业的标准就是核心标准。本研究将重点定义在水电工程技术标准,那么,水电工程技术标准就是本研究要定义的核心标准。

(2) 应用者群落的成员构成

水电工程技术标准应用者是指掌握水电工程技术标准的技术内容并应用于工程实践的组织(或个人)群落。水电工程技术标准的应用者群落及子群落数量是非常庞大而复杂的。这与标准制定者群落和子群落数量是不同的,将远多于制定者群落。在水电工程界,凡是在水电产业链中找到"位置"的,即有一定生存空间、具有生态位的成员,不论是在产业链的哪个环节,哪怕是在最末端,都要正确采用水电工程技术标准,否则必将被淘汰出行业或产业,失去生态位。这也是不难理解的。水电工程技术标准的应用者群落中,处于产业起端的项目论证者必须按水电工程技术标准进行论证,才能得出项目是否可行的结论。处于产业末端的原材料生产者,甚至表现为与水电行业不相干的原始建材(如水泥、钢铁、木材)生产者,一旦其产品用于水电工程,必须要执行水电工程技术标准,满足技术标准要求的建材才能应用于工程。从这个意义上讲,水电工程技术标准的应用者群落的数量也是可数的,但数量是很难精确统计的,数值也非常大。

(3) 扩展者群落的成员构成

穆尔在论述商业生态系统时,将核心产品与服务、产品和服务的直接供应商、产品和服务的直接销售等定义为核心商业,而把供应商的供应商、直接顾客、顾客的顾客定义为扩展的商业。本研究标准商业生态系统时,将标准的应用者划入到了核心群落,将标准的销售与推广活动不作为核心群落而作为扩展群落。这也正是标准商业生态系统不同于产品商业生态系统之处。水电工程技术标准商业生态系统的扩展者群落,主要包括以下内容:标准的基础研究者种群、工程建设中引用的标准、标准的销售与推广者种群。标准的基础研究者是制定者的潜在种群。引用的标准之所以作为核心群落的扩展种群,是因为它的重要性。标准的销售和推广是很重要的,这不仅包括文本的销售,而最重要的是教育与推广,让应用者掌握,这包括培训与教育,这与一般产品的推广和销售是存在巨大差别的。水电工程技术标准的扩展者群落还包括水电工程产业链的外围产业所提供的技术标准及服务。这里所指的外围产业主要是供应商或供应商的供应商采用非水电工程技术标准向水电工程提供产品或服务的产业。这个群落涉及面是广泛的，他可能涉及到各行各业的商业系统的方方面面。

（4）技术标准群落的成员构成

在前章论述水电工程技术标准的构成时，已对水电工程技术标准的范围、内容及分类做了分析。水电工程建设管理的全过程使用技术标准，技术标准贯穿于工程建设管理的方方面面，无处不在，在工程建设管理中起着核心作用。按照商业生态管理理论的视角分析，技术标准本身是商业生态系统的重要群落，具有生态学的"植物属性"。

（5）顾客的成员构成

水电工程技术标准的顾客与一般商品或服务的客户有较大的差别。水电工程技术标准的应用者可以看作是标准的客户，但技术标准的客户与一般商品或服务的客户，既有相同的特征，又有明显不同。当水电工程技术标准的应用者只购买了一本（套）技术标准时，作为技术标准的客户，这一点与一般商品或服务的客户有相同的特征。水电工程技术标准的应用者与一般商品或服务的客户比较，更多地体现在两者有很大的差别。一般商品的使用，很多情况下表现为最终使用，或一次性使用，即使中间产品，一旦转入或进入到了最终产品，也表现为一次性使用，服务类产品也不例外。也就是说，客户直接使用了商品的物的属性，直接使用了服务的结果，而基本上没有再创造，表现为产品数量的增加和不断消耗，服务的不断提供和更新。客户一般要通过购买产品和服务才拥有该产品或服务的使用权，产品或服务的所有权通常也发生了转移，产品由生产商转移到经销商（如果有中间环节的话）再转移到用户手中。客户要按产品的价值或价格进行购买。购买价格受市场和政府管制影响。购买价格有时是非常巨大的。但只要肯付款，一般就能实现购买，并拥有产品。而水电工程技术标准的客户在应用技术标准时，应用者应用的是标准中表达的技术与知识内涵，需要借助工程的实物形态，才能达到技术标准被使用的最终目的。对于水电工程技术标准本身，在被应用时和应用的过程中，既不发生技术标准的所有权转移，也不发生技术标准数量的增减。技术标准应用者购买技术标准文本的成本是很低的，只按技术标准的印刷成本和市场发行文本的价格就可能实现购买。但购买了技术标准文本并不等于拥有了技术标准，也不等于掌握了技术标准，更不等于就能够简单地实现技术标准的应用。要应用技术标准，必须掌握技术标准所表达的技术内容，并且能够综合利用技术标准。而在水电工程建设中，更需要掌握各种技术标准的综合应用、做到这一点通常是很艰难的。这也正是本研究要解决的重点问题之一。作为水电工程技术标准的使用者——用户，在工程建设的实践中，是可以选择采用哪种或何类水电工程技术标准的。同类的水电工程技术标准通常不是一个，不是一套或只有一个系统。通常会有不同的水电工程技术标准体系或系统。简单举例，我国有一套水电工程技术标准，欧洲国家有不同的水电工程技术标准，美国有一套水电技术标准，国际标准化组织 ISO 也发布水电工程技术标准等。在我国，有政府许可的一系列水电工程技术标准，既有我国自主制定的，也有其他国家或组织的水电标准在我国被许可应用的。在我国境内建设水电工程，首先必须执行我国政府或有权组织许可的技术标准，当我国标准不足以解决技术问题时，可以借鉴或引用其他标准，但必须经过论证，进而要得到许可。后面研究我国水电技术标准"走出去"也将面对同样问题，这也是本研究在后面的篇幅中要着重论证的问题之一。作为水电工程技术标准的使用者——用户，在水电工程建设的实践中，选择技术标准是被限制的，并不是自由的，即被要求获得许可。在实施工程建设时，未经许可的应用或引用可能带来严重的后果。我国法律有严格的管制性规定，不被允许的引用，严重时可能给自己带来很不利的严重后果，甚至会受到法律制裁。其他国家也都有类似的法律规定。投资人和风险承担者的选择也表现为顾客的特征。在政府许可的情况下，投资人将对水电工程建设选择何类标准提出要求，以确保其资产的安全。水电工程建设的风险承担者中的金融服务机构，如商业银行，也会对采用的技术标准提出要求，例如世界银行在评估其服务项目时，也对水电工程将采用的技术标准作出评估。电力用户通过使用水电工程的最终产品—电力电量—成为技术标准的顾客，但是，由于电力产品的特性，即"发、供、销、用"同时完成，电力用户对技术标准的选择更多地体现在公众关系管理方面，对于值得信赖的技术标准，在工程建设和论证期间，电力顾客通常不加入对技术标准的直接选择，而在公众关系管理出现"问题"，如"排外倾向"等发生时，电力顾客作为公众的主要成员，将对技术标准的选择和政府的许可产生重大影响。

3.1.2.2　政府与管制者群落的成员构成

政府是社会关系的代表。因统治和管理的需要，政府通常要对各种经济活动进行干预和管制，围绕技术标准的经济活动也不例外。不能把政府仅视为技术标准的制定者，而应当将政府视为技术标准的管理者和管制者。中国计划经济时代的烙印让许多人感觉到似乎政府在制定水电工程技术标准。实际上，政府主要负责水电工程技术标准的管制和具体发布，制定发布技术标准的规则，对技术标准的应用过程进行监督，对技术标准应用的结果实行监督和评价。相关行业组织或者自发形成了对水电工程技术标准的某些程度的管制权，或者受政府的委托具有了某些管制权,从这种意义上讲,他们是准政府组织。对水电工程技术标准起作用的还有各种区域组织和国际组织,他们也因各种原因取得了对技术标准的管理权与管制权。政府或经济组织相互之间通过签署契约也对技术标准发生作用。这构成了水电工程技术标准的主要生存环境。生存环境的质量对水电工程技术标准生态系统能否存活起重要作用。生态系统需要各种健康的要素,"天总是晴朗的"是提供一部分要素的源泉,单一性似乎是不利于生态系统的,政府通过管制保证生态环境各种要素健康,是非常重要的。

3.1.2.3 风险承担者群落的成员构成

水电工程技术标准的风险承担者群落包括水电工程的投资人、资产所有人、提供水电工程建设资金者等群落。他们将自有资金投资到水电工程、水电相关商业企业、产品(包括工程产品)、服务之中,企望通过投资获得回报。他们将承担选择水电工程技术标准的风险。如若正确地选择了合适的技术标准,他们将通过较少的投入获得较大的利益,而一旦选择适用标准时出现错误或不适合,他们或者将花费更大的投入,或者将承担投资失败的全部风险。前面在分析顾客的特征时提到银行等金融机构作为技术标准用户对于技术标准的选择地位。金融服务机构作为风险承接者,其对技术标准选择的影响将更加强烈。金融机构通过评估水电工程项目,对项目建设所选择的技术标准提出支持和反对的意见,其实是对技术标准技术水平的推论和判断,其支持性的结论意味着技术标准的先进性更好、水电工程的安全性更大、水电工程功能目标实现的可能性更大及金融机构自身资金的安全程度更高。

3.1.2.4 分享与寄生者群落的成员构成

水电工程技术标准商业生态系统中存在大量的咨询机构,为生态系统的生存与发展发挥着重要作用。金融服务、法律服务机构积极地存在于商业生态系统中且不可或缺。培训和教育机构将发挥着更大作用。出版发行商、翻译商群落,寄生在整个水电工程技术标准商业生态系统中,分享水电工程技术标准商业生态系统的利益。技术与知识的传播是亘古的主题,教育与培训是重要的手段。一些机构还花大量精力研究标准"走出去"的现象和理论,给技术标准"走出去"提出理论建议和措施。他们是技术标准商业生态系统中的有益养分,不可或缺。

3.1.3 我国水电勘察设计子系统成员构成的案例分析

水电工程技术标准商业生态系统四大群落成员是十分庞大和复杂的组织。一国的管理水电建设,除中央政府外,还涉及能源、电力、水利、环境等多个政府管理部门,更多的准政府组织也通过获得政府授权而获得管理权,通过认真仔细的调查研究,通常能够较全面地掌握政府及准政府组织的名称、数量及各自的管理角色。在我国,研究政府及准政府组织群落,可以通过查阅政府行政机构设置确认,可以通过研究行政文件获悉其各自的管理权限。风险承担者群落主要由投资人及与金融服务相关的组织组成。在我国水电开发建设中,由于水电资源属于中央政府和地方各级政府,国家对水电投资的投资人有相对比较明确的管制要求,特别是实行法人责任制以来,我国水电的开发主体,更加明确和可追溯。我国水电开发的金融服务及担保、保险组织通过法律法规的形式进行明确和约束,也是可统计和分析的群落。分享和寄生群落是最隐性的群落结构,并且存在众多两栖或多栖成员。如中介组织,有专门服务水电行业的专业组织,也有跨行业的中介组织。核心及拓展群落是商业生态系统中主要由商业企业成员组成的产业集群,产业链最长,成员最多,商业企业成员是水电工程建设的主要力量,也是水电工程技术标准直接的应用群体。成员中包括各类勘察设计子系统、各类建设施工子系统、各类设备制造安装子系统、各种原材料生产和供应子系统,以及各种供应商的供应商等。本研究以水电工程勘察设计子系统来说明商业生态系统群落的成员组成。勘察设计子系统包括勘察设计技术标准、勘察设计科研标准、众多勘察设计企业、众多设计科研单位、顾客、政府与准政府组织、勘察劳务服务提供企业、设计软件服务商、法律服务机构、出版印刷服务机构等等。该子系统的主导企业是水电水利规划设计企业。本研究以勘察设计子系统为例,对其子系统成员及其数量进行了分解。详见表3-3。

表 3-3　我国勘察设计子系统及其成员分析

项目 1 (子系统主要成员)	项目 2 (成员分解)	项目 3 (成员分解)
顾客	项目业主 法人投资授权管理人 政府投资授权管理人	投资人 法人股东 股票持有人
勘察设计标准	勘察标准	预可勘察标准 可研勘察标准 钻探标准 物探标准 试验规程 …

续　表

项目1 （子系统主要成员）	项目2 （成员分解）	项目3 （成员分解）
勘察设计标准	设计标准	规划设计标准 预可研设计标准 可研设计标准 招标设计 施工图设计 重力坝设计标准 拱坝设计标准 面板坝设计标准 引水隧洞设计标准 基础处理设计标准 ……
	科研标准	科技项目管理标准 模型试验标准
勘察设计单位 （勘察设计标准直接 使用者）	中国电力建设集团有限公司（原 中国水电顾问集团有限公司）及 所属设计单位	北京院、西北院、成都院、华东院、 中南院、贵阳院、昆明院
	水利部部属及流域设计院系统	东北院、天津院、上海院、淮河院、 长江院、珠江院
	省、地、市属设计院	各省水利水电设计院 各地市级水利水利水电设计院 各县市级水利水电设计院
	水电建设集团	各工程局内设水电设计院
	其他设计组织	民营或外资的设计院（所、公司）
政府与准政府组织 （包括勘察设计标准 发布者）	国务院及省地各级水电专业管 理部门	发改委、能源局、电监会
	各级政府的相关专业管理部门	环保、水利、林业、国土、消防、安 全、卫生、交通、建设、移民
	准政府组织和事业单位	水电总院、水利总院、流域机构、 授权协会、电监会
	授权的水电行业组织	众多勘察设计协会、学会及其分会
勘察设计管理组织	国务院、建设部、省地建设厅局	内设机构

续　表

项目1 （子系统主要成员）	项目2 （成员分解）	项目3 （成员分解）
勘察设计行业组织	勘察设计协会	水电分会
	水电行业协会、学会	众多分级协会、学会
勘察劳务提供组织	勘察专业队伍	分包与劳务派遣单位
其他服务组织	科研教育机构 金融机构 法律服务 担保单位 标准印制发行 中介机构	科研机构、教育机构 各级金融机构——银行及非银行金融机构 各类法律机构——法律咨询服务、律师事务所 各种担保机构——保险公司及其他担保人 社会服务——印制与翻译等

（注：行政体制改革和企业隶属关系是动态和变化的。本表所述涉及到组织隶属关系的，有的已发生变化。）

3.2　水电工程技术标准商业生态系统的形成机制与静态结构

3.2.1　水电工程技术标准商业生态系统的形成机制

穆尔通过生态学的隐喻，提出了商业生态系统概念，提出商业生态系统形成机制的主要思路为"商业诸要素＋共同价值理念＋共同行动"。基于对水电工程技术标准应用与竞争问题的思考和分析研究，本研究进一步总结提出水电工程技术标准商业生态系统的形成机制为：核心企业分析内外部环境，广泛地联结水电产业诸多商业要素，围绕优质高效开发水电的共同价值理念，驱动支持水电开发的关键因素，自组织性地形成水电工程技术标准商业生态系统。该分析思路和分析模型如图3-2和图3-3所示。

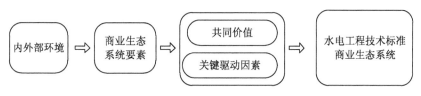

图3-2　水电工程技术标准商业生态系统分析思路

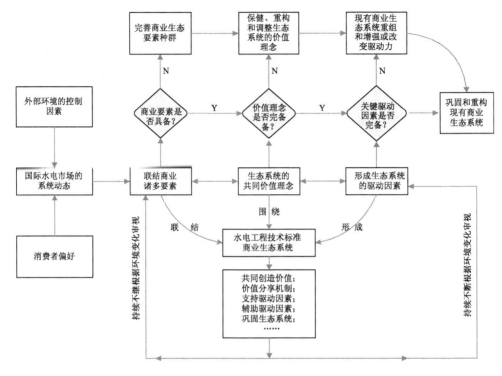

图3-3　水电工程技术标准商业生态系统形成机制分析模型

3.2.1.1　生态系统内外部环境

众多学者针对分析企业内部环境提出了很多理论模型和分析方法,比较著名的是迈克尔·波特的价值链模型,这一模型提出企业的内部环境包括基础设施、人力资源、技术与开发、采购,以及内部后勤、生产经营、外部后勤、市场与销售、服务等,最终形成企业利润。穆尔在分析和建立商业生态系统理论学说时阐述了企业应从6个方面研究自身的环境,并提出在"信息空间"中制定战略,这一信息空间是指机会环境,即核心能力、核心产品或服务、价值提供、获利再投入、核心商业的领导与投入这五要素的结合[1][2]。

3.2.1.2　生态系统联结要素

联结要素是指形成水电工程技术标准商业生态系统的各种要素。包括水电工程技术标准体系和水电产业内的相关核心企业、水电投资人及其他主要风险承担者、国内外相关政府组织等。相关核心企业包括中外相关核心企业,主要是指项目

---

[1]　唐震,张阳,李明芳. 西方战略管理理论[M]. 北京:科学出版社,2008.

[2]　Evered R. So What Is Strategy? 〔J〕, Long Range Planning,1983(16):57-72.

可行性研究机构、规划设计商业成员、建筑施工商业成员、机电设备生产制造安装商业成员、科研机构等,水电投资人、金融及资金提供机构、担保机构等;与水电产业管理直接相关政府机关及授权机构等。企业联结众多要素,是一种创造性的活动。有时需要打破既有体制机制消除旧的观念。企业首先要关注水电工程技术标准体系。技术标准联结着水电产业的方方面面,在现代技术经济发展条件下,很难想象没有技术标准而从事水电工程建设与管理,因此,水电工程技术标准既是生态系统结构的组成部分,也是联系商业生态系统内部成员的灵魂,是蕴含在商业生态系统的内在因素。另一重要因素是商业生态系统中的商业成员,他们是生态系统的活动的主体,是商业生态系统中活力最强、动力最强的因素,是一切商业活动的主体,在商业生态系统中的主要作用是实施水电工程建设,商业成员相互配合,同类商业成员又相互竞争,通过共同努力获取商业利益。在商业成员中,有核心商业成员和扩展商业成员,还有延伸商业成员,构成复杂的生产供应关系,既存在网状结构,又存在"不规则"的运动,存在着大量的种群性的活动,也存在单个商业成员的活动。扩展商业成员在服务核心商业的同时,也存在独立活动。顾客仍然是核心商业的主体,但在系统中更重要的角色是对商业生态系统的信赖性程度,顾客是商业生态系统的内部成员,商业生态系统的发展取决于内部顾客群落的稳定与忠诚。政府及准政府组织是商业生态的重要要素,对于核心商业成员,其主要功能是为商业生态系统提供内部服务,必要时还要协调内部成员之间的关系。投资人和投资担保人是水电工程技术标准商业生态系统的内部需求的主体,为获取工程功能目标的实现,投资人和担保人通过资金投入,创造生态系统的内部动力。还有其他为生态系统服务的成员,包括法律服务机构、策划机构、教育培训机构等。商业生态系统中诸多要素有机联系,保持稳定和不断增加新成员,特别是维持和不断吸收新顾客,维持和不断吸收投资人,才能达到持续增长和发展壮大的最主要目标①。

3.2.1.3　生态系统价值理念

所谓价值理念就是简单明了的、高度概括的、令人震撼的、充满想象并使人憧憬其使用价值的诉求口号。在经营活动中,微软公司提出了"人人拥有一台电脑"的价值理念,沃尔玛公司提出了"天天低价"的价值理念,这些成功的价值理念,促进了各自商业帝国的建立和发展,也为其商业系统带来丰厚利益。我国水电工程技术标准商业生态系统的价值理念,多是从水电产业的管理要求形成的。水电产

① Alvarez J L, Mazza C. Haute Couture of Pret-a-porter : Creating and Diffusing Management Practices Through the Popular Press[J]. Research Paper of IESE,1998(7).

品——电力在国民经济发展的基础性作用和在人们日常生活需求中的基础性作用，以及水电工程建筑物自身的建筑安全等，使得一国政府对水电工程技术标准的制定、采用和发展提出了法制和法规管理的要求。水电工程技术标准体系的价值，来自于标准体系的完整性、安全性、经济性、技术可靠性等综合指标，来自于技术标准的可获得性、使用的可行性和可能性，来自于掌握技术标准人才的数量和质量。正如中国汽油产业提出采用"欧五标准"的含意。水电工程技术标准商业生态系统的价值理念，至少包括知识共享平台的便利性和价值分享机制合理性。在国内，技术标准的共享平台是开放性的，任何人和组织对于国家、行业发布的技术标准都便于获得，对于商业成员的专有技术和专利，在保护的基础上，通常也多层次开展技术交流和推广，使得先进技术能发挥最大效能。价值分享机制是指使国内成员受益和境外商业成员受益的共同价值分配体系、制度或规则等。该项机制中有政府政策性规定，更多地来自于市场中商业成员的自律性和自组织性，并主要通过市场调节①。

在我国水电开发建设中，提出了一些很有价值的理念，如"建设一座水电站工程，留出一片白云蓝天，促进一方经济发展，造福一方群众百姓"。"在保护生态环境和做好移民工作的基础上有序开发水电"，"先移民后建设的方针"，坚持质量优良、技术先进与创新技术、工程安全、经济可行，坚持规划先行、专业规划与综合规划并行、科学论证、调水调电、科学运行，倡导法人负责制等管理体制，坚持发电、供水、饮水、灌溉、养殖、航运、旅游等综合利用，注重能源安全战略与水资源安全战略等，都是水电工程技术标准商业生态价值的重要内容。我国水电建设的实践证明，水电工程技术标准始终全面融入到了水电工程建设的各个方面，从政府管理、工程论证、建设施工、设备制造、生产运行等，无不坚持按技术标准进行管理，形成了水电工程建设管理的一般价值理念，即"把水电标准全面融入水电工程"和"中国水电，中国标准"的共同价值理念。

3.2.1.4 生态系统关键驱动因素

水电工程技术标准商业生态系统是由四大群落构成，生态系统形成的驱动因素来自于很多方面。穆尔提出"多维运动创造竞争优势"，并兼顾"顾客、市场、产品、过程、组织、风险承担者、政府和社会"7个方面。在这7个方面中，都存在很多具体的要素，且在生态系统的演化与发展过程中，要素的数量会发生一定的变化，要素的作用也将发生一定的变化。要素可分为一般构成要素和关键驱动因素。一般构成要素是商业生态系统各个方面可能的构成内容，但并非缺一不可，或在不同

---

① 赵道致，李广. 网络组织向商业生态系统的进化[J]. 工业工程，2005，8(1)：24-28.

阶段出现。而关键驱动因素在生态系统的发展中将起到主要重大作用,发挥重要影响,是维持商业生态系统生存发展的主要力量,是推动商业生态系统变化的决定性力量。所谓关键驱动因素就是指为了系统共同的价值理念形成和实现,能够促使价值理念得以形成和实现的最关键影响力量的集合,它包括关键驱动主体(核心商业成员、核心人才等)和关键驱动手段(技术、组织、管理等)。水电工程建设不仅需要密集型的劳务、资金与装备方面的"硬实力",更需要"技术标准、理念、品牌"等方面的软实力。水电工程技术标准商业生态系统,是由硬实力和软实力构成的综合体。水电工程技术标准商业生态系统的驱动力,来自其自身的硬实力和软实力,硬实力可以通过聚集物力条件实现,而软实力更多的通过人才和技术标准来实现。人才特别是掌握水电工程技术标准的多层次人才,是商业生态系统软动力的核心主动力,技术标准通过其技术水平的高低体现其软实力核心价值。本研究根据商业生态系统理论的观点,基于4P3S分析工具分析其驱动因素,分析方法如表3-4所示。

表3-4　水电工程技术标准商业生态系统驱动因素分析

序号	4P3S	驱 动 因 素
1	顾客方面 (People)	1. 内部顾客包括东道国电力用户等对技术标准的认知和信心,消费忠诚度; 2. 技术标准的使用者对标准的熟练使用,包括业主及投资人等风险承担者对所使用技术标准的决策信心; 3. 外部顾客也即是潜在顾客的吸引力以及其加入生态系统的愿望
2	市场方面 (Place)	潜在市场数量;需求程度;竞争程度
3	产品方面 (Product)	1. 技术标准理念和内涵的完备程度与技术水平; 2. 水电工程技术标准自身发展的需求推动; 3. 对相关产品的质量、服务、保障、更新要求; 4. 所建工程功能的完备程度
4	过程方面 (Process)	1. 技术标准制定者、发布者、使用者、需求者等有机整体的形成; 2. 各类人员接受技术标准的教育、培训、交流、培养; 3. 服务体系的结构、完备程度、产业链与供应商; 4. 咨询与服务机构

续　表

序号	4P3S	驱　动　因　素
5	组织方面 （Structure）	1. 核心企业及其作用的发挥； 2. 相关商业企业的数量、技术水平、公司治理的结构和治理的水平； 3. 东道国商业企业融入系统的便利性； 4. 技术与知识共享机制； 5. 利益共享机制； 6. 对风险承担者的适应性； 7. 多层次技术标准人才及其作用； 8. 冲突解决机制
6	风险承担方面 （Share-owner）	1. 投资人、资金提供人、担保人等，社会对工程支持与担心； 2. 目标的一致性与联盟的形成。
7	政府社会方面 （Society）	管理政策；许可制度；特别要求与例外；习惯做法与潜规则；文化认同；政府与公众的关系处理；非政府权力机构的作用

①顾客与市场方面——水电开发对技术标准的需求，对于愿意学习中国标准并作出贡献，以及对中国水电工程感兴趣的顾客，给充分和必要的支持提高其兴趣和参与程度。②市场方面包括水电开发的潜在市场数量、技术标准需求程度、技术标准间的竞争程度。③产品方面——水电工程技术标准建设理念的吸引作用和工程建设质量、安全和主体功能的完备性，满足水电工程目标功能需要的技术、质量与永久安全，对高水平技术标准的需求，水电工程技术标准自身发展的需求推动，对相关产品的质量、服务、保障、更新要求，技术标准理念和内涵的完备程度与技术水平，所建工程功能的完备程度。④过程方面——水电工程技术标准自身发展的需求推动，水电工程技术标准理念与内涵的技术先进性，技术标准制定者、发布者、使用者、需求者等有机整体的形成。各类人员接受技术标准的教育、培训、交流、培养，服务体系的结构、完备程度、产业链与供应商；咨询与服务机构。⑤组织方面——核心商业企业及其作用的发挥，相关商业企业的数量、技术水平及其公司治理结构和治理水平对生态系统的适应性，水电产业内的商业企业技术经济发展的推动，水电产业内商业成员的自身体制与成员间的有机配合。东道国商业企业技术水平提高的需求及其融入到技术标准商业生态系统的便利程度。⑥风险承担方面——投资人或金融机构对工程质量与安全的要求及对技术标准的要求。⑦政府方面——政府政策与法规的约束性管制，政府参与技术标准制定与发布的程度，政府主权对技术标准使用的许可制度，国际贸易双边间的技术壁垒与自由化。在一

定意义上,政府是社会之间的各种关系的代表,商业生态系统的形成将引起社会管理方面的变革,这种社会变革总是激起社会和政府的反应甚至强烈冲击。因此,政府关系管理应是生态系统形成的重要要素。不把精力投在政府关系管理方面,甚至采取反政府态度,是缺乏考虑的行动。即使在一些社会变革和动荡剧烈的国家或地区,看上去似乎没有正规的政府,然而其社会中代表各方利益的一些权力精英却始终存在。

我国对水电开发总体上实行较严格的政府管制,特别是对大型水电工程,实行更加严格的审批制和核准制,并对不同的管理阶段实行严格的技术审查和验收制度,严格要求水电工建设执行国家法规、技术法规和规程规范。对于水电产业的商业成员,从勘察设计、建筑施工、设备制造与安装、原材料生产加工与提供、咨询服务、金融支持、工程保险等各类商业成员,均实行较严格的资质资格准入制度。政府政策与法规的约束性是我国国内水电工程技术标准商业生态系统形成的最主要驱动力,且作用力很强。我国的法律特别强调水电工程建设中对于水电工程技术标准的制定和执行,而且要求实施强制性技术标准。从上述分析可见,形成生态系统的驱动要素很多,但往往一些关键要素才是生态系统形成的关键。关键驱动因素及其作用因时而变,因环境(含市场环境)而变,因发展阶段而有所调整。

3.2.2　标准商业生态系统静态结构特征分析

基于水电工程技术标准商业生态系统的概念,本节详细分析水电工程标准商业生态系统模型、层次结构及其"走出去"重构。

3.2.2.1　系统模型及其层次结构

遵循商业生态系统理论的思路,可以将水电工程技术标准商业生态系统内部的组成划分为四大组成部分,也就是说可以划分为四大群落,每一部分或群落的内部组织又可以划分为子群落或种群,那么就初步形成了水电工程技术标准商业生态系统的层次结构。遵循典型商业生态系统理论的观点,可以将水电工程技术标准商业生态系统划分为核心层、风险承担层、管制层和分享寄生层,按这样的顺序,四个层次或群落在生态系统中的地位与作用各不相同,但相互关联。经分析研究,本研究建立和形成了水电工程技术标准商业生态系统框架模型及其层次结构。图3-4直观地表达了这种思想。

在传统商业生态系统中,穆尔将制定标准的机构列为核心商业之外的商业群落中,将其他制定规章的组织视为准政府组织与政府部门一道视为商业生态系统的核心商业之外的群落。这样的分析架构是基于企业和产品的角度。而在水电工

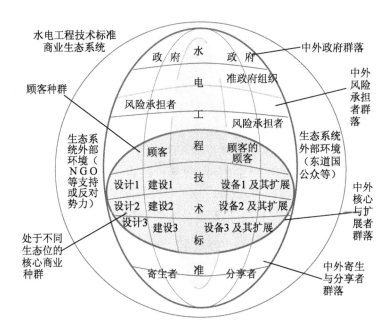

图 3-4　水电工程技术标准商业生态系统模型及层次结构

程技术标准商业生态系统中，标准与标准制定者的地位将发生变化，他们是技术标准商业生态系统的核心成员之一。正如生物学中，以植物属性定义生态系统名称，如以热带雨林定义一个生态系统、以某一区域的湿地定义为一个生态系统一样，因此不难理解和证明水电工程技术标准商业生态系统定义的含义。

3.2.2.2　系统模型结构特点分析

基于商业生态系统理论观点，本研究建立分析了以水电工程技术标准和水电产业相关商业企业为核心群落，将政府及其他与水电产业相关组织划分为四种群落，构建商业生态系统，将该系统称为水电工程技术标准商业生态系统（以下简称技术标准生态系统）。其结构模型如图 3-4 所示。与经典商业生态系统模型相比，不难证明上述模型的合理性和科学性。经典模型将商业生态系统划分为核心及扩展、风险承担、政府及准政府组织、寄生与分享等四大群落，且不同群落位于不同生态位中。技术标准生态系统模型构建仍遵循经典模型构建思想，但基于水电产业特点，技术标准处于生态系统核心地位。水电建设实践证明，技术标准始终贯穿产业全过程，在各个领域发挥作用，标准水平决定着管理、建设和运行水平，处于核心地位。

（1）水电工程技术标准商业生态系统结构特点分析

从图 3-4 可见，结构模型被分为四大区域，每个大区域被划分为若干小区域。

不同区域代表不同生态区位。处于不同生态区位系统成员在生态系统中功能不同，作用与贡献不同，获利能力也不同。标准生态系统具有如下结构特点：系统中包括"动物性"的商业成员（图中深灰色区域和白色区域）和"植物性"的技术标准（图中浅灰色区域）两大功能体系，水电工程技术标准从上到下联结或网络中所有商业成员或群落，在生态系统中处于核心地位，其蕴含的技术和知识，为生态系统各个商业群落和商业成员提供营养和能量。从上到下的结构预示着群落或成员在生态系统中的生态位，也预示着标准技术水平的高低优劣程度。同一生态区位商业成员的上下位置表示了其在生态系统中生态位高低，也即其掌控技术标准的能力程度。技术标准所蕴含的技术是"缄默知识"，商业企业或成员获得和掌握标准中技术需要一定条件。同一种群商业成员掌握核心技术标准的程度和获得技术标准知识的时机，也表明着其在生态系统中获得技术标准知识与技能营养的程度和便利程度。这是不难理解和证明的。如参加技术标准编制研究的企业和成员，以及同意将其专有技术纳入技术标准的商业成员，将首先获悉标准内容，并优先掌握了其中的应用技能，而后获悉者必将再花更多的时间和精力去研究和领会，才能转化和提高自己的技术能力，对于后获悉者的这种延缓性会降低其营养获得能力，降低其竞争力。规模较大和技术水平总体较高的商业成员，也将更系统更全面更熟练地掌握和使用技术标准，其在生态系统中也将处于相对较高的生态位和较强的竞争力。

技术标准商业生态系统由核心商业及其扩展群落、风险承担者群落、政府及准政府组织管理者群落以及分享和寄生者群落等四大群落构成。各大群落由更细分的商业成员组成。核心商业及其扩展者群落的成员主要包括，水电工程技术标准体系种群、标准编制人种群、标准应用人种群、核心商业成员的供应商种群、顾客种群等，特别强调的是技术标准体系进入核心群落，这与其他研究者在构建商业生态系统时有所差异。风险承担者群落包括投资人和业主，也包括金融服务和资金担保服务机构。政府管理部门包括政府部门和授权的准政府组织等。分享与寄生群落包括提供服务的组织、法律服务机构、中介和咨询组织等。水电工程技术标准"走出去"，参与国际竞争，将建立新的商业生态系统，系统中的成员包括"走出去"的，也包括境外加入进来的，特别是东道国成员更多地加入新系统，使新的生态系统的种群结构更加复杂。技术标准商业生态系统的外部环境是非常复杂的，"走出去"后的外部环境更加复杂多变。外部环境条件通常包括，社会公众对水电开发的认知、支持或反对程度等。在一定条件下，外部环境，有时对生态系统发展起有利作用，有时起不利作用。有些环境条件，如政府作用也将与生态系统发生能量交换，或直接进入生态系统发挥作用。

（2）水电工程技术标准商业生态系统特征分析

从结构和内容角度分析,技术标准商业生态系统具有以下特征:成员多样性;成员作用差异性;核心成员对于系统功能发挥起主要作用;扩展成员的功能影响系统健康运行;系统内部成员的自觉行动是系统发展的动力,即系统运行的动力不是来自外部;生态系统具有开放性、没有明确的边界;生态系统具有自组织性并通过自我调节而进化;生态结构复杂但层级分工相对分明;赢利性与公益性共存;系统内存在"两栖"或"多栖"商业和成员;生态系统具有生命特征且存在发展进化阶段性特征;系统内部的竞争与合作共存,外部竞争表现为生态系统之间的竞争。技术标准商业生态系统可从下列角度进行评价,包括系统的服务功能、技术标准内技术和知识的共享程度、核心商业成员的绩效和竞争力、生态系统的团队效能、生态系统的健康状况、生态系统的竞争能力等。根据不同的评价角度可分别建立评价模型和评价指标体系。商业生态系统的良性发展并不完全决定于生态系统规模大小,而是取决于其功能的完善和健康程度等。一些子系统可以独立良好地生存与发展,比如,可以建立基于勘察设计技术标准的子生态系统,促进其在一定的环境下独立运行和发展。

3.3 水电工程技术标准商业生态系统成员生态位与种群间关系

3.3.1 种群营养级

生物学相关理论与实践研究成果对自然生态系统的营养级做了深入研究,相关研究成果提出了自然生物界的营养级。"营养级（Trophic level）是指生物在食物链之中所占的位置。在生态系统的食物网中,凡是以相同的方式,以获取相同性质食物的植物类群和动物类群,就可以称作一个营养级。在食物网中,营养级从最低级的生产者植物起,到最顶部的肉食动物止。即在食物链上凡属同一级环节上的所有生物种就是同一个营养级"。"营养级是指处于食物链上某一环节上的所有生物种的总和。各个营养级之间的关系是一类生物和处于不同营养层次上,与另一类生物之间的关系"。经济学家借助生物学的研究成果,相应提出了商业生态系统存在种群营养级。按产业链属性研究,商业生态系统中不同的种群处于不同的营养级,同一种群中不同的商业成员也将处于不同的营养级。若按技术标准在水电行业的产业链进行评价,不同的技术标准构成不同的产业链平台,也引导商业成员的产业链分级,即形成不同的营养级。

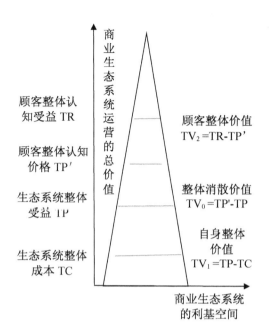

图 3-5 商业生态系统整体价值结构

（注：参考穆春晓，基于商业生态系统的竞争战略研究一文绘制）

水电工程技术标准商业生态系统中的商业成员，无论哪个群落，其创造价值的源泉都来自对水电工程技术标准所蕴涵的知识与技术的掌握。如果有技术方法将某一知识单元或技术单元，比喻为生物学的一个营养单元"利基（Niche）"，那么，不同的技术标准，正如生物界的不同种类的植物，向生态系统所提供营养水平是可以计算出来一个总值的，也即利基空间（Niche Scope），而且这个利基空间，对于一个技术标准来说，是源源不断的，可再生的，正如自然界生态系统中在阳光雨露滋润下植物生物不断生长生产一样。不同的技术标准，向生态系统的商业成员不断地提供营养，并形成能量流动。生物学理论从多种角度观察自然生态系统的营养和能量流动，主要包括"垂直结构、水平结构和时间结构"三个维度。同样的，研究水电工程商业技术标准商业生态系统可从垂直、水平、时间三个维度研究生态系统的营养和能源流动。本研究认为，商业生态系统中知识和技术的流动可以从多个角度进行观察，从技术标准的形成和应用角度观察种群的地位层级，从水电工程建筑物不断建设的过程可以观察技术运行的实体，从设计文件和图纸角度可以观察技术的流动载体，从经济学角度可以通过资金的流动和企业收入、利润水平进行观察。从管理和应用角度观察，标准管理者、标准制定者和标准应用者等，各自处于不同的营养级，标准管理者处于最高位，制定者处于中位，一般应用者处于低位。在水电工程商业生态系统的核心及拓展商业群落中，一些成员企业形成有自主知识产权的企业标准，在市场中处于优势地位，一些企业参与编制标准并使用标准，获得较多的标准话语权，一些企业被动地执行标准，处于技术标准执行与使用的末端。正所谓"一流企业卖标准，二流企业编标准，三流企业用标准"。从技术角度观察，能够解决水电工程复杂的高难度的技术问题的，也是处于营级水平较高的商业成员群体。从经济角度观察，市场占有率高、营业收入较大、利润较大和利润率较高的商业成员群体，是生态系统中营养级较高者。商业生态系统的营养级关系对于研究水电工程技术标准商业生态系统内种群间关系具有重要意义。

3.3.2　成员的生态位

在自然界生态学研究中，"生态位（ecological niche）是指一个种群在生态系统中，在时间空间上所占据的位置及其与相关种群之间的功能关系与作用"。格林内尔（J. Gri-nell，1924 年）首创生态位概念，并强调其空间和区域上意义。埃尔顿（Charles Elton，1927 年）对生态位内涵做了进一步发展，主要强调了物种之间的营养关系。在自然界的生态环境里，每一个特定位置都会有不同种类的生物物种生存，一个物种的生态位，是按其食物和生境来确定的。Lewin R（1992）[①]提出一个商业生态系统是由占据不同生态位的商业企业组成，商业企业的生态位相互关联，一旦其中某个企业的生态位发生变化，其他关联者的生态位也随着发生变化，关联者包括竞争者、合作者及补充者。水电工程技术标准商业生态系统具有明显的生态位特征。核心商业及拓展者群落以商业成员为主，商业生态系统中存在少数具有相对领导权地位的商业成员，成为生态的主宰型商业成员，生态系统中存在大量骨干型商业成员，特别是在各大子系统更为明显，而水电产业的延伸产业链很长，存在大量具有自身特色的缝隙型商业成员。同生态位的商业成员存在较强的商业竞争关系，而不同生态位的商业成员，更多地表现为营养级之间的协同。商业成员的生态位对于研究水电工程技术商业生态系统中种群内成员关系具有重要意见。

3.3.3　种群间关系

水电工程技术标准商业生态系统由四大群落组成，各个群落在商业生态系统中的作用和地位，决定了其在生态系统中的价值创造能力和对生态系统的贡献。

---

① Lewin R. Complexity Life at the Edge of Chaos [M]. New York Macmilian Publishing Company, 1992.

生态系统中的群落不是孤立存在的,而是存在相互的联系和作用。其相互间的联系可以从两个维度观察,一是与技术标准之间的关系维度;二是从社会产业分工维度。从技术标准维度考察,政府群落主要对标准的发布进行管制,甚至采用强制性的法律进行约束,在我国,政府制定标准管理法律,发布标准,制定强制性标准或条款,制定推荐性标准,同时,政府还是技术标准编制的主导者或组织者。而核心商业及其拓展者群落,与技术标准的关系表现在三个主要维度,一是制定标准;二是应用标准;三是反馈标准。风险者群落主要关注标准的制定和应用,并将主要精力关注在标准的应用选择和许可上,期望选择合规的且与决策目标更适合的技术标准。在我国,特别是风险群落中的投资人,通常基于各种目的,参与制定各种技术标准。分享与寄生者群落对技术标准的推广应用起至关重要作用,一些组织或个人积极地参与到标准制定。以上分析表明,技术标准的制定是每个群落的任务和使命,形成双栖现象。各个群落与技术标准的关系,维护着群落在生态系统中的地位或生态位,也联结着群落之间的关系。种群自身的强弱与种群间关系的强弱,是构成生态系统内种群关系结构的重要内容。种群自身强的,对技术标准制定和应用的作用必然强,则其他种群的作用必然相对降低。当政府制定的技术标准在生态系统内部的市场上起主导作用时,技术标准一定按政府意志发展;当商业成员企业制定的技术标准在生态系统内部起主导作用时,技术标准一定是按企业的意志发展。这种意志就是商业生态系统的内生驱动力的表现形式。在我国传统的计划经济时期,政府主导标准的制定和推广。随着我国社会主义市场经济制度不断发展,国家已明确企业要在技术创新和技术标准制定方面发挥主导作用。而在西方发达国家,技术水平高的企业标准主导着本国技术标准的发展方向,在生态系统中起主导作用。

3.4 水电工程技术标准商业生态系统服务功能分析

3.4.1 自然生态系统与商业生态系统功能比较

人类在与大自然共生过程中,关于自然生态系统功能的研究已有较多研究成果。关于生态系统服务的研究有一些代表性成果,比较常见的分类有功能分类(如调节、承载、栖息、信息服务等)、组织分类(如与某些物种相关的服务、与生物实体的组织相关的服务等)、描述分类(如可更新资源、不可更新资源、生物服务、生物地服务、信息服务、社会服务、文化服务等)等。而对功能分类的研究更集中,更加便于生态系统服务评价工作,对企业战略制定有指导意义①。表 3-5 对自然生态系统与商业生态系统的功能进行了比较。

表 3-5　自然生态系统与商业生态系统的功能比较

功能要素	自然生态系统	商业生态系统
生产力	指系统内初级生产者生产能量总和,系统总生产力、能量传递效率基本固定	指系统内组织创造的价值总和,知识和创新能够使生产力水平大幅度提高
系统生态容量	外部相对稳定,基本由内部决定。环境对容量产生较大影响	可以扩展,并由人的意志决定扩展速度和规模,政府、市场、环境对扩展起调节作用
系统价值维持能力	外部相对稳定,主要受人类活动影响,基本由内部决定	由外部、内部共同决定。人类的政治经济和文明行为对系统价值影响较大

3.4.2　水电工程技术标准商业生态系统服务功能分析

水电工程技术标准"走出去"前和后,其基本服务功能所表达的内容不会发生太多变化,但因其服务对象不同,各项服务功能作用发挥将发生重大变化,衡量各项功能的评价指标、评价侧重点也将发生重大变化。水电工程技术标准商业生态系统内部商业成员提供的价值,正是系统内部顾客的需求,被系统内的顾客所拥有。因此,系统的总价值是趋于"归零"的(但并不一定正好为零),也就是说"总和等于零"的结论是相对明确的。在经济学领域的研究已得出结论,当供给大于需求,也就是生产大于消费时,产生生产剩余,当供给小于需求时,产生消费剩余,生产不足。但最终通过价格调节作用,两者趋于均衡,并形成均衡供给、均衡需求、均衡价格。水电工程技术标准商业生态系统服务功能在生产力方面要同时达到至少两个目标,即生产与消费的均衡,同时,这种均衡是生产(供给)价值与消费(需求)价值的各自表述。对于水电工程技术标准商业生态系统来说,生产力价值应是商业生态系统中提供生产(供给)功能的基础商业成员所能提供的最大价值的总和。而这种最大价值在生态系统运行中,可能会以三种方式发挥出来。一是超出顾客需求,较大程度甚至最大程度地发挥出来;二是与顾客需求恰好等量地发挥出来;三是没能满足顾客需求的不充分价值体现。三种方式的价值效果对于顾客来说将有三种不同的效用。第一种情况是顾客满意或者不满意。满意或不满意,这两种情况都有可能发生。如果超额价值提供增加了顾客的其他投入,顾客往往是不满

---

① Lewin R. Complexity Life at the Edge of Chaos [M]. New York Macmilian Publishing Company, 1992.

意。也就是说,如果顾客要求的工程质量仅是合格,就能满足工程的正常功能,那么,提供高标准的优质质量,必然可以超出顾客需求效用的供给,如若需要顾客相应增加投入(如提高电价),那么消费者一定是不满意的。如果不增加顾客的投入(一般都不太可能出现这种局面),顾客或许能够接受超需求的服务。如果超过顾客需求的超供给量不大,通常可以通过顾客的需求效用弹性予以调节。比如,仅通过对电力电量收购侧的电价的微小调整,而不调整终端用户电价时。第二种情况是最佳情况。生产供给量与顾客需求量相等,达到供给与需求、生产与消费的均衡。第三种情况一定是顾客不满意。顾客没能达到需求目的,没有获得应得效用。比如工程质量不满足顾客要求的功能,甚至不能正常运行,提供的是不稳定的电力电量,那么,顾客(无论电力电量收购商,还是终端消费者)一定是不满意的。水电工程技术标准商业生态系统生产(供给)与消费(需求)的效用关系可用表 3-6 表示。

表 3-6　生态系统价值提供与顾客满意程度关系

	状态 1	状态 2	状态 3
生产提供的价值	超过顾客需求的价值提供	等于顾客需求的价值提供	小于顾客需求的价值提供
顾客效用表达	满意、或不满意	满意	不满意

对生态系统服务功能的分析若从初级生产者开始,其分析工作量是巨大的。在研究这一问题时,当把水电工程技术标准商业生态系统的初级生产者的定位或者研究的视角,逐步向高等层次上移,比如上升到二级和三级子群落层次,那么,生产系统的生产力价值衡量指标体系将可得到极大程度的简化。生态系统群落、一级子群落、二级子群落这三个层次,也正是研究水电工程技术标准商业生态系统"走出去"时应重点关注的生态群落或商业企业群体。

3.4.3　水电工程技术标准商业生态系统服务功能指标

采用层次分析法(AHP)可以将水电工程技术标准商业生态系统的服务功能按下列指标体系细分和进行研究。本研究采用层次分析法,将服务功能共分为四级指标体系,其中一级指标分解为 3 类,二级指标分解为 7 类,再继续分解三级和四级指标(详见表 3-7)。四级指标可继续细分,如勘察设计标准按技术专业的细分,勘察设计活动按技术专业的细分,建筑施工按技术专业的细分等。在对生产力和系统生态容量分析时,引进了穆尔商业生态系统理论的七维度(4P3S)分析方法。表 3-7 中还列举了相关研究对系统价值维持能力的有关研究。系统价值研究是一项很庞大的内容，限于篇幅不再对各项指标做进一步列析。

表 3-7　水电工程技术标准商业生态系统服务功能分析指标

生态功能指标 1	生态功能指标 2（或群落）	生态功能指标 3（或一级子群落）	生态功能指标 4（或二级子群落）
生产力	核心群落及其扩展	生产能力价值总和；顾客消费需求总和；能量传递过程	顾客、市场、产品或服务、过程、组织结构、风险承担者、社会环境七个维度（简称 4P3S）
生产力	风险承担者群落及其扩展	支持核心群落程度；服务生态系统的程度	电力价格；终端顾客电价承受力
生产力	政府管理者群落及其扩展	支持核心群落程度；与服务生态系统的程度	政策与法律；工作效率；工作效能
生产力	分享寄生群落	支持核心群落；与服务生态系统的程度	公众对水电支持程度；非政府组织 NGO；区域非政府组织；服务体系完善
系统生态容量	核心群落及其扩展	技术标准数量	设计标准数量；施工标准数量；机电标准数量；金结标准数量；安全标准数量；环境标准数量；验收标准数量……
系统生态容量	核心群落及其扩展	核心顾客	电力收购商业；主要电力终端用户
系统生态容量	核心群落及其扩展	核心商业	技术标准制定者及发布人；勘察设计企业；建筑施工企业；机电设备制造业；金属结构制造业；科技研究机构；技术审查监督企业……
系统生态容量	核心群落及其扩展	一级供应商	教育业与人才培养；二级设备生产；主要原材料生产供应
系统生态容量	风险承担者群落及其扩展	投资人；联合投资人；资产所有权人	资金提供（政府资金）；资金提供（银行资金）；资金担保人；工程质量安全担保人
系统生态容量	政府管理者群落及其扩展	政府机构；准政府组织	政府部门；授权行业协会；标准化管理机构；劳工工会组织
系统生态容量	分享寄生群落	各种服务机构	法律援助机构；咨询机构；技术标准销售企业；文本语言翻译企业；文件及图纸印制企业

生态功能 指标 1	生态功能指标 2 （或群落）	生态功能指标 3 （或一级子群落）	生态功能指标 4 （或二级子群落）
系统价值 维持能力	健康状况	健康状况	暂略
	团队	团队效能；协同进化；知识共享程度；信息沟通传递效率	暂略
	能力	核心企业绩效；竞争能力；反馈调节；稳定性；创新能力；价值创造能力；持续发展能力	暂略

　　如表 3-7 所示，水电工程技术标准商业生态系统"走出去"后，对于系统的功能，在关注生态系统整体功能发挥时，更加应予关注的是生态系统的二级子群落功能发挥，因为群落和一级子群落相对的是集群，而二级子群落相对的是技术标准专业集群和同类核心商业成员集群，这些集群才是"走出去"的过程中发挥具体和核心作用的成员，是实施"走出去"的主体。再细分到三级子群落，则细致程度更加明显，将极大地增加分析工作量，且不一定达到分析的目的和效果。建立水电工程技术标准商业生态系统的概念和理论体系，其重要作用和目的是既要发挥核心商业企业在"走出去"中的核心地位，又要形成系统和整体的思想。

第四章
水电工程技术标准"走出去"
商业生态系统适应性演化战略

4.1 基于商业生态系统的水电工程技术标准"走出去"适应性演化战略

4.1.1 商业生态系统适应性演化

生态学研究中,适应性(adaptation)是指生物通过遗传组成赋予某种生物的生存潜力。适应性决定物种在自然选择压力下的性能。适应性是生物体与环境表现相结合的现象,是某种生物通过长期的自然选择,是适应环境的应激性的结果。一些生物通过遗传将适应特征传给子代,一些生物通过对环境的应激性反应而适应环境。社会科学借鉴生物学的这一学术用语和逻辑,将适应性应用于相关研究,如提出社会适应性的概念,用来研究人与人之间的沟通,人对社会的适应等。本研究将水电工程技术标准商业生态系统适应性定义为商业生态系统为适应内外部环境,通过自组织能力,调整内部结构、内生驱动力和价值理念等,以保证生态系统的健康运行的过程和结果。与此相适应的是水电工程技术标准"走出去"的商业生态系统适应性是指我国水电工程技术标准"走出去"后的商业生态系统为适应国内国际两种环境,在系统内部通过调整内部结构、内生驱动力和价值理念而达到商业生态系统健康运行的过程和结果。水电工程技术标准"走出去",最主要的变化是国际市场环境和国际成员加入,外部成员加入生态系统必然引起内部结构和内部价值理念的变化,国际市场环境必然对生态系统提出新的要求,技术标准"走出去"必然要适应新的变化,做出适应性调整。

4.1.2　水电工程技术标准"走出去"适应性演化战略内涵

4.1.2.1　国际水电目标市场对技术标准的适应性要求

水能开发水电,是可再生能源中技术最成熟、应用最广泛、利用效率最高、经济效益最好的一种方式。水电工程技术标准市场规模取决于水电工程建设规模。由于统计和发布成果工作的滞后效应,还很难找到十分准确的国际水电市场的统计数值。世界能源理事会基本每 3 年汇总统计并发布一次世界水电资源开发报告,英国《国际水力发电与坝工建设》季刊也每年统计并发布一次世界水电开发情况。英国《国际水力发电与坝工建设》季刊出版的《水电地图集》调查统计了全球 157 个国家和地区的水电资源的理论蕴藏量、技术可开发量和经济可开发量数据,其调查结果见表 4-1。

表 4-1　全世界水电资源量(2000 年统计发布)

单位:发电量(万亿 kw·h)、比重(%)

分类及地区	理论蕴藏量发电量	技术可开发发电量	经济可开发发电量	经济可开发占技术可开发量比重
北美和中美洲	6.310	1.660	1.000	12.37
拉丁美洲	6.766	2.665	1.600	19.80
亚洲	19.400	6.800	3.600	44.54
大洋洲	0.600	0.270	0.107	1.32
欧洲	3.220	1.225	0.775	9.59
非洲	4.000	1.750	1.000	12.37
全世界总计		14.370	8.082	100.00
发达国家合计		4.810	2.510	31.10
发展中国家合计		9.560	5.570	68.90

注:本表按发电量统计了 157 个国家和地区。表中,独联体各国的水电资源分别计入亚洲和欧洲,俄罗斯的水能资源全部计入亚洲。上表中采用了中国 2005 年公布的全国水力资源复查成果的最新数据。

由表 4-1 可见,统计范围内的全世界水电资源理论蕴藏量共约为 40 万亿 kW·h,亚洲、非洲、拉丁美洲等发展中国家拥有的技术可开发量共计约 9.56 万亿 kW·h,经济可开发量共计约 5.57 万亿 kW·h,分别占世界总量的 66.5% 和 68.9%,可见世界可开发水电资源主要蕴藏在发展中国家。截止 2010 年底,全世界水电开发装机容量约为 9.37 亿 kW。据《世界能源统计回顾 2011》报告统计数据显示,2010

年,全世界水电发电量达 3.427 719 万亿 kW·h,比上年增长 5.3%。其中,中国的水电发电量占世界水电发电量总额的 21.0%,达到 7 210.20 亿 kW·h,同比增长 17.1%,居世界第一。从分区域来看,2010 年全世界水电发电量最高的是亚太地区,达到 1.088 801 万亿 kW·h,同比增长 13.9%,占世界份额的 31.8%。欧洲及欧亚地区水电仅次于亚太地区,2009 年发电量为 0.865 761 万亿 kW·h,同比增长 6.4%,占世界 25.3% 的份额。中南美地区 2009 年水电发电量为 0.694 695 万亿 kW·h,比上年下降 0.4%,占世界 20.3% 的份额。北美地区水电发电量居第四位,达到 0.662 628 万亿 kW·h,较上年下降 1.4%,占世界 19.3% 的份额。亚太、欧洲及欧亚、中南美、北美四个地区水电发电量份额达到 96.6%,非洲和中东地区仅占 3.4%,其中非洲发电量仅为 0.102 8 万亿 kW·h,仅占 3.0%,中东为 0.013 7 亿 kW·h,仅占 0.4%。2010 年全世界水电发电量约 3.427 719 亿 kW·h,占全世界经济可开发量的 42.41%。由此可见,全世界范围内的水电开发仍具有较大潜力,发达国家水电开发程度较高,而发展中国家水电开发程度较低,发展中国家的水电开发潜力更大。

2014 年 1 月,中国水力发电工程学会编辑出版了《水力发电实用手册》,《手册》更新了全球水电开发利用情况。数据显示,自 2010 年以来,全球水电开发取得进展,除欧洲和北美洲外,各大洲规划水电开发容量依然十分巨大。各大洲水电开发利用和规划建设情况见表 4-2。

表 4-2　各大洲水电开发和规划建设情况

洲名	理论蕴藏量 /亿 kWh	技术可 开发量 /亿 kWh	经济可 开发量 /亿 kWh	水电装 机容量 /万 kW	年发电量 (2011) /亿 kWh	在建装 机容量 /万 kW	规划装机容量 /万 kW	技术 开发度	经济 开发度
非洲	43 908.6	15 108.8	8 420.8	2 590.8	1 121.6	1 397.2	2 192~9 074.7	7.4%	13.3%
亚洲	197 171.4	80 075.6	46 887.5	44 419.4	13 909.0	11 079.4	14 931.0~30 089.0	17.4%	29.7%
澳洲	6 579.8	1 850.1	887.0	1 332.7	394.0	13.1	99.7~279.7	21.3%	44.4%
欧洲	31 290.9	11985.9	8 428.1	18 126.6	5 311.5	958.0	2 349.7~2 423.2	44.3%	63.0%
北美	76 001.1	19 198.3	10 558.9	14 033.9	6 815.0	855.2	2 698.2~5 285.9	35.5%	64.5%
南美	78 925.2	28 065.3	16 767.9	14 049.5	7 124.4	3 348.4	6 887.6~8 057.7	25.4%	42.5%
世界	433 877.0	156 283.9	91950.1	94 552.9	34 675.4	17 651.3	29 158.4~55 210.0	22.7%	38.6%

注:澳洲——含澳洲与大洋洲;北美——北美洲;南美——南美洲。

上述分析表明,国际水电市场发展潜力仍然十分巨大,其中发展中国家水电发展潜力更大,这为我国水电工程技术标准"走出去"提供了较好市场基础。西方主要发达国家水电开发程度已经较高,水电后续开发量较小。而亚洲、非洲中的广大发展中国家水电开发程度较低,一些资源丰富的国家,已开始将水电开发作为解决本国电力供应的有效措施。但广大发展中国家经济相对欠发达,技术水平相对较落后,多数国家也没有建立相对完善的系统的水电工程技术标准体系,甚至技术标准体系极度欠缺,必将引进他国或其他组织的技术标准体系服务于本国水电开发建设。根据有关研究报告(注:中国电建集团关于水电工程技术标准国际应用研究成果,2014),世界各国对中国水电工程技术标准进入本国水电市场所持态度分为以下四种。一是认同和许可中国水电工程技术标准,但执行中存在很多技术性障碍、交流性和法律性障碍。如东南亚大多数国家。二是认知、认同中国水电工程技术标准,但获得许可应用尚存在很多障碍。这在大多数发展中国家都会遇到。三是偏好西方发达国家技术标准体系,尚不许可中国水电工程技术标准。如部分非洲国家。四是本国技术标准发达完善,不需要他国标准。如西方发达国家。因此,研究我国水电工程技术标准"走出去",首先必须明确世界各国对我国水电工程技术标准进入本国市场所持态度,准确把握对水电技术标准的适应性要求,有的放矢,准确把握细分市场。

4.1.2.2　适应性演化战略的内涵

根据本研究提出和建立的水电工程技术标准商业生态系统和战略思路,水电工程技术标准"走出去"商业生态系统的适应性战略内涵包括:研究水电工程技术标准"走出去"商业生态系统的适应性影响因素,分析商业生态系统基本要素、价值导向、关键驱动因素等对商业生态系统适应性的影响;研究商业生态系统的适应性演化战略。适应性演化战略内容包括结构适应性演化、内生动力适应性演化和价值理念适应性演化。

(1)结构适应性演化战略

水电工程技术标准"走出去"的商业生态系统结构适应性演化战略是指,水电工程技术标准"走出去"的商业生态系统,为适应新的内外部环境,达到健康生长发育目的,而对其自身成员和群落结构内容进行调整的自组织性的谋划活动的总和。

(2)内生驱动力适应性演化战略

水电工程技术标准"走出去"的商业生态系统内生驱动力适应性演化战略是指,水电工程技术标准"走出去"的商业生态系统,为适应新的内外部环境,达到健康生长发育目的,而自组织性地调整内生驱动力的谋划活动的总和。

(3)价值理念适应性演化战略

水电工程技术标准"走出去"的商业生态系统价值理念适应性演化战略是指,水电工程技术标准"走出去"的商业生态系统,为适应新的内外部环境,达到健康生长发育目的,而重新审视生态系统的价值理念,并进行自组织性的必要的调整和补充的谋划活动的总和。

4.2 水电工程技术标准"走出去"适应性演化的影响因素

4.2.1 基本要素变化对适应性的影响

（1）国内战略环境与战略资源要素

水电工程技术标准"走出去"，国内有利的战略环境包括："走出去"战略是国家基本战略。国家战略层面支持水电工程技术标准"走出去"，支持水电产业"走出去"，并出台一系列鼓励支持的配套政策等。国内高度发育的水电市场，包括完善的水电工程技术标准体系和完善的建设管理体制机制；国内水电市场所培育的核心商业企业和延伸商业企业配套发展且技术水平较高；政府与公众对水电开发的支持，金融机构等在资金方面的对水电开发的支持，并形成支持水电开发的配套政策。国内有利的战略资源包括：政府为支持"走出去"不断制定和完善的政策；综合国力提升能够提供相对充足的资金支持；高度发达的教育培训系统对人才的培养；勘察设计科研服务机构的快速发展和能力提升；装备制造业的快速发展和能力提升；政府创造的与众多国家友好的经济、政治、外交关系等。

（2）国际战略环境和战略资源分析

国际环境分析通常包括一般环境分析和行业环境分析[1][2]。一般国际环境可从世界经济发展的一般规律去认识，包括世界贸易环境等。在研究企业战略环境时，一般环境分析通常又简称 PEST 分析，即政治与法律因素（Political factors）、经济因素（Economic factors）、社会与文化因素（Social and cultural factors）、技术因素（Technological factors）等。行业环境是对企业经营活动直接影响的外部环境，在研究水电工程技术标准"走出去"时，行业环境主要指全球范围内对电力需求的环境和水电市场开发环境。研究企业外部战略环境的方法多从产业组织、市场细分、竞争对手等方面分析，比较著名的分析方法是波特提出的五力模型。实施水电工程技术标准"走出去"战略，核心企业发挥重要作用，从企业角度分析国际环境是必要的。

但对于水电工程技术标准"走出去"的战略环境而言，最重要的战略环境是世

---

① Bourgeois L J. Strategy and Environment：A Conceptual Integration[J]. Academy of Management Review,1980(5):25-29.

② Dvir D. Segev E. Shenhar A. Technology's Varying Impact on the Success of Strategic Business Units within the Miles and Snow Typology[J]. Strategic Management Journal,1993(14):155-162.

界范围内水电开发对技术标准的需求量,技术标准的需求量是由未来水电开发的数量决定的。其次是致力于开发水电的国家对世界范围内技术标准的认同、掌握和许可,以及来自技术标准间的竞争。世界水电市场的战略资源主要内容包括水电资源量、一国或组织开发水电的能力、有关国际金融组织对某国或地区水电开发的支持程度、世界范围内大型水电装备设备的制造与生产供应能力等。从技术标准需求角度观察,战略资源还包括技术标准体系的数量、技术水平及完备程度等。对于水电工程技术标准"走出去"而言,既包括技术标准之间的合作与融合,也包括相关组织的合作或伙伴资源。合作或伙伴中掌握和熟悉中国水电工程技术标准的人力资源数量,即境外的中国化的国际人才和中国化的水电技术专家,将成为技术标准能否"走出去"的重要外部资源。

（3）商业成员要素分析

如前所述,商业成员包括水电工程技术标准体系和水电产业内的相关核心企业、水电投资人及其他主要风险承担者、国内外相关政府组织等。相关核心企业包括中外相关核心企业,主要是指项目可行性研究机构、规划设计商业成员、建筑施工商业成员、机电设备生产制造安装商业成员、科研机构等,水电投资人、金融及资金提供机构、担保机构等,与水电产业管理直接相关政府组织及授权机构等。将众多要素联结起来,是一种创造性的活动。有时需要打破既有体制机制,或消除旧的观念。在水电产业"走出去"活动领域,要特别注意消除单一的产业链观念,即要消除只关注上下游产业关系而不注重整个产业以及相关方利益的旧观念,消除只关注企业自身发展而不注重合作方利益的旧观念。水电工程技术标准"走出去"时商业成员要素变化最大、最明显。商业生态系统的成员,既包括"走出去"的中国成员,又更多地吸收加入了东道国的成员,也将新增加第三方成员,构成更加复杂的商业生态系统成员结构,新成员会对"走出去"技术标准商业生态系统的生存与发展发挥作用,对系统产生更加复杂多变的影响。

（4）技术标准要素

水电工程技术标准是商业生态系统的重要内容,水电工程技术标准"走出去"主要是指技术标准在水电建设中的应用,包括标准中隐含的技术和知识在工程实践中的物化。中国标准本身以标准文本的形式出现,技术与知识的传播以技术交流、技术认同和工程实践应用的形式体现。认知和许可呈现隐性与显性的结合。中国标准"走出去",要面对东道国不同的政治环境、文化环境和技术标准管理环境,面对与当地技术能力的融合和碰撞,面对人类的复杂的心理活动。技术标准本身的技术水平、知识水平、技术理念等,更直接地表现为市场选择时的活动目标和直接对象。

4.2.2　价值导向对适应性的影响

　　我国水电工程技术标准"走出去"，要形成具有中国特色的水电工程技术标准商业生态系统的价值理念，在国际水电产业领域形成一种观念，即只要谈到水电开发，首先想到"中国标准"。我国水电开发建设形成的一系列优良的价值理念，在"走出去"时加以发扬光大。研究"走出去"应更多地从两个层面探讨，一是从政府层面探讨中国政府制定和实施"走出去"的政策背景和理论依据，以及应采取的政策措施等；二是从企业角度，包括国有企业和非公有制企业两个方面，研究"走出去"的理论指导、战略措施、国际市场、实施方法等等。在研究企业"走出去"时，也时常从产业链角度进行研究，更加注重企业在产业链中与同类企业间的竞争、合作与发展，侧重从依靠企业自身发展和依靠市场的优胜劣汰的价值理念角度进行研究。水电产业"走出去"，若仅仅实现水电企业"走出去"，将永远处于市场的低端和末端，很难做大做强。水电产业"走出去"不仅需要密集型的劳务、资金与装备方面的硬实力，更需要"技术标准、理念、品牌"等方面的软实力。水电产业"走出去"应树立商业生态系统观念，实现商业生态系统"走出去"，并致力于建立"走出去"后新的商业生态系统。这个新的商业生态系统应以中国水电工程技术标准为核心而建立。水电工程技术标准"走出去"拓展、支持与服务水电建设，在新拓展的商业生态系统内部，应倡导"世界水电，中国标准"和"共商、共赢、共享、共建"的价值理念。主要内容是树立"把水电标准全面融入水电工程"的共同价值理念。具体包括树立"双向"互利共赢的价值理念；树立"双向"软硬实力结合的价值理念；致力于水电工程技术标准商业生态系统的建立、发展和完善；根据商业生态系统不同的发展阶段，采取不同的战略措施，以保障商业生态系统的生存与健康。顺应世界经济技术发展趋势，特别是能源需求与发展趋势，宣传中国水电工程技术标准，更应该在环保、低碳、减排、节能等多个方面有所作为。

4.2.3　关键驱动因素对适应性的影响

　　水电工程技术标准"走出去"后商业生态系统的建立，应适应国际水电市场的需求，其驱动因素将发生较大的变化，主要从"顾客、市场、产品、过程、组织、风险承担者、政府和社会"等7个方面，分析系统形成的关键驱动因素和子因素，并分析各关键因素在生态系统不同阶段的变化特征，根据阶段变化情况，研究关键驱动因素的变化，对关键驱动因素加强审视和管理。关键驱动因素，因时而变，因环境（含市场环境）而变，因发展阶段而有所调整。如前所述，在我国国内，政府政策和管制在商业生态系统形成中起到关键作用，而水电工程技术标准"走出去"后，在有些国家,政府政策和管制作用依然是关键因素,而在一些国家,市场机制的作用(包括技术能力和产品质量等)的作用将更加强大,诚信体制相对完备的市场中诚信机制的驱动力则相对较强。水电工程技术标准"走出去"后的商业生态系统的形成,应针对不同的国别,加强和发挥关键驱动因素的作用。各种因素共同作用,促进生态系统平衡发展。若能达到目标,应追求最简洁的方法。

4.3　水电工程技术标准"走出去"的结构适应性演化

4.3.1　商业生态系统成员拓展与群落重构变化

4.3.1.1　"走出去"后系统成员的拓展

（1）核心与扩展者群落成员的拓展

首先分析标准制定者成员的拓展。水电工程技术标准"走出去"过程中,制定者群落中的商业企业,一部分也参与或加入"走出去"的行列,是"走出去"的商业成员,这部分成员参与国际水电建设服务;一部分商业成员不加入"走出去"的行列,仍然留在国内。也就是说国内的标准制定者在"走出去"的技术标准商业生态系统中的数量将减少,甚至大量减少。而东道国的技术标准制定者,或将加入"走出去"后的商业生态系统,但其在系统中的作用不是制定者,而是审视者,其主要任务是审视技术标准与本国法律法规的适应性,判断水电工程技术标准是否满足本国水电工程项目建设功能、安全、质量等要求。其次是应用者群落的拓展。水电工程技术标准"走出去"后,应用者群落中必然增加东道国的商业企业及其他商业成员。商业成员的加入是生态系统发展的必然要求,也是生态系统能否持续发展的关键。商业成员加入的便利性和技术知识共享程度、获利程度,是影响和决定东道国商业成员是否加入的主要因素。在这一点上,对东道国商业成员的培训、教育等是必要的。水电工程技术标准"走出去"后,技术标准的应用者群落将增加国际商业成员,包括东道国成员和其他国家的成员(组织机构或个人)。其他非东道国成员多将以业主、业主的管理受托人或业主工程师的身份出现。

（2）政府与管制者群落成员的拓展

水电工程技术标准"走出去"后,中国政府的作用将发生调整。在国际水电市场中我国政府的角色将更多的是推广者和协调者,也可能是冲突或矛盾的解决者。我国政府对国际水电市场是不起管制作用的。项目东道国政府加入生态系统,并对技术标准的使用施加影响,发挥管制作用。这种管制作用主要是应用方面的,对于我国标准制定方面,东道国政府也不发挥管制作用。当"引进来"的技术标准与本国技术标准需求发生冲突或不一致时，东道国政府应对相关方提出的解决方案给出回应。东道国政府对"引进来"的技术标准的"许可采用"是水电工程技术标准"走出去"的关键因素。"许可"可能存在很多方式，包括对投资人的选择予以认可或批准同意；或者双边或多边经贸关系政策已经给予认同等。

（3）生态系统全球化分析

与传统典型商业生态系统的层次结构相比，水电工程技术标准商业生态系统带来了一种变化。传统商业生态系统中的标准制定者的位置是风险承担者群落，而在水电工程技术标准商业生态系统中移位到了核心商业群落中。这不仅仅是一种文字游戏，更是一种观念的变化。这也应了大家常常讲的一个概念，一流企业卖标准，二流企业卖技术，三流企业卖产品。水电工程技术标准商业生态系统的建立，带给我们的是一个全新的世界，是一个全新的视角，也将是一个全新的理论。在研究水电工程技术标准"走出去"的战略时，标准商业生态系统的作用与传统商业生态系统的作用相比，将更加突显出来。"走出去"的水电工程技术标准商业生态系统不断发育和成长，在全球各个水电市场形成烂漫世界，与国内水电市场相互呼应，形成全球水电工程技术标准商业生态系统。今天的"走出去"是为了世界水电市场未来的"请进来"，中国水电工程技术标准的全球化，将是最伟大的时刻。

4.3.1.2 "走出去"后群落内成员的重构

本研究认为，以中国水电工程技术标准为核心形成的商业生态系统，仍保持原有生态系统结构，即仍由四大群落组成，分别是政府及准政府组织群落、核心商业及拓展商业群落、投资及风险群落、分享及寄生组织群落，仍以水电工程技术标准为营养，维持生态系统的健康和发育演化。水电工程技术标准"走出去"，过程中以中国水电工程技术标准形成的商业生态系统的细部子系统及其结构将发生较大变化，我国"走出去"的商业成员在不同群落中形成子系统，境外商业成员也将在不同群落中形成子系统，子系统间相互交流、融合甚至竞争，共同形成生态系统的群落。核心商业生态系统的供应链及其变化最复杂，扩展商业中的供应商，及供应商的供应商子系统，将形成以东道国甚至世界供应的局面。研究发现，在商业生态系统的子系统中，除东道国的商业成员外，第三方成员在各群落中形成某种特定种群，该种群以掌握西方发达国家技术标准的组织或成员为主，成为两栖成员，在生态系统中发挥特殊的重要作用，成为生态系统内生动力的组成部分。这些商业成员，在水电工程建设过程中，以业主工程师或业主顾问的角色存在，在东道国政府的决策中，以技术顾问的角色存在，这些成员对中国水电工程技术标准的认知和认可程度，间接影响东道国商业成员的战略决策，影响东道国政府的管理政策。在商业生态系统主体结构不变的前提下,子系统的变化是十分复杂且重要的研究内容。

4.3.2　专业技术标准种群独立"走出去"的适应性

4.3.2.1　专业技术标准种群的划分

按生物学的形象比喻,基于商业生态理论,本研究就水电工程技术标准商业生态系统按"系统—群落—子种群……商业成员"逐步细分的方式,对系统的内部结构和内容进行了分析。实际上,对于以一国、一区域或者一个行业建立的大系统,还可以将商业生态系统内部划分为若干种群或子系统,根据种群或子系统的作用、影响力、对生态系统的贡献等,可将水电工程技术标准商业生态系统划分为:核心子种群、扩展子种群、延伸子种群。以一个种群为核心,能够形成一个相对完整和完善的小型的专业技术标准商业生态子系统称为专业标准种群。在我国"走出去"政策中,特别强调骨干企业"走出去"参与国际竞争。企业作为市场的主体,是"走出去"的主要力量。当前,大型国有企业和大型民营企业在"走出去"企业中的数量占绝对优势。水电工程技术标准商业生态系统中的核心商业成员,主要是水电行业的成员企业,包括服务于水电的勘察设计企业、水电工程建筑施工企业、水电设备生产制造和安装企业。这几类企业规模大,技术含量高,是水电工程技术标准的核心使用单位,这些企业通常会采用一批专业技术标准,形成种群或子系统。研究水电工程技术标准"走出去",一定要关注对核心种群或子系统及其"走出去"的研究。

水电工程技术标准商业生态系统的核心专业标准种群不是单一种群,而是一批核心子种群,这些核心专业标准种群在生态系统中的不同领域起着重要的相对独立的核心作用,最直接地决定生态系统的健康程度、生长发育程度、对外生存竞争力等。每一个核心专业标准种群包括若干核心技术标准体系、参与管理的政府和准政府组织、若干核心企业成员、大量的扩展企业成员、大量顾客以及其寄生和分享子种群得益的商业成员。基于专业标准种群可以形成独立的商业生态子系统,这种子系统能够有机地有序地运转和生存发育。水电工程技术标准商业生态系统的核心专业标准种群包括以下三个大型子种群,即勘察设计专业标准种群、建筑施工专业标准种群和机电设备专业标准种群。基于这些专业标准种群,将形成勘察设计技术标准商业生态子系统、建筑施工技术标准商业生态子系统、机电设备技术标准商业生态子系统等。进一步研究发现,子系统还包括金融服务子系统、原材料供应子系统等。本研究重点只对前三者进行必要的论述,具体子系统如图4-1所示。

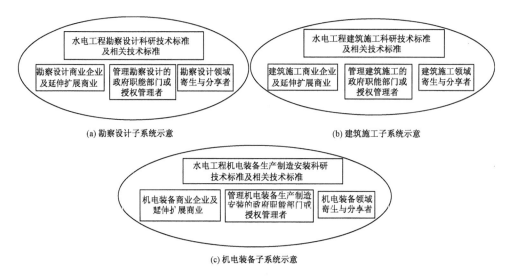

(a) 勘察设计子系统示意   (b) 建筑施工子系统示意

(c) 机电装备子系统示意

图 4-1 水电工程技术标准商业生态系统中勘察设计、建筑施工和机电装备子系统模型

4.3.2.2 勘察设计专业标准种群"走出去"

勘察设计专业标准种群包括勘察设计技术标准、勘察设计科研标准、众多勘察设计企业、众多设计科研单位、顾客、政府与准政府组织、勘察劳务服务提供企业、设计软件服务商、直接的法律服务机构、直接的出版印刷服务机构等要素。该子系统的主导企业是水电水利规划设计企业。勘察设计企业"走出去"主要从事技术服务，包括勘察设计、项目论证，现在又发展到工程总承包、项目管理、技术咨询服务等。勘察设计服务的主要特点是将中国水电工程技术标准和技术通过工程设计和服务咨询提供给工程建设需求方。勘察设计咨询企业"走出去"从设计龙头上更直接地体现了水电工程技术标准"走出去"中的知识与技术的输出。在大多数发展中国家，由于经济技术发展总体落后，本土的勘察设计商业企业相对不发育，组织机构不健全，技术水平相对不高，对外部技术标准的依赖程度更高。水电工程技术标准"走出去"后，要特别注意吸收当地勘察设计商业企业，这样更加有利于技术标准商业生态系统的扩展和发育。

4.3.2.3 建筑施工专业标准种群"走出去"

建筑施工专业标准种群包括建筑施工技术标准、工程建筑土木工程施工、大型机电设备制造与安装施工、大型金属结构制作与安装施工、大型生产性科技实验、材料检测检验、建筑材料生产加工、施工设备制造与提供、安全技术管理、施工环境技术管理、顾客、政府与准政府组织、施工劳务提供企业、金融服务机构、担保机构、法律服务机构、工程建设保险机构等要素。建筑施工子系统"走出去"的主要形式是工程建设施工,包括工程承包建设和劳务派遣。随着"走出去"力度的加大和技术水平的提升,开始实施更高层次的"走出去",包括对外投资、BOT 等等,成为我国水电产业"走出去"的主要力量。建筑施工企业"走出去"后,也将使用大量当地建筑施工企业和工程技术人员,形成联合体共同完成工程建设使命。在水电工程技术标准"走出去"的初级阶段,也将有少量的本土施工企业使用中国技术标准从事技术活动。

4.3.2.4　水电机电设备与金属结构专业技术标准种群"走出去"

水电机电设备与金属结构专业标准种群包括机电设备生产制造技术标准、金属结构制作技术标准,大型机电设备生产制造安装企业(如发电机及其附属设备)、大型金属结构生产制造安装企业(如水轮机及其附属设备、钢闸门)、大量辅助机电设备等的生产制造安装企业等,也包括为设备制造安装企业提供资金服务的金融机构、担保机构、保险机构、检验检测机构等要素。水电设备的集成是水电建设的关键技术之一。水电设备的成套出口是水电产业"走出去"的重要内容之一。我国水电设备制造水平与发达国家的水电设备制造水平相比,从设备质量和建造能力角度衡量,差距在不断缩小,但仍然处于相对落后的状态,市场占有率仍然很低,国际水电工程建设市场的设备供应仍以发达国家为主。近些年来我国水电机电成套设备出口有所增长,特别是在中小型水电设备出口方面增长较快,带动了水电工程技术标准"走出去"的步伐。我国机电设备方面的技术标准,已逐步向国际电工标准靠拢,多数技术标准已直接采用国际通用技术标准。但我国机电技术标准中,仍有大量自主发布的国家标准和行业标准。机电设备与金属结构工程技术标准"走出去",更多地要与国际电工技术标准等融合,要与东道国机电设备技术标准体系融合。在水电工程建设领域,我国的水电工程技术标准的机电类技术标准,已经较多地采用国际电工协会等的标准,技术标准"走出去"的主要内容时常更多地体现在建设施工安装等方面,这也是我国在劳动密集型方面产生的技术优势。

上述三大专业标准种群是水电工程技术标准商业生态系统中大型的和重要的子系统,在工程建设各个环节起决定作用,是当前推动我国水电工程技术标准"走出去"的骨干力量。

4.3.2.5　扩展与延伸专业标准种群的"走出去"

扩展专业标准种群是指与核心系统联系密切,存在直接上下游产业关系、间接管理关系等的商业机构,以及水电工程建设需要引用的相关技术标准子系统等。

延伸专业标准种群是指相对水电产业的核心专业种群,表现为通过与核心商业发生商业联系,通过供销产业链为水电工程技术标准商业系统提供服务的子系统,如钢材、水泥等原材料生产销售子系统等。扩展及延伸专业标准种群在水电工程商业生态系统内处于相对非核心位置，但并不是说其地位不重要。如水电站工程中混凝土建筑物的质量取决于水泥的质量，水泥的基础原材料是矿石，矿石的质量保证水泥的质量，而水泥质量和稳定性是水工建筑物最基础、最关键的要求。水电站建设中大量采用交通标准、环保标准、民用建筑标准等，这些子系统均在水电工程建设中发挥重要作用。随着我国经济实力的增强，向境外水电工程提供资金支持的能力不断增强，金融服务子系统在水电产业"走出去"及水电工程技术标准"走出去"中发挥着越来越重要的作用。金融服务机构在投放资金的决策中，对项目业主选择的技术标准要做全面评估，以规避资金投放风险。

4.4 水电工程技术标准"走出去"的内生驱动力适应性演化

商业生态系统的形成来自内生的驱动力。穆尔等研究认为，商业生态系统是自发性的组织，是商业成员自觉的行动，商业生态系统不是法律约束的组织实体。商业成员的自发和自觉行动是受利益驱动而追求的价值行动。商业生态系统通过不断的价值创造、价值分享过程，持续地吸引更多更强的支持驱动因素、辅助驱动因素来巩固和强化商业生态系统，支持生态系统发展。本研究为讨论水电工程技术标准"走出去"，基于经济学研究商品生产和商品供给的基本原理，从供方驱动力和需求方驱动力两个维度分析商业生态系统的内生驱动力。供方驱动力来自中国和中国"走出去"的群体，需求方驱动力来自水电工程技术标准需求国、需求国水电管理及建设者，以及东道国相关组织授权的第三方组织。

4.4.1 供给驱动力与需求驱动力及其适应性均衡

西方经济学界对商品生产和供给做了深入研究，提出了各种研究商品生产和商品供给的理论成果。本研究借助经济学关于商品生产和商品供给的基本原理和研究成果，简要分析水电工程技术标准"走出去"的供给和需求，研究水电工程技术标准"走出去"的市场供给和市场需求，以及供需平衡关系。经济学界考察商品生产和供给时，建立了商业供给量（或需求量）Q 与商品价格 P 的关系，在假设其他条件不变的情况下，供给定理证明某商品的供给量与其价格之间同方向变动，即 P 越大则 Q 越大，反之 P 下降则 Q 减少。需求定理证明需求与价格成反方向变化，即需求量随着价格的上升而减少，即 P 大则 Q 小，P 下降由 Q 增加。均衡价格原理证明一种商品的需求价格与供给价格在某个价格水平将达到均衡状态，这个价格水平称为均衡价格，与均衡价格水平对应的是均衡数量，即供给量与需求量相等。

借助上述基本原理,水电工程技术标准实现"走出去",既需要来自供方的供给推动,也需要来自需求方的需求引导。现做如下分析,商业生态系统之所以能够形成,缘自商业生态系统能够为其成员创造价值和提供收益。假设把商业生态系统提供的价值对于供、需双方而言用价值满意度(也可用供给方价值效用、需求方价值效用)表示(以下用 VP 表示),且用 VP 比喻商品价格 P;将供、需双方为商业生态系统形成提供的内生驱动力(以下用 W 表示)比喻为商品的数量 Q,则可建立如下概念。(1)商业生态系统提供给供给方的价值 VP_r 与供给方驱动力 W_r 成同方向变动,提供的价值越大,则供给方的满意度越高,供给方提供的内生驱动力将越强;反之,提供的价值越少,则供给方提供的内生驱动力越弱。(2)商业生态系统提供给需求方的价值 VP_s 与需求方驱动力 W_s 成反方向变动,即,价值越大,则需求方的价值满意度越高,需求方提供的内生驱动力越弱;反之,提供的价值越小,则需求方提供的内生驱动力越强。(3)在其他条件不变的情况下,供给方提供的内生驱动力 W_r 与需求方提供的内生驱动力 W_s,促进各自从商业生态系统获得的价值满意度达到一种期望的相对静止和平衡的状态,即供需双方均满意的状态,则形成价值满意度均衡状态或称价值效用均衡[①]。对于水电工程技术标准"走出去",这种价值满意度均衡状态(效用均衡状态),表现为技术标准提供方(中国)和技术标准需求方(外方)对于使用中国标准所获得的满意程度。借鉴经济学研究方法,本节用供给曲线、需求曲线和均衡分析曲线表示上述原理。参见图 4-2,商业生态系统价值效用均衡示意图如图 4-2 所示。

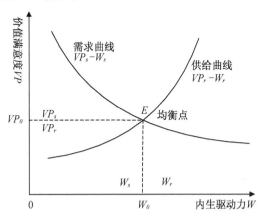

图 4-2　商业生态系统价值效用的适应性均衡

①　Marshall·Alfred 马歇尔·阿尔弗雷德[英](1842—1924),最先将物理学中的均衡概念引入经济学,用以指经济学中的对立、变动着的力量相互之间所处于的一种力量相当的相对静止的状态

图 4.2 中,VP_0 所对应的价值效用满意程度,表达了供需双方可接受的满意程度,即供给方对 VP_r 表示满意,需求方对 VP_x 表示满意,此时双方应享受的绝对价值并不一定相等。分析可知,随着商业生态系统的演化,供需双方的效用满意度也不断调整,双方从商业生态系统所获得的价值也是不断调整的。在商业生态系统从开拓到衰亡的全生命周期内,供给方所获得价值将经历从上升到顶峰,再从顶峰到下降的过程,而需求方获得的价值将持续经历不断上升的过程,而在商业生态系统的全生命周期内,双方的满意度均衡点在不断移动。在商业生态系统形成的初始阶段,供给方将提供强大的内生动力,虽然获益较小,但能够获得较高满意度,而在同期,需求方只提供较弱内生动力,虽然获益较小,也能获得较高的满意度,即双方都可能获得低价值的高效用满足;在领导权阶段,供给方将获得高价值的高效用满足,而需求方将获得价值不断增长的高效用满足。领导权阶段,也是双方满意度调整时期,领导权阶段后期,供给方所获得价值将下降,满意度将下降,内生驱动力减弱,而需求方内生驱动力不断增长,所获得价值持续增长,满意度持续提升。

4.4.2 供给驱动力要素及其适应性

本研究基于水电工程技术标准商业生态系统四大群落,即政府及准政府组织、风险投资人、核心商业群落及其扩展、分享与寄生群落,分析研究供给方驱动力要素和适应性。(1)供给方政府及准政府组织驱动力方面,从政治经济等多角度观察,一国政府对本国政治经济发展负有重要职责。政府驱动力可以来自多个方面和多种因素,基于水电工程技术标准"走出去"这一命题,本研究将政府在水电工程技术标准"走出去"的内生驱动力,归结到从政府对外经济援助角度进行观察。而准政府组织则更多地从对外服务角度观察。(2)供给方风险承担者的主体是水电工程的投资人及资金担保人等,在这个群落中投资人的作用和决策是前提。本研究中,将投资人的对外投资(FDI)作为水电工程技术标准"走出去"的内生驱动力要素进行观察。(3)供给方核心商业成员及其扩展者群落是企业"走出去"群体,是"走出去"的主要组成部分。从研究水电工程技术标准"走出去"这一命题出发,本研究将对外工程承包、对外设备出口以及对外技术服务等要素,作为观察水电工程技术标准"走出去"的内生驱动力。(4)供给方分享与寄生群落在生态系统中发挥重要作用,是商业生态系统的有机组成部分。本研究将对外技术服务、对外技术标准品牌推广作为主要观察要素进行分析。供给方驱动力要素及其适应性测量如表 4-3 所示。

表 4-3 供给方驱动力要素及其适应性测量

序号	群落	适应性测量要素	符号	适应性测量要素计量
1	政府及准政府组织	1. 对外经济援助 2. 对外技术服务	1. V_h 2. Me_1	1. 对外经济援助年度金额(元) 2. 对外技术服务质量(专家评判)
2	风险承担者	3. 对外直接投资	3. V_{FDI}	3. 对外直接投资金额(元)
3	核心商业及其扩展	4. 对外工程承包 5. 对外设备出口 6. 对外技术服务	4. V_c 5. V_m 6. Me_2	4. 对外工程承包年度金额(元) 5. 对外设备出口年度金额(元) 6. 对外技术服务质量(专家评判)
4	分享及寄生者	7. 对外技术服务 8. 对外技术标准品牌推广	7. Me_3 8. Me_4	7. 对外技术服务质量(专家评判) 8. 对外技术标准品牌推广(专家评判)

注(符号简写说明):1. V—Volume,M—Mark,h—help,e—expert,FDI—Foreign Direct Investment,F—Foreign,c—contract,m—equipment-machine;2. 表中用金额表示的数据可从我国商务部等有关部门、世界银行等国际组织发布的统计报告获得,专家评判部分需组织行业内权威专家进行评价。

4.4.3 需求驱动力要素及其适应性

水电工程技术标准商业生态系统的需求方也分为四大群落成员,即政府及准政府组织、风险投资人、核心商业群落及其扩展、分享与寄生群落。其在生态系统中的内生驱动力要素及其适应性分析如下。需求方政府及准政府组织驱动力方面,需求方政府驱动力可以同样来自多个方面和多种因素,基于水电工程技术标准"走出去"这一命题,本研究将外国政府接纳水电工程技术标准"走出去"的内生驱动力,归结到从政府接受我国对外经济援助角度进行观察,并比较我国对其经济援助金额占该国接受援助的比重。而准政府组织则更多地从协助政府接受对外援助观察。(1)需求方风险承担者的主体是东道国水电项目的投资人,东道国投资人作为出资方或控股或参股,与中方对外投资的投资人共同承担和拥有项目。在这个群落中,投资人的作用和决策是前提。本研究将东道国对中方投资人的对外投资(FDI)及自身参与水电项目的投资额,作为水电工程技术标准"走出去"的内生驱动力要素进行观察。(2)需求方核心商业成员及其扩展者群落是商业生态系统的重要群体,也是一个最复杂的群体,是商业生态系统本土化的主要群体。在大多数经济欠发达国家,其工程勘察设计、建筑施工、装备制造等核心商业的技术水平相对较低,拓展的延伸商业如原材料供应商等的技术水平差异较大。无论核心商业成员,还是拓展商业成员,在商业生态系统中将不断发展壮大,并在发展壮大的过程中,不断从商业生态系统中获得价值增值。从研究水电工程技术标准"走出去"这一命题出发，本研究将对外工程承包、对外设备出口的本土化水平作为主要要素，观察水电工程技术标准"走出去"的内生驱动力。（3）需求方分享与寄生群落是生态系统中必不可少的部分，是商业生态系统发育发展的主要辅助因素，在水电工程技术标准"走出去"的过程中，对中国标准化和理念的接受程度、认知程度，会对社会公众起重要影响作用。本研究将接受中国标准并学习的能力和接受中国技术标准品牌愿望（消费偏好）作为主要观察要素进行分析。需求方驱动力测量要素及其测量如表4-4所示。

表 4-4 需求方驱动力要素及其适应性测量

序号	群落	适应性测量要素	符号	适应性测量要素计量
1	政府及准政府组织	1. 对外经济援助 2. 对外技术服务	1. FV_h 2. FMe_1	1. 接受中国经济援助占比（%） 2. 协助接受经援（专家评判）
2	风险承担者	3. 对外直接投资	3. FV_{FDI}	3. 在中国 FDI 中的参股投资额（元）
3	核心商业及其扩展	4. 对外工程承包 5. 对外设备出口 6. 对外技术服务	4. FVc 5. FVm 6. FMe_2	4. 在中国承包工程中的本土化比例，（按年度金额计算，元） 5. 本土化配套设备金额（元） 6. 接受技术服务的能力（专家评判）
4	分享及寄生者	7. 对外技术服务 8. 对外技术标准品牌推广	7. FMe_3 8. FMe_4	7. 接受技术标准学习能力（专家评判） 8. 技术标准品牌偏好（专家评判）

注：1. 表中用金额表示的数据可从国家有关部门和世界银行等国际组织发布的统计报告获得；2 专家评判部分需组织行业内权威专家进行评价。

4.4.4 需求满意度与供给满意度的适应性

西方经济学家认为，效用是对欲望的满足。欲望是人的一种心理活动，是人的主观愿望，于是很难找到一种客观标准来定量描述。西方经济学在研究需求效用时，基于基数效用论（英国经济学家，阿瑟·塞西尔·庇古，1877—1959），从分析单一商品增加供给的总效用角度出发，提出边际效用概念和边际效用递减规律。基于序数效用论（意大利经济学家，维尔费里多·帕累托，1848—1923），从分析两种以上不同数量的商品组合供给的角度出发，提出商品数量的不同组合能够给消费者带来同样的总效用，提出无差异曲线，并证明了边际替代率递减规律。可以得出，在外部条件不变的情况下，总效用表现为消费者将全部收入用于购买各商品的价格与购买量的乘积和。即

$$E_s = M_s = \sum_{i=1}^{n} [P_i \cdot Q_i] \qquad \text{（式 4-1）}$$

E_s、M_s 分别表示效用满意度和全部收入用于消费支出的满意度，P_i 表示某种

商品的价格,Q_i 表示购买某种商品的数量。(注:E—effectiveness,S—satisfaction)利用上式,假设 P 为商业生态系统提供给商业成员的价值,或需求方所支付的价格,Q 为供给方驱动力或需求方驱动力,或为技术标准使用数量的量化表达,则能够进一步深入分析在不同驱动力条件下,供给方和需求方所获得的效用满意度。在其他条件不变前提下,需求方总满意度 E_{SS} 可用需求方接受"走出去"的水电工程技术标准所支付的全部代价来表示。

同理,在其他条件不变前提下,供给方总满意度 E_{SD} 可用供给方为推动水电工程技术标准"走出去"所支付的全部代价来表示。这样,式 4-1 演变为矩阵表达式 4-2 和 4-3。

$$E_{ss} = \left\{ \begin{bmatrix} a_{11}, a_{12} \dots, a_{1n} \\ a_{21}, a_{22} \dots, a_{2n} \\ a_{31}, a_{32} \dots, a_{3n} \\ a_{41}, a_{42} \dots, a_{4n} \end{bmatrix}, \begin{bmatrix} b_{11}, b_{12} \dots, b_{1n} \\ b_{21}, b_{22} \dots, b_{2n} \\ b_{31}, b_{32} \dots, b_{3n} \\ b_{41}, b_{42} \dots, b_{4n} \end{bmatrix} \right\} \qquad \text{(式 4-2)}$$

$$E_{xd} = \left\{ \begin{bmatrix} x_{11}, x_{12} \dots, a_{1m} \\ x_{21}, x_{22} \dots, a_{2m} \\ x_{31}, x_{32} \dots, a_{3m} \\ x_{41}, x_{42} \dots, a_{4m} \end{bmatrix}, \begin{bmatrix} y_{11}, y_{12} \dots, y_{1n} \\ y_{21}, y_{22} \dots, y_{2n} \\ y_{31}, y_{32} \dots, y_{3n} \\ y_{41}, y_{42} \dots, y_{4n} \end{bmatrix} \right\} \qquad \text{(式 4-3)}$$

E_{ss}、E_{xd} 分别表示需求方总效用、供给方总效用;a_{ij}、b_{ij} 分别表示需求方 4 大群落的各驱动力要素和各驱动力要素对应创造的需求方价值满意度;x_{ij}、y_{ij} 分别表示供给方 4 大群落的各驱动力要素和各驱动力要素对应创造的供给方价值满意度。上式中,4 大群落的驱动力要素存在不等量情况,故各行的 n 或 m 可能并不相等,为使各矩阵标准化,不齐全的要素用"0"填充补齐。在本次的研究分析中,未对水电工程技术标准商业生态系统供给方效用和需求方效用做深入的数值分析。

4.4.5 我国援非工程内生驱动力适应性演化案例分析

长期以来,为支持非洲经济,中国对非洲经济援助持续开展,不仅改善了中国与非洲国家之间的政治关系,也极大地促进了非洲经济的发展,随着经济全球化进程的推进,中国对非洲经济援助,已从单独的经济援助,向经济援助、技术援助和对非投资多元方式发展,从单一商品贸易,转变为工程承包、劳务合作、勘察设计咨询、合资合营、援建生产经营项目、援建基础设施、财政贴息设立中资公司等,涉及领域包括农业及农产品开发、基础设施、资源开发等传统领域,也包括电信、医药、金融、信息、新能源开发利用等多个新兴领域,推动中国技术、装备、标准和服务走进非洲,也积极引导着中国企业向投资运营一体化模式转型,增强项目的"造血"功能,减轻项目国政府的财务压力(注:首届中国—非洲经贸博览会,国务院新闻办公室发布会及答记者问,2019年6月,湖南)。表4-5为近10多年来中国对非投资金额情况。至2018年底,中国在非洲设立各类企业超过3 700家,中国对非洲直接投资存量超过460亿美元,2018年中非贸易额达到2 042亿美元。

表4-5 1996—2009年中国对非直接投资额

(单位:百万美元)

年份	1996	1997	1998	1999	2000	2001	2002	2003	2004
金额	56	82	88	65	216	67	63	75	317
年份	2005	2006	2007	2008	2009	2010	2016	2017	
金额	392	520	1 574	5 491	1 439	2 110	3 300	3 100	

注:2009年以前数据参考于立新等著《互利共赢开放战略理论与政策——中国外向型经济可持续发展研究》,2010年以后数据根据商务部网站数据整理补充。

上述各年度的投资额,可假定为作为供给方的中国政府群落和投资者群落所获得的总效用,作为供给方的中方,内生驱动力可分别表示为商品贸易投资、基础设施援助投资、资源开发投资、金融合作投资、新能源开发合作投资、电信投资、财务贴息等。限于研究深度,本研究未对上述投资额进行统计和分析,也未能统计出与水电工程技术标准"走出去"相关的水利水电工程开发建设的投资金额。同期,上述投资行为发生在不同的非洲国家(可参见商务部发布的年度报告),对接受投资的国家而言,上述投资行为支持了受援国的经济发展、技术进步和社会发展,产生需求正效用,使需求方获得价值,需求方对中方投资的满意度,可代表需求满意度。由于中国对非投资长期处于较高水平,在非洲的经济建设中发挥着重要作用,大多数非洲国家对于中国投资支持的水电项目,许可采用中国标准进行水电站开发建设,为中国水电工程技术标准逐步渗透非洲水电市场提供了较优的内外部环境,也逐步强化了中国标准在非洲水电市场的适应性,使得中国水电标准在非洲水电市场占有一席之地,水电企业能够承担越来越多的水电项目,同时为进一步深入地"走出去"创造了较好的适应性基础。

4.5 水电工程技术标准"走出去"的价值理念适应性演化

4.5.1 价值理念的国别差异

如前所述,世界各国为开发水电,服务本国经济建设,均需依赖一定的技术标准进行开发活动。但围绕水电工程技术的商业生态系统价值理念存在国别差异。西方发达国家是较早开发利用水能资源进行发电的国家,初期水电开发的大多数项目仅仅围绕单一目标即提供电力为价值理念,以保证工程发电功能为前提实现工程建设。而随着社会经济的发展,水电建设与水资源利用、工程功能与工程安全、水电建设与环境保护、水电建设与移民安置、工程建设与生态和谐、以人为本等价值理念在西方水电开发建设中逐步发展和建立起来。我国水电开发建设同样经历了与西方发达国家水电开发类似的道路和价值理念的发展过程。早期的水电开发追求电力的供给,后来,在一大批高坝大库水电工程的建设中,追求发电、防洪、供水、灌溉、养殖、旅游等综合利用效益。近年来,我国水电开发更加重视环境保护,更加重视移民安置,更加重视生态和谐,提出在充分做好移民安置和环境保护的前提下有序开发水电的方针。在水电开发的具体实践中,在水电规划阶段,更加重视国民经济和社会发展规划与水电规划的协调,更加重视水电规划与水资源综合利用的协调,更加重视水电规划与道路、国土、林业、农业、电力等专业规划之间的协调,也更加重视电力结构的协调。在具体的专业技术领域,也更加重视设计理念和建设施工理念的提升,如在工程建设方面更加重视安全设计、环保设计、水保设计等设计理念,更加重视技术经济指标和确保技术经济可行;在建设施工方面,更加重视安全生产、文明生产和职业健康等。在上述各类理念的指导下,我国水电不断完善技术标准体系,不断提高技术标准水平,依靠技术标准实现工程功能和实现友好开发水电的生态目标和以人为本目标。本研究将中国水电工程技术标准商业生态系统的价值理念总结为"把技术标准融入水电工程"和"中国水电,中国标准",也即开发水电必须有完备的技术标准体系作为支撑,充分严格执行已制定的技术标准,必须结合工程特点充分论证技术要求,也必须结合技术进步不断提升技术标准的技术水平。"中国水电"的开发建设,要充分依靠"中国标准"。本研究在我国水电"走出去"的实践中发现,发展中国家对于本国水电开发也存在着明显的价值理念方面的差异。一些中等发达国家采取了借鉴发达国家技术标准与依托本国技术标准双轨制的技术理念。多数不发达国家对西方国家技术标准存在明显的消费偏好,特别是曾经被殖民过的有关国家对殖民国的技术标准更易接受。初步分析发现,这些消费偏好和价值选择,来自三个方面的原因,一是因殖民而延续的语言环境和文化环境,被殖民国技术人员在语言和文化交流方面,仍然认同前殖民国语言和文化,甚至将前殖民国语言定为官方语言,这为其技术交流提供了较好的便利条件;二是西方发达国家的整体技术水平仍处于世界前列,对技术不发达的发展中国家有较强的吸引力;三是发达国家的国家发展战略中依然重视发展中国家的市场,持续加大本国商业生态系统在境外发展的支持力度,仍然具有较强的市场竞争力。为发展本国经济和维护社会稳定,一些发展中国家结合本国国情,提出了对于引进技术标准的各类需求和要求,追求本国价值提升。一些国家在一些项目中因更期望得到资金支持和援助而放宽技术标准的限制性要求,以实现项目成功为最大价值理念。而在另一些国家或项目中,会追求项目建设与技术引进同步实现的价值理念。

4.5.2 "走出去"后价值理念的适应性调整

水电工程技术标准"走出去",是技术标准"走出去"的活动,也是商业成员"走出去"的活动,更是价值理念"走出去"的活动。中国水电工程技术标准及商业生态系统依托中国水电建设发展的土壤而形成,价值理念依托中国水电开发而形成。水电工程技术标准"走出去"的商业生态系统的价值理念应适应不同国家的价值需求。为此本研究提出,作适应性调整的新价值理念,即"世界水电,中国标准"和"共商、共赢、共享、共建"的理念。

(1) 中国标准面对世界水电开发技术要求的适应调整

在很多领域,中国水电技术标准的水平已经处于世界前列。在前面的分析中可以发现,我国已经建成和正在建设的一大批水电工程项目,其工程规模和技术要求都代表着当前世界水电发展的水平,与此相适应的是技术标准本身的完备和技术水平的提高。同时,水电建设的水平不仅体现在技术标准的水平上,也体现在商业生态系统的发育和完善程度上。我国政府管理水电建设的水平处于较优水平,在水电工程勘察设计、建筑施工、装备制造、原材料供应、科学研究与技术创新能力等方面,均形成体系完备、技术水平较高的队伍,中国标准和中国标准商业生态系统能够全方面服务世界水电市场,并能保证服务质量和服务水平,适应和满足世界水电市场的需求。但是,满足不等于应用。世界水电市场的要求复杂多变,水电工程技术标准"走出去",商业生态系统的价值理念必须结合不同的市场需求,提供最优最大程度的服务效果和需求满足度,增强适应性。

(2) 中国标准面对需求国实现技术进步要求的适应性调整

中国水电工程技术标准在很多领域具有先进性,且本身的体系相对完备。一些国家在开发本国水电的同时,期望同期促进本国水电工程技术标准的进步。过去,我国在"走出去"的实践中对此问题的重视程度是不够的,出于技术保密等各种目的,我国标准长期处于仅用中文文本的状态,没有外文版本可供技术交流,更没有建立技术标准共享平台。在水电"走出去"的实践中发现,一些发展中国家更期望通过水电开发学习中国水电开发技术,学习中国水电技术标准,借鉴中国水电开发经验。因此,研究水电工程技术标准"走出去"的适应性,应更加支持中国标准在

"走出去"的实践中,增强标准自信,支持和满足需求国技术进步的要求,这样能够进一步增强我国"走出去"技术标准商业生态系统的适应性,也将更加增强我国企业在世界水电市场的竞争力。

（3）中国标准生态系统与本土生态系统协同演化的适应性调整

在很长时间内,我国企业"走出去"后的本土化运作处于不健康状态。有些时候出于技术保密不愿向本土企业提供技术知识,有些时候出于经营目的不愿提供技术帮助,担心培养竞争对手。但在实践中我们越来越认识到,本土化不仅有利于需求国的技术进步,更有利于实现互利共赢,有利于我国企业"走出去"和技术标准"走出去"。"走出去"技术标准的本土化,通过搭建技术、知识和利益共享平台,将更加有利于"走出去"商业生态系统与东道国原有商业生态系统的协同演化,更加有利于对中国水电工程技术标准的认可和认知,更加有利于推广"把技术标准融入水电工程""世界水电,中国标准""共商、共赢、共享、共建"的价值理念。

第五章
水电工程技术标准"走出去"
商业生态系统成长性演化战略

5.1 基于商业生态系统的水电工程技术标准"走出去"成长性演化战略

5.1.1 商业生态系统成长性演化及国内成长演化阶段

(1) 商业生态系统成长性演化

在生态学研究领域,成长是指生物生长从发育到死亡的过程。在经济学研究领域,成长性是指具有经济增长的潜力。在企业发展研究中成长性通常用来研究企业具有的发展潜力,并更多地关注企业向不断增加规模和盈利能力的正方向变动,并通过量化有关技术经济指标分析企业的成长性。在股市研究中,有的经济学家将发展前景好的企业定义为"高成长性企业"。组织生态学侧重研究组织的设立、竞争性、合法性和成长性等。本研究对商业生态系统的成长性做如下定义,即商业生态系统为保证在变化的内外部环境中得以生存和发展,通过选择不同程度的变革(如结构变化),以期继续保持或提高系统价值。成长性战略通俗地讲,也即变化的方案的选择。商业生态系统的成长性演化是指商业生态系统的不断发展和变化过程。商业生态系统遵循不断生长发育的生态规律。穆尔在其著作《竞争的衰亡》中分析的典型商业生态系统,一般经历开拓阶段、拓展阶段、领导权阶段、更新或死亡阶段四个成长发展阶段,表现为周期性的、成长性的发展规律(参见第2章所示附图2-7)。

对商业生态系统的研究中,很多学者专家对商业生态系统的协同进化和系统间竞争进行了研究。穆尔(1993)主张商业生态系统协同进化发展。Merry[1] 将协同进化定义为,当一个系统适合度的变化,改变其他系统的适合度时,系统之间的相互依存度。协同进化发生在系统内部时,是系统内成员的相互依存度。Pelton M(2006)进一步研究了商业生态系统协同进化的三种类型:互惠型、竞争型和剥削型。互惠型表现为商业成员向同方向发展,如价格诚信联盟;竞争型表现为一组商业成员力争形成对另一组商业成员的竞争优势,如价格战争和技术竞争;剥削型表现为一种群利益对另一种群的更大效率的占有。穆尔的研究更加关注商业生态系统间的竞争,主张一个商业生态系统持续保持对另一个商业生态系统的竞争优势,并通过星光公司的成长做了案例比喻。马克[2]研究提出了商业成员应采取的三种竞争战略类型。宋阳(2009)在研究中小企业成长机制时,基于商业生态系统理论、Logistic 模型和基于商业成员的共生机制特点,从假设企业成长遵守 Logistic 方程所表达的规律出发,研究了两企业从原始协作出发到共生发展,并进一步探讨了两企业的共生程度、共生平衡点和共生稳定性,以及共生伙伴关系的博弈。水电工程技术标准商业生态系统具有阶段性发展特征,陈兰荪等[3]关于"阶段结构种群生物模型与研究"的研究成果,对于研究水电工程技术标准商业生态系统具有很好的指导作用。本研究在借鉴上述研究成果的基础上,探讨水电工程技术标准商业生态系统间的竞争和成长。

(2)国内水电工程技术标准成长性演化阶段

在我国水电工程技术标准体系的建立和发展过程中,标准体系不断完备,技术水平提升。商业企业成员,特别是教育科研、勘察设计、建筑施工、设备制造安装等,均在水电开发建设中得到发展和提升,政府管理不断完善和规范,产业内的相关机构不断健全和优化,核心商业成员的作用突显,拓展商业成员和延伸商业成员配套发展,技术标准商业生态系统的发展规律,符合典型的商业生态系统发展规律。从大禹治水开始计算,兴修水利,消除水害,我国的治水兴水历史已经有几千年了。然而,我国的水电建设发展始于积贫积弱的二十世纪初期,至中华人民共和国成立时,水电建设的装机容量仅几十万千瓦。新中国成立后,我国的水电事业逐渐发展起来,经历了学习苏联技术,自力更生提升能力,加大开发力度,伴随改革开放加速发展,进入世界先进水平。我国水电工程技术标准商业

①　Merry U. Organizational Strategy on Different Landscapes A new Science Approach [J]. System Practise and Action Research , 1999. 12(3).

②　McGrath. R G. MacMillan IC. Market Busting: Strategic for Exceptional Business Growth[J]. Harvard Business Review,2005. 82(3).

③　刘胜强，陈兰荪. 生物数学丛书:阶段结构种群生物模型与研究[M]. 北京:科学出版社,2010(7).

生态系统具有明显的发展阶段特征。基于商业生态系统理论观点,经对我国水电发展历史进行考察研究,本研究将我国水电工程技术标准商业生态系统分为以下四个发育阶段。① 开拓阶段:中华人民共和国成立到改革开放初期(1949—1977 年),此期间完成一大批大中小型工程建设。② 拓展阶段:改革开放到社会主义市场经济体制基本建立和电力体制市场化改革(1978—1998 年),此期间一大批大中型水电站建设投产。③ 领导权阶段:深化电力体制改革,市场活力释放(1999—2012 年),此时期间一批世界先进水平水电站建设投产。④ 更新提高阶段:更大程度的对外开放政策,支持向更先进水电技术水平迈进和加大"走出去"力度(2013 年开始—)。经分析,我国水电工程技术标准商业生态系统的发育演化阶段如图 5-1 所示。

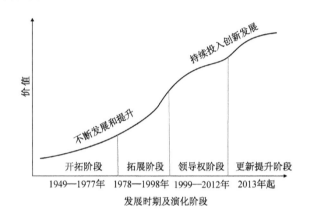

图 5-1　我国水电工程技术标准商业生态系统发展阶段及成长性演化

　　图中曲线曲率能够形象反映水电工程技术标准的发展提升速度,反映商业生态系统的发展速度,这一速度与水电发展速度相适应(参见前文关于我国水电工程建设装机容量和发电量发展情况论述部分的内容)。曲率越大,反映水电发展速度越快,技术标准发展速度越快,技术标准商业生态系统发育速度快;反之,曲率越小,反映水电建设发展速度较慢,技术标准发展速度较慢,技术标准商业生态系统发育速度慢。从总体上判断,我国水电工程技术标准商业生态系统在国内的发育状况处于领导权阶段,并仍处于进一步发展提升和优化完善时期,支撑和服务着我国水电开发的需求。领导权阶段的显著特征是商业生态系统已经相对完善,技术标准体系完备,核心商业成员在系统中处于领导权地位,系统的顾客对技术标准深入了解,市场相对成熟和发育,产品与服务适应工程功能目标需求,水电行业全过程规范运行,系统内的商业成员规模、数量、组织结构发育健全,包括投资人在内的风险承担者支持采用中国水电工程技术标准并支持其发展,政府及相关组织致力于技术标准水平的提高和加强对水电发展的支持,也就是说,水电工程技术标准商业生态系统的要素完整,已经形成相对稳定的驱动力和相对稳定的价值结构及理念。所有这些也是水电工程技术标准"走出去"的基础和前提。

(3) 水电工程技术标准"走出去"商业生态系统演化阶段及前景

正如前文所述,我国水电产业"走出去"是伴随着国家间经济活动而产生的。我国在较长时期内,带着技术、人力、资金、设备,对发展中国家开展经济援助活动,水电产业的援助也不例外。在开展水电援助活动中,我国同时采用水电工程技术标准开展技术工作。援外工作成为我国水电工程技术标准"走出去"的雏形并逐渐形成基本形式,也使得我国水电工程技术标准在国际水电市场的应用得以起步。经济全球化和我国"走出去"战略的推动,促进了管理转型,加速了水电产业"走出去"的步伐,也加速了水电工程技术标准"走出去"的需求。我国水电产业"走出去"已经超越对发展中国家的经济援助范畴,迈入更宽阔的市场。在发达国家水电工程技术标准占主导地位的水电市场,我国水电产业艰难地拓展与发展,在市场中占有了一席之地,水电工程技术标准也得以更多地应用。基于前面的分析,水电工程技术标准"走出去"后,系统的群落结构不发生大的变化,仍为四大群落,但群落内的商业成员将大量调整和发生增减变化。商业生态系统的生存环境发生变化,同时与竞争性生态系统的竞争将更加直接和激烈,与战略伙伴的合作将日益成为生态系统生存和发展的必要。水电工程技术标准"走出去"是一个漫长的过程,在这个漫长的过程中,不论人们是否重视商业生态系统的存在,是否以商业生态系统的观点去观察,生态系统的存在性是必然的、是客观的,并且按照商业生态系统的一般规律进行演化。

发展演化现状分析。通过对我国水电企业在相关国家从事水电建设事业的实践调查分析,可对水电工程技术标准"走出去"后生态系统发育现状进行分析评价,并进而分析系统内核心企业的绩效。[①] ①我国水电工程技术标准在一些国家的水电项目中已经得到应用,并且应用过程中以"走出去"的中国成员企业为主,东道国本土商业企业和相关成员已了解中国标准,水电工程技术标准商业生态系统初步得到拓展。②以我国技术标准为核心内容的商业生态系统发展成长程度,在世界水电市场中存在明显国别差异。在一些发展中国家,我国水电工程技术标准已经获得一些应用,且不断扩大市场占有率;在世界水电工程技术标准体系丛林中,我国水电工程技术标准的国际地位日益提升,得到一定范围的认同;但在发达国家水电市场的占有情况仍处于几近空白状态。③以我国水电工程技术标准的采用情况

---

① 赵湘莲,王娜. 商业生态系统核心企业绩效评价指标体系研究[J]. 生态经济,2008 (4): 48-50.

来衡量，市场占有率仍然较低。尽管我国水电企业在国际水电市场，特别是发展中国家的水电市场的占有率已相当可观，但采用西方发达国家技术标准仍是市场的主流选择。本研究认为，我国水电工程技术标准商业生态系统在国际水电市场总体上处于成长发育初期状态。

发展演化前景分析。由于世界水电仍有很大的发展空间，水电开发仍然处于大规模开发时期，我国水电工程技术标准"走出去"后的商业生态系统仍有较多的发展机会，并有快速发展的较好条件。水电工程技术标准"走出去"后，商业生态系统将有条件按照典型商业生态系统的发展规律发展。战略管理的使命是力争缩短开拓阶段，尽快进入领导权阶段。世界水电市场的基本发展规律是，发达国家的水电开发程度已经较高，经济可开发的水电资源基本得到充分利用，后续开发项目越来越少，开发条件复杂、技术难度高的水电工程数量更少，工程建设的挑战性相应降低，当前拥有的技术标准基本能够满足本国开发水电的需要。与之相适应的是，多数西方发达国家的水电开发建设管理队伍不断萎缩，勘察设计队伍规模萎缩，甚至不完整，建设施工队伍多数转移到其他产业，由工程建设推动的技术标准创新动力不足，新技术标准更新放慢，与当前新材料、新工艺、新方法、新设备结合的水电工程技术标准创新难有大作为，已经表现出在一些市场上的竞争力下降的趋势。与之相反，中国水电建设的发展仍处于高峰期，技术标准不断更新和提高，并逐步代表世界先进水平。中国水电建设能保持完整的商业组织结构，科研工作团队完整，勘察设计团队完整，建筑施工团队完整，设备制造水平不断提高，配套产业高度发达，通过工程建设实践，不断进行科技攻关，攻克和解决新的技术问题，并进而转化为新的更高水平的技术标准。中国水电工程技术标准的比较优势已经形成。世界水电发展对技术标准的需求，并没有因发达国家对技术标准需求的降低而降低。大多数发展中国家，特别是水电资源丰富的发展中国家，如在亚洲、非洲中的发展中国家，对技术标准的需求方兴未艾，对工程建设的技术、材料、设备、服务的需求正不断增多，给世界水电市场注入了更加强盛的活力，给中国水电工程技术标准"走出去"带来了更多机会，创造了更多条件。中国水电建设的成就向全世界证明了中国水电工程技术标准的水平。我国在世界水电建设市场，越来越多地推广使用中国水电工程技术标准，并逐步得到认可。尽管当前水电工程技术标准的使用更多地出现在中国商业企业承担全部或部分承担工程建设的水电项目中，但越来越多的项目使用，越来越高的使用率，已经初步证明中国水电工程技术标准"走出去"是可能的，在世界范围内的应用也将有更大的空间，商业生态系统可以向更加成熟、更加高级的阶段发育和发展。

5.1.2 水电工程技术标准"走出去"成长性演化战略

成长性演化战略,也即商业生态系统适应环境变化而做出的对变化方案的选择。水电工程技术标准商业生态系统"走出去"的成长性演化战略的核心思想是,基于水电工程技术标准商业生态系统的基本发育规律,分析研究影响成长性的相关因素,进而分别研究基于本土化协同的协同成长、基于供给方导向的协同成长和需求方导向的协同成长演化规律,研究制定"走出去"标准生态系统成长的动力模型。

(1)本土化协同成长演化战略

本土化协同演化战略是指水电工程技术标准"走出去"的商业生态系统,通过与本土商业生态系统的联合与融合,达到互利共赢、协同成长演化。

(2)需求方导向的成长性演化战略

需求方导向的成长性演化战略是指水电工程技术标准"走出去"的商业生态系统,融合需求方的价值导向,适应需求方的要求,提高需求方的效用满足度,促进水电工程技术标准商业生态系统成长演化。

(3)供给方导向的成长性演化战略

供给方导向的成长性演化战略是指水电工程技术标准"走出去"的商业生态系统,通过供给方创导的价值取向,强化需求方的效用满足度,促进水电工程技术标准商业生态系统成长演化。

(4)成长性演化动力模型

水电工程技术标准"走出去"成长性演化动力模型是指借鉴生态学的研究成果和所建立的数学模型,仿生地引渡到水电工程技术标准商业生态系统的演化分析中,并建立两系统共同发展成长的动力模型,以期科学分析标准商业生态系统成长演化规律。

5.2 水电工程技术标准"走出去"商业生态系统成长性演化的影响因素分析

穆尔在分析生态系统的扩展时,给出了下列分析商业生态系统扩展的思想。即,"形成一个可扩张的商业生态系统的实质是,从所参与的生态系统中定义更广泛的团队,包括其他关键的领导者"。为解决这些问题,必须从更广泛的角度进行考虑,包括产品、过程及组织机构能否承受商业生态系统的自我扩展?商业成员的产品在多大程度上能够成为新的共同进化思想指导下的产品或服务的一部分?商业生态系统的功能和方法中有多少可以让顾客参与创造与发展?上述问题的答案能否启发和吸引更多的合作者与参加者，以便把标准、补充产品、补充服务等更贴近商业生态系统的产品，启发和加强这些元素间的合作及运行联系的研究与开发。也就是说，在商业生态系统的7个方面(4P3S)建立参与框架的基础上，有助于取得生态系统的竞争优势。基于以上思想和4P3S分析工具，对于"走出去"水电工程技术标准商业生态系统的成长性演化，本研究得出如下分析框架。

表5-1　水电工程技术标准"走出去"商业生态系统成长性演化影响因素分析框架

序号	商业生态系统内容	合作框架必须解决的问题	获得演化发展条件与取得竞争优势
1	顾客	生态系统需要利用、刺激、扩展哪些志向、想象、赎买行为及供应商方面的变化？	深入认识水电工程商业生态系统中的顾客，深刻认识顾客与生态系统中其他成员的关系，积极联系其他更多成员加入商业生态系统，特别是社会和行业精英成员，扩大成员群体
2	市场	生态系统满足何种市场？如何扩展生态系统使之满足市场内顾客的需要？在生态系统内需要引入或取代什么商品、行为、服务或机构？	水电工程技术标准商业生态系统满足水电市场应从终极产品——水电工程的功能、质量、安全、造价、便利运行等出发。技术标准的采取需要相应的技术设备、技术性人力资源和合理的工艺。技术标准的技术理念深入人心
3	产品与服务	什么样的产品及服务有助于生态系统的扩展？如何加强产品与服务的联系，保证其效力并不断加以改进？	以水电工程技术标准为核心，提供满足工程需求的高质量的产品与服务，产品包括建筑物和机电设备，服务包括勘察设计、科研工作、技术交流与培训等
4	过程	商业生态系统扩展时，必须依赖什么？生态系统的总过程是什么？如何通过生态系统内合作伙伴有意识的合作改进商业扩展的进程？	系统的扩展，既包括"走出去"者，也包括本土加入者。商业系统扩展依赖技术标准，以及促进加入者掌握技术标准。商业生态系统扩展的总过程是加入者对技术标准认识与掌握程度的提高并使其在发展中获益，包括个体获益、企业和组织获益及国家获益。东道国商业伙伴对与中国水电工程技术标准的信念和依赖程度对于商业生态系统的扩展进程至关重要。努力提高商业生态系统的更有效率的技术和设计过程
5	组织	商业生态系统扩展时，需要什么样的组织机构及相互间的关系是什么？如何改善组织间的合作结构来支持生态系统的扩展？	"走出去"的商业企业发挥核心作用和凝聚作用，是建立组织的发起者与领导者。同时，对东道国组织的加入予以引导与规范，促进其提高水平和掌握标准。对于"走出去"者不适应的观念进行革新以适应新市场，并通过组织变革带来最大经济效益的组织安排——包括建立机构、兼并收购等手段

序号	商业生态系统内容	合作框架必须解决的问题	获得演化发展条件与取得竞争优势
6	风险承担者	在扩展时需要什么样的风险承担者？如何在资金等方面获得支持与援助？	中国企业对外直接投资、政府对外技术经济援助是最直接有效的资金支持手段，并在"走出去"的商业生态系统形成初期至关重要。国际机构及其资金的支持能够增强顾客对技术标准的信心。努力以最小的成本获得最大的资源
7	政府与社会	生态系统扩展时需要的政府政策、价值共享机制？如何向公众及政府官员解释扩展商业生态系统的好处？怎样加强各种联系？	政府及其政策对于技术标准商业生态系统的发展起约束或推动作用。努力形成"走出去"目标与系统价值、公众环境、社会精英、政府官员的最大程度融合

5.3　水电工程技术标准"走出去"与本土商业生态系统协同成长性演化

5.3.1　"走出去"创建新经济合作共同体的协同成长演化

根据水电工程技术标准不同的发展阶段和演化形态，我国水电工程技术标准"走出去"后，应加强与东道国本土技术标准的合作与融合，建立融合共生的水电工程技术标准生态系统，通过提高综合能力，提升生态系统的发展速度和优化各项功能指标，提升竞争力，进而提高其生存发展能力。如图 5-2 所示，"走出去"的水电工程技术标准商业生态系统，通过与本土技术标准生态系统的合作，提升了生态系统的服务功能指标。阶段结构特征仍然表现为协同演化。

水电工程技术标准"走出去"前后，都要主动地发展新的生态系统，而不能仍然囿于我国国内形成的生态系统形态。新系统中的成员群落，既有原成员群落，也务必要吸收和发展新成员进入相应的群落，创造一个广泛的、首尾相接的、人员众多的新的经济合作共同体。新的经济共同体的所有成员，共同为商业生态系统创造价值和获得利益。老成员群落的主体是"走出去"者，他们在很长一段时期内仍是水电工程技术标准商业生态系统的主体，并随着生态系统的发展阶段变化而发生着群落种群数量和作用的变化，在开拓阶段，其在群落中将占绝对优势，并处于主导地位，随着生态系统的发展，老成员群落逐步被新成员群落替代，老成员群落数

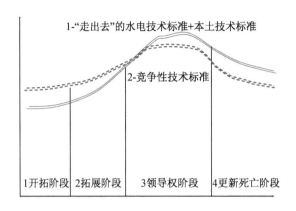

注:双线表示联合或合作

图 5-2　水电工程技术标准商业生态系统联合与共同演化

量和作用减少,直到生态系统的衰亡和更新阶段,老成员群落萎缩,逐步退出主导地位。至更新死亡阶段,老成员发展的生态景象是,东道国已经全面地学会和掌握了我国标准,我国标准被引用和本土化,东道国不断发展壮大了自己的标准商业生态系统,东道国完全依靠自己的标准独立自主开展和完成水电工程建设的全过程。至更新阶段,我国企业和产品如果不进行更高阶段的技术创新与提高,仅依靠现有技术标准体系,则在东道国水电市场中的份额将逐渐减少。新成员群落主要是由东道国的成员构成的。新的标准商业系统逐步吸收新的成员,新的成员不断在标准商业生态系统中得以生存和发展,并根据生态系统的发展阶段而发生群落数量和作用的变化。在开拓阶段,其在群落中数量少,多数处于从属地位,只有少数群落和子群落的作用稍强,但其对生态系统的整体发展和竞争力非常重要。随着生态系统的发展,新成员群落发展壮大,并与老成员群落并行协同发展甚至竞争发展一定时期,直到老成员群落逐步萎缩,并被新成员群落替代,老成员群落数量和作用减少,直到生态系统的衰亡和更新阶段,随着老成员群落萎缩和作用减弱,新成员群落发展壮大,并处于领导地位。至更新死亡阶段,新成员的生态景象是,东道国能够全面地掌握我国标准,我国水电工程技术标准被引用和本土化,新成员独立自主开展和完成水电工程建设的全过程。水电工程技术标准"走出去"后,在其新拓展的商业生态系统中应注重调整利益分配。在新的水电工程技术标准商业生态系统的构建和发展中,要为新成员创造获利空间,给予新成员利益。新成员的利益和获利比重,应随着标准商业生态系统的发展而不断增加。水电工程技术标准商业生态中群落的利益分配过程是,随着商业生态系统的发展,到了一定阶段,老成员群落利益不断减少,新成员群落的利益不断增加。

5.3.2 "走出去"形成利益共享机制的协同成长演化

水电工程技术标准"走出去"后,新标准商业生态系统形成,即创造了一个广泛的、首尾相接或交互关联的、成员众多的经济共同体。新系统中的成员种群,既有原成员种群,也将吸收和建立新成员种群。原成员种群的主体是"走出去"者,他们在很长一段时期内是标准商业生态系统的主体种群,并随生态系统的发展阶段变化而发生种群数量和作用变化。在开拓阶段,其在系统中将占绝对优势,并处于领导地位,随着生态系统的发展,原成员种群逐步被新成员种群替代,原成员种群数量和作用减少,到衰亡和更新阶段时,原成员种群萎缩,或逐步退出领导地位。新成员主要是项目所在国的相关成员,并根据自身特点加入系统中的相应生态群落。新标准商业生态系统逐步吸收新成员,新成员不断在标准商业生态系统中得以生存和发展,并随生态系统的发展而发生种群数量和作用的变化。在开拓阶段,其在系统及群落中数量少,多数处于从属地位,只有少数种群和子种群的作用稍强。随着生态系统的发展,新成员种群发展壮大,作用增强,替代原成员种群,到"走出去"者的更新阶段,新成员种群中的核心成员将处于领导地位。其生态景象是,东道国通过引进、学习、消化、吸收等,基本建立本土化水电工程技术标准体系,能够独立自主开展和完成水电工程建设全过程工作。商业生态系统是商业成员的利益共同体[①]。新的标准商业生态系统注重调整和兼顾各方利益,通过市场机制调节和政府干预等形成利益共享机制。要为标准商业生态系统中的新成员创造获利空间,给予新成员利益。"走出去"商业生态系统中种群或成员间的利益分配过程是,随着商业生态系统的发展,原成员种群利益和比重"由小到大,再由大到小"持续发展,而新成员利益和比重"由小到大"发展。标准商业生态系统的成员数量和利益分配变化等与标准生态系统发展阶段的关系如图5-3所示。

观察图5-3可知,曲线1表示新标准商业生态系统经历四个阶段的发展趋势和规律。曲线2表示"走出去"标准商业生态系统中原成员种群相对收益(即占生态系统总收益的比例或权重,下同),随着标准商业生态系统的发展"从高到低,逐渐减少"。曲线也同时反映了系统中原成员与新成员的相对地位和作用,即在信息空间中的规模和能量的绝对变化规律。相对收益发展规律与此是一致的。原成员要能够做到提高并保持较高的占有率,并努力减缓下降的速率。曲线3表示"走出去"标准商业生态系统原成员种群的绝对收益(即收益的总和)随着标准商业生态

---

① 张静,霍煜梅等. 移动游戏的商业生态系统分析[J]. 北京邮电大学学报:社会科学版,2008(4):15-19.

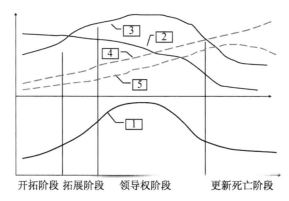

开拓阶段　拓展阶段　　领导权阶段　　　　更新死亡阶段

图例：1—新标准商业生态系统演进过程；2—原成员种群相对收益曲线；3—原成员种群绝对收益曲线；4—新成员种群相对收益曲线；5—新成员种群绝对收益曲线。

图5-3　水电工程技术标准商业生态系统成员利益演化示意图

系统的发展"先从低到高逐渐增加，发展到顶峰后，又从高到低逐渐减少"。曲线也同时反映了系统中原成员与新成员的绝对地位和相对作用，即在信息空间中的规模和能量的相对变化规律。绝对收益的发展规律与此也是一致的。老成员要能够做到努力促进顶峰时机尽早到来，努力使共同体稳定期延长，以提升收益总量。曲线4表示在"走出去"标准商业生态系统中，群落中新成员的相对收益随着标准商业生态系统的发展"从低到高，逐渐增加"。曲线也同时反映了系统中新成员的相对地位和相对作用不断增加，即在信息空间中的相对规模和相对能量不断增加的变化规律，新成员的相对收益规律与此也是一致的。"走出去"原成员特别是核心商业成员要能够做到给予新成员适度的收益，并不断适度增加，但需合理调控其增长的速率。曲线5表示在"走出去"标准商业生态系统中，群落中新成员绝对收益随着标准商业生态系统的发展"从低到高"逐渐增加，并持续增加，可以预测在"走出去"新生态系统发展到更新死亡阶段时，绝对收益的增加速度也开始下降。曲线也同时反映了新成员的绝对地位和作用在不断增加，即在信息空间中绝对规模和绝对能量不断增加。新成员在系统中收益期望持续增长，否则，不获利的新成员会离之而去，并对生态系统健康起破坏作用。

　　总之，水电工程技术标准"走出去"后的商业生态系统将经历开拓、拓展、领导权和更新死亡阶段，与目标市场的东道国技术标准形成合作局面，并与其他商业生态系统形成竞争，新生态系统兼顾新老成员的利益并形成经济利益共同体，只有建立合理的利益共享机制，才能共同推动和服务新的水电工程技术标准商业生态系统的生存和发展，这是制定水电工程技术标准"走出去"战略时应予特别重视和需要深入研究的问题。

5.4　承担国际项目 EPC 模式下需求方导向成长性演化

　　建立水电工程技术标准体系是为了服务于水电工程开发建设,水电工程技术标准商业生态系统围绕水电开发而形成。一国为开发水电,必定提出对于水电工程技术标准的需求。我国水电开发的技术标准需求经历了"引进—消化吸收—自我建设—协同提升"的过程。其中,引进阶段经历了计划经济时期向苏联学习和改革开放后向西方学习的两次革命,消化吸收伴随着引进技术和工程实践的过程,逐步掌握技术和跟上时代步伐,改革开放后的水电建设,广大技术人员总结经验,加强科技研发力度,依靠自己的力量,不断建设和完善了具有自主知识产权和自主技术能力的水电工程技术标准体系,同时,也在经济全球化浪潮的洗礼中,加强与世界发达国家技术标准间的交流与学习,加强与国际技术标准间的建设与协同,不断提升,协同提升。为参与国际水电市场竞争,我国水电界一方面适应国际水电市场对于水电工程技术标准的需求,在需求方导向下,积极参与国际水电开发建设,积极在需求方导向下使用和推广使用中国标准,形成需求方导向协同发展的良好态势;另一方面,更加主动的在国际水电市场推广应用中国标准,特别是在更加积极地参与国际水电市场的投资开发时,加大力度导引水电工程技术标准"走出去",形成强有力的供给方导向协同。

5.4.1　技术标准"走出去"的需求方导向

　　西方发达国家的水电建设主要依靠其自身的技术推进,并建立了相对完善的水电工程技术标准,持续服务于本国的水电建设,满足水电开发建设需求,西方国家的相互学习和竞争更加强了其技术优势的保持。在世界经济发展过程中,西方国家在殖民地时期,通过对广大不发达国家资本技术输出以及殖民统治等,也相应地在这些国家水电开发史上留下深厚的历史痕迹,并长久地影响着一些欠发达国家。在经济全球化和一体化的进程中,世界上大多数国家实行了开放性经济政策,依靠外向型的经济技术力量发展本国经济,推动本国水电开发。一些未实施开放政策的国家也通过双边或多边政策,引进外国先进技术和服务发展本国经济。我国水电行业通过多年"走出去"的实践,对世界水电发展有了基本了解和认识。近10 多年来,世界各国,特别是广大发展中国家,将发展水电作为解决电力供应、支持本国经济发展的重要手段和措施,并且通过国际市场开展项目融资、设备采购、建筑采购和服务采购等,形成大量的需求市场。我国水电界,特别是勘察设计咨询服务、建设施工和劳务服务、水电机电设备出口、钢铁水泥建筑材料等四大领域,积极响应世界水电市场的需求,参与相关活动,在需求方导向的市场中,依靠广大技术人员的技术能力、知识能力和学习能力,在世界水电市场逐渐占有较大份额。与水电开发建设相适应,需求方对于水电工程技术标准的会提出要求,这些要求为水电工程技术标准商业生态系统的不断发展提供了不同的外部环境,也即形成了水电工程技术标准"走出去"的需求方导向。在前章,本研究论述了商业生态系统的总效用是供给方效用与需求方效用的总和。当从需求方角度观察时,提出了需求方总效用公式。研究水电工程技术标准"走出去",外方成员作为需求方使用中国水电工程技术标准的总效用可以表达为:

$$E_{ss1} = P_1 \cdot Q_1 \qquad\qquad (式5\text{—}1)$$

本研究通过分析勘察设计行业、建筑施工行业"走出去"的工程案例调查、专家访谈和有关材料(注:中国电建国际经营研讨会相关材料),对我国水电工程技术标准"走出去"的经验做了总结和归纳研究,研究认为,我国水电界采取了多种战略措施适应需求方导向,增强需求方效用,主要包括完全满足策略、协同演化策略、竞争演化策略、案例进化策略等。

（1）完全满足策略

需求方在水电项目策划、规划、论证,以及工程建设的全过程中,明确提出水电工程技术标准的需求,并明确不得更改,不得采用非需求方要求的技术标准,有些工程甚至通过国家法律性程序对需求方要求予以固化,也就是说,需求方的要求是刚性的。对于此类项目,我国水电界在"走出去"时,多采取严格执行需求方要求的措施,对于要求采用西方标准的业主要求,严格按西方标准执行,水电界也为此付出了大量劳动,学习和掌握西方技术标准的要求,克服习惯中国标准的短板。

（2）协同演化策略

需求方对于水电工程技术标准的需求,有些虽明确提出了执行某些技术标准的要求,但给出的范围是宽域的。特别是在项目招标时,比较常见的"宽域"是提出执行欧洲标准、美国标准等,但并未特指某个标准,也未限制中国标准。对于此类项目,中国企业中标后,在一些项目上采取了协同演化策略,取得应用中国标准的较好成效。协同进化措施包括:采用技术标准的很多细节,通过对标准理念、计算成果、中国工程案例等进行对比,说服需求方及需求方代表,中国标准能够满足工程建设的目标、质量等各项技术要求,减少对中国标准的不信赖,减少对西方标准的过分依赖,同时,通过本土化活动,本土化员工学习和掌握中国标准,支持应用中国标准,最终在工程项目上部分甚至全部采用中国标准。

（3）竞争演化策略

需求方的需求存在弹性，也是水电项目建设中的常见现象。一些项目提出了采用西方标准的需求，但需求方自身对于西方标准的更精确内容并不完全掌握和熟悉，作为招标阶段的需求符合国际惯例，而作为实施阶段的需求，需求方一些工程技术人员对于依据工程现场的实际情况进行变更，并不完全持否定态度，缘于对中国水电建设成就的了解和对于中国标准有一定的认识。对于这类项目，中方企业和技术人员采取了竞争演化的应对策略。详细地阐述中国标准的理论和实践经验，通过工程计算和分析对比，提出中国标准的优势，提出中国标准对于工程建设的适应性和可行性，与需求方代表就一些技术问题进行深入地交流和探讨，必要时采用更加激烈的技术辩论手段，最终达到在水电项目上采用或大部分采用中国标准的目的。

（4）案例进化策略

中国水电建设的成就在世界范围内是有目共睹的。一些国家对中国水电建设的认识已经达到能够接受中国标准的程度，在世界范围内进行工程或服务采购时，明确可以采用中国标准，给中国水电工程技术标准"走出去"提供了更好的机遇。我国企业抓住这些项目的机遇，全面采用中国标准，完全实现需求方建设工程的各项目标，形成水电工程技术标准"走出去"的成功案例，并得到需求方的高度认可，为需求方在后续项目中选择技术标准提供了工程案例，进而克服了技术标准"走出去"的技术性障碍。我国水电在东南亚国家，如在柬埔寨王国的水电技术标准"走出去"实践，是案例进化策略最成功的例子。

5.4.2　技术标准与国际水电建设的 EPC 总承包模式

基于需求方导向的水电工程技术标准需求有多种载体，包括项目规划服务、项目评价服务、工程建设服务、勘察设计服务、机电设备出口、技术交流等多种形式，工程建设服务又包括多种具体的形式，如传统方式中的 EPC、F-EPC、BT、BOT 等等。本研究将基于常见的 EPC，进一步研究分析水电工程技术标准"走出去"需求方导向的相关问题。水电市场 EPC 的涵义为"设计—采购—施工"（Engineering，Procurement and Construction），该模式起源于西方发达国家，尤其是在美国和英国较为流行，自 20 世纪 80 年代出现，并逐渐向各类建筑行业发展。EPC 模式具有特殊的优势：① 责任制单一且明确。业主通过与总承包商签订承包合同，使得工程项目质量管理目标明确，责任明确。② 减少了业主方直接协调设计方和施工方的工作量，相应减少了业主的管理负担和管理费用。③ EPC 一体化管理缩短了整个工程的工期，减少了建设周期，有利于工程项目尽快建设，实现功能目标，投入生产使用,发挥效益。中国电建集团历时多年研究了国际水电工程项目 EPC 项目的有关管理问题,提出了 EPC 项目管理的业务流程,具体流程如图 5-4 所示。

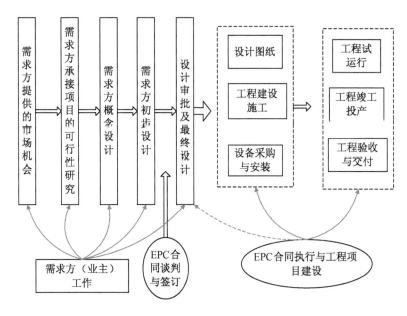

图 5-4　国际水电项目 EPC 业务流程

注:援引自中国电建集团内部研究成果资料,2012

　　在上述图示的业务流程中,水电工程技术标准贯穿始终,每个环节,水电工程技术标准都是管理的重要内容。需求方也即项目业主,从项目策划到形成经过审批初步设计或最终设计,均要依托相应的水电工程技术标准进行论证和提出设计文件(含设计报告和设计方案图纸)。世界范围内不同国家关于水电工程项目管理的阶段划分不同,但是,在进行项目招标前,设计工作总要达到相当的深度,基本确定设计方案,有些项目还要完成一定量的施工图纸,以使招标工作尽可能精确。EPC 承包商与项目业主(需求方)签订合同后,实施工程建设,直到工程移交。在项目实施过程中,承包商委托设计人开展施工图设计,业主代表或委托的工程师(通常也称监理)对设计图纸进行审签确认,施工方按图施工或安装设备。在上述过程中,设计人按水电工程技术标准开展设计,包括设计计算,设计试验选择、计算公式和计算软件,确定设计参数,给出设计成果,提供设计图纸,提供设计文件和报告等,各项工作都必须严格按照许可的技术标准的要求完成。而上述设计过程及成果要得到业主工程师的认可审批才能通过。所以,设计的全过程中对水电工程技术标准的执行要求是严格的。水电工程建设实施过程中,施工方严格按照设计要求,执行相应的施工技术标准,实施相应的施工工作,包括施工试验、施工设备、建筑材料、施工质量以及与执行环境保护、劳动安全相关的各项标准。项目建设过程中完成单元工程和分部工程,最终完成全部工作,都要按照技术标准的相关规定进行评价和验收,试运行通过后,完成整体验收,工程全面投入运行,完成项目移交,完成质保工作,完成相关费用结算决算并付清费用,EPC 工作结束。因此,水电工程技术标准是贯穿水电工程全过程的,是与需求方和供给方联系最密切的纽带。建设水电工程,选择技术标准和执行技术标准是水电工程建设的重要环节和内容。由于世界范围内不同国家的承包商熟悉和掌握的水电工程技术标准首先多以本国技术标准为主,而对他国技术标准的熟悉程度和适应程度相对较低,则选择不同的水电工程技术标准对于不同的承包商而言,其获得市场项目的机会将因技术标准问题而产生初始差异。对于需求方而言,其目标是通过确认和选定合适的技术标准实现工程目标,而对于承包商而言,更希望需求方提出的要求是自己所熟悉的标准。水电工程技术标准竞争与协同在水电工程国际项目EPC 中就出现了。

5.4.3　EPC 总承包模式下的需求方导向成长性演化战略

5.4.3.1　后发协同与先发协同

在水电工程国际项目 EPC 总承包实践中,需求方对于技术标准的需求表现为两个阶段性,第一阶段是需求方也就是项目业主论证项目及开展项目前期论证设计阶段,第二阶段是项目实施阶段。实施国际招标的项目,承包商介入两阶段或单一阶段的情况都是存在的。单独介入第一阶段的,通常称为项目策划论证阶段,主要以设计咨询服务的方式存在;单独介入第二阶段的,为典型的 EPC 项目,现在也逐步发展到承包商介入两阶段提供服务,以及提供更多服务的 EPC 变型,如借助我国"走出去"政策,协助外方业主,全部或部分利用中国资金,我国承包商从项目策划,到融资服务,直至工程建设总承包,提供全过程全产业链的一体化服务(注:引自中国电建国际经营研讨会成果)。本章节主要研究讨论国际水电工程典型 EPC 与水电工程技术标准"走出去"的相关问题。在国际水电工程 EPC 实践中,我国水电企业在"走出去"时均把执行水电工程技术标准问题作为实施 EPC 时管控项目风险和实现 EPC 价值的核心问题,EPC 承包商均把执行标准问题看作是风险管理的重要内容,也看成是项目绩效管理的核心问题。由于需求方在项目招标选择 EPC 承包商的过程中,对执行一定体系的水电工程技术标准做了预设,因此,EPC 承包商在通过投标和承接任务后,必须在需求方预设的前提下,解决执行技术标准的问题,也就是说,EPC 承包商推动中国水电工程技术标准"走出去"是后发行动，本研究将这种后发行动所达到的效果称为后发协同。与此相对应，对于需求方在招标文件中已经明确采用中国水电工程技术标准，或是中方 EPC 承包商在投标时明确自己的投标方案将按照中国标准实施而中标，或是中方 EPC 承包商从项目策划阶段即明确采用中国标准，本研究将这种具有先发优势的行动以及其达到的效果称为先发协同。本章节重点研究水电工程技术标准"走出去"，重点研究后发协同问题。在上节分析提出的水电工程技术标准"走出去"策略中，在后发协同的情况下，协同演化策略和竞争演化策略是主要策略手段。

5.4.3.2　EPC 总承包后发协同的可行性

商业生态系统重视商业生态系统内部的协同进化，商业成员的自组织性和自觉性，及追求共同价值的愿望，驱动商业成员具有较强的协同意愿。商业成员的共同目标是实现水电项目的功能目标，水电工程技术标准商业生态系统中的任何成员，都自觉地愿意就执行技术标准的问题进行交流、沟通、研究和作出选择。由于技术标准对于技术与知识的缄默性，技术标准内的技术与知识，必须通过工程技术人员的劳动，才能转移到工程实践中去。工程技术人员及政府管理者限于本国法律、自身的技术水平及认识程度，对不同的标准存在"消费偏好"，对于这种消费偏好，若去除法律限制性要求，则主要为人们的个人偏好或组织偏好。也就是说，这种偏好缘于需求方对于技术标准的认识。人的认识是在复杂的漫长的人生社会环境中形成的，特别是在特定的或一定的社会、文化、学习和技术环境中成长，一旦形成，都会存在认识和思维惯性。但解决认识问题存在一条健康的渠道，即水电工程技术标准商业生态系统的所有成员都愿意就工程建设各类问题进行讨论，以较好地实现工程目标。在水电工程 EPC 总承包中，这种讨论不论发生在哪个环节，发生在工程建设的哪个阶段，都将以工程技术标准为基础。这时，作为交流的介质和载体，中国工程技术人员将结合工程案例，把中国水电工程技术标准或专项标准对于工程的适用性，以及中国建设工程的案例经验，依托技术标准和工程需求，同时进行对比分析和交流，为后发协同创造了前提条件，也使后发协同成为可能。水电工程技术标准商业生态系统内有众多群落，每个群落中有众多成员，后发协同必将在一种很复杂的环境中形成。水电工程技术标准"走出去"后，任何一个系统群落中都存在中外双边成员，中外成员都将不同程度地在商业生态系统内部，在同一群落中发生经济、文化和商业交流活动，成员间都有交流技术标准的时间和空间，特别是核心商业及其扩展者群落，以商业活动作为主体的交流活动，是日常生产活动的必然需求，商业活动伴随着技术交流同步进行。在国际水电工程 EPC 总承包项目实施时，水电工程技术标准商业生态系统群落间的成员也不同程度地发生商业活动和技术活动。水电工程技术标准商业生态系统群落内成员和群落间成员在反复进行交流的过程中,使得后发协同存在可能。实践证明,通过充分的交流与协同,需求方对于中国技术标准的认识提升,解决了认识问题,中国标准获得许可,进而实现后发协同。中国水电工程技术标准在国际工程中不断推广应用,已有大量案例证明后发协同的可行性。

5.4.3.3　EPC总承包模式下后发协同的脆弱性与稳定性

水电工程技术标准"走出去",商业生态系统内部的后发协同,多发生在水电总承包企业中标后,通过具体项目和具体工程技术问题而展开,一些项目建设过程中取得局部协同,一些项目能够逐步实现全面协同,也有一些项目取得协同交流的目标,但未能实现中国标准的应用,也就是说,商业生态系统的内部协同存在协同稳定性和协同脆弱性。稳定的协同效果能够达成中国标准在一个项目的全过程使用,并能在一国或区域内更多项目中获得许可,而脆弱的协同效果,大多只能在某些技术标准或技术内容方面取得协同,而协同过后,又很容易回归原位,未能取得协同效果的稳定。在我国水电工程技术标准"走出去"的多年实践中,在国际水电项目总承包的实践中,协同稳定性和协同脆弱性的案例都存在,但总体看来,协同脆弱性更明显。因此,水电工程技术标准"走出去"已经取得效果,但为解决协同脆弱性问题,加强协同稳定性,需要进一步研究协同脆弱性的发生机制。水电工程技术标准商业生态系统是自组织系统,通过自身的不断发展发育和演化,形成动态的具有时空结构的开放系统,因此,水电工程技术标准商业生态系统具有明显的耗散结构特征,实际上是一种耗散结构。生态系统的自组织性和复杂性,在其运行和发展过程中难免受到内部的耗散力和外部的约束力形成的干扰,当干扰因素达到影响系统稳定运行的承受力时,系统可能会出现失稳,发生突变,甚至崩溃①。水电工程技术标准"走出去"在国际水电项目的应用中,系统内的商业成员围绕技术标准的各个细节将开展动态交流,交流的过程既是协同进化的过程,也是耗散作用的过程。水电工程技术标准"走出去"的主要目标是服务于外国项目和组织,由于外部约束力的降低,系统内的成员,特别是外方成员,受到必须应用中方标准的约束是较弱的,外方在交流过程中所得到的效用满足是系统稳定的主要动力,其效用的不满足,也即负效用,成为影响内部不稳定的主要动力。负效用大到一定值时,将促使生态系统产生脆弱,直至失稳。本研究分析认为,导致技术标准商业生态系统协同脆弱性的主要因素是外方成员接受中国水电工程技术标准过程中产生的负效用,若协同失稳,就表现为效用失灵。因此,水电工程技术标准"走出去"战略管理,

---

①　樊运晓,罗云,陈庆寿. 承灾体脆弱性评价指标中的量化方法探讨[J]. 灾害学, 2000, 15(2): 78-81.

一定要加强对外方成员的负效用管理。

在前文的相关分析中,研究提出了商业生态系统总的需求满意度。若研究视角为需求方,且假设一个工程只使用两个标准系统时,需求方的总满意度可表示为下式:

$$E_{SS} = E_{SS1} + E_{SS2} = P_1 \cdot Q_1 + P_2 \cdot Q_2 \qquad \text{(式 5-2)}$$

式中,$E_{SS1} = P_1 \cdot Q_1$,表示使用中国标准的效用;$E_{SS2} = P_2 \cdot Q_2$,表示使用其他标准的效用,P_1表示使用中国标准所支付的价格,Q_1表示使用中国标准的数量总和(这个总和需通过一定的参照系进行量化)。假设存在某个公允价格P_0,且$P_1 = P_0 + \triangle P_1$,及$P_2 = P_0 + \triangle P_2$,在$P_1$或$P_2$大于$P_0$时,$\triangle P_1$或$\triangle P_2$为正,小于$P_0$时,$\triangle P_1$或$\triangle P_2$为负。如若$\triangle E_{SS1} = \triangle P_1 \cdot Q_1 \geqslant 0$,则表示增加了正效用,其值越大越有利于水电工程技术标准"走出去",表示协同越稳定;若$\triangle E_{SS1} < 0$,表示增加了负效用,其值越小,表示协同越容易失稳。

5.4.3.4 协同的稳定性

稳定性是物理学学科术语,起源于力学体系,稳定性包括物理的静态平衡稳定性和动态运动稳定性。此后,稳定性的概念逐渐引申到社会学和管理学领域。我国著名科学家钱学森将稳定性引入到对社会系统的评价,并提出社会系统稳定是一个由稳定到非稳定的交替过程,社会系统存在稳定的波动。穆尔(Moore,1996)在论述商业生态系统的发展时,提出"商业界发生了前所未有的巨大变化,商业变化的速度是极快和自由的","生态系统的所有七个方面(4P3S)持久运动的本质在于影响整个生态系统的结构,从而能够显示出主导产品,在能力与价值之间建立联系""持久运动的元素或可表示为生产价值和获利能力的一种等式"。

水电工程技术标准"走出去",商业生态系统的发展表现为动态发展的过程,并表现为发展的阶段性,商业生态内部的协同也表现为静态稳定和动态稳定的特征。当商业生态系统内中外双方成员结合具体工程就某些标准的应用达成一致时,技术标准获得应用,可以理解为一个局部单元的静态稳定,就整个工程应用中国标准达成的一致,可以理解为更大规模的静态稳定状态,这种静态稳定性在生态系统发展的每个阶段都将存在。生态系统发展的初始阶段,也即开拓阶段,外方成员参与到系统中的商业成员数量少,作用低,当中国水电工程技术标准获得应用时,较多的获益由中方成员占有,商业生态系统的稳定性给外方商业成员带来较少获利,外方成员虽然获得利益和效用满足,但其对于商业生态系统的持续稳定发挥较少的作用。商业生态系统注重给每个商业成员提供价值,外方商业成员的效用满足,是商业生态系统协同稳定的重要力量源泉。国际水电工程 EPC 总承包为中外商业成员的技术交流提供了具体的载体,为商业生态系统内部成员加强协同提供了平台。水电工程 EPC 总承包的重点工作是建设工程和管理工作,中方商业成员就工程设计计算和工程图纸设计、建筑材料选择、施工方案和施工工艺、设备选型和设备技术指标等,在细节层面开展工作,基于技术标准的要求,逐项交流与确认,交流的过程是促进协同稳定的过程,达成一致的结果是协同的静态稳定。未达成一致的交流,其过程也是促进协同的过程,只是过程的结果向反向运动,双方未能达成协同稳定。深入地研究可以进一步讨论协同稳定的形成机制,研究协同要素及其作用,研究协同长期稳定的组织关系,以及研究防止协同失稳的具体措施等。保持协同稳定性,建立促进协同稳定性的机制,是水电工程技术标准"走出去"战略管理的重要内容。

5.4.4　EPC 总承包模式下需求方导向稳定成长案例

5.4.4.1　案例调查及简析

近十多年来,中国电建集团所属工程公司通过投标,在国际水电市场获得数十项水电工程的 EPC 总承包。本研究收集了 10 座使用或部分使用中国标准进行 EPC 总承包的案例资料,包括厄瓜多尔科卡科多-辛克雷水电站、刚果(金)宗果二期水电站、加纳布维水电站、赤道几内亚吉布洛水电站、斐济南德瑞瓦图水电站、巴基斯坦林伯华水电站、高摩赞水电站、汉华水电站、马来西亚巴贡水电站、伊朗塔里干水电站。本研究也收集并分析了一些未采用或较少采用中国水电标准的国际水电 EPC 项目案例。对全部或部分使用了中国技术标准和规范的项目研究分析表明,虽然推广使用中国标准存在诸多困难,但从业主评价反馈的结果证明,不论业主还是业主聘请的外方工程师,都对中国技术标准给予了较好的评价。加纳布维水电站项目位于加纳境内青沃特河上,水电装机容量为 40 万千瓦,为一座大型水电站,电站主要枢纽建设物包括碾压混凝土重力大坝、溢洪道、坝内厂房进水口及坝内压力钢管、左岸坝后式厂房、两座副坝、开关站及输变电线路工程等。大坝坝顶长约 470 m,最大坝高 114 m。该项目在选址阶段由某法国公司于 1995 年设计和提出。工程招标时项目业主要求永久工程的设计和施工应根据最新的相关国际标准和规范进行,如果业主要求、规范和标准之间存在差异,以业主要求为准。中国工程公司投标时,依据某法国公司完成的可行性研究报告为基础。项目中标和项目部主要人员进场后,即与业主进行了沟通和协商。双方对于使用中国水电工程技术标准达成一致:所使用的中国标准已应用于中国国内的工程并取得成功;中国技术标准等同于国际标准或高于国际标准的要求;钢筋、粉煤灰等主要建筑材料从中国进口;主要机电设备由中国制造;设计由中国国内的设计院承担,设计人员必须有同类工程的设计经验;项目部分使用当地劳务人员,并遵守本国法律。布维水电站工程按照 EPC 合同要求,在中国政府支持和企业各方共同努力下,项目建设得到所在国政府和业主等各方的高度重视和理解,该项目在中国企业中标后,主要使用中国水电工程技术标准,完成了工程项目的建设,顺利投入使用。在项目实施过程中,特别是项目实施初期,一些设计文件经过了多次退回和不断修改,中方设计院和设计人员与业主、业主工程师(非本国工程师)之间,由于设计理念不同、对工程技术特点认识差异以及对中外工程技术标准技术参数的差异等,设计文件审批的一次性通过率较低。经过多边的深入交流和沟通,外方工程师和业主逐步地更详细地理解了中国水电工程技术标准的内容和要求,中国设计人员更加详细地理解了业主要求和工程师要求,各方为实现工程目标共同努力,形成协同合作的良好状态,并保持协同的稳定性,直至项目完成。业主的后期反馈也证明了协同的稳定性,中国水电工程技术标准商业生态系统在该国形成得以拓展。

5.4.4.2　协同效用及协同稳定性分析

布维水电站采用中国标准是在中方企业中标以后,通过双方协商取同协同效果的案例。本研究基于 4P3S 分析工具进行研究分析,具体分析如表 5-2 所示。

表 5-2　加纳布维水电站协同效用和协同稳定性分析

序号	4P3S	协同效用及稳定性分析
1	顾客方面	1. 东道国业主了解中国水电成就,考察中国同类水电站,认真研究了中方企业的投标方案后,将布维水电站施工承包合同授予中方企业; 2. 东道国业主显示出对中方企业及对中国技术标准的认知和信心; 3. 东道国业主认可中方技术人员对中国技术标准的使用熟练程度; 4. 中国企业能够向东道国业主介绍中国标准及中国同类工程的使用标准的案例
2	市场方面	1. 该项目通过国际市场投标获得,竞争激烈; 2. 中方企业在投标前及投标阶段做了大量准备工作,投标方案较优; 3. 中国企业投标前认真分析了竞争环境和竞争对手; 4. 中国企业认真分析顾客对技术标准的要求及对项目目标功能的需求
3	产品方面	1. 依靠中国技术标准所生产的产品,能够充分满足布维水电的技术要求; 2. 中国设计人员能够提供使用中国技术标准的工程经验,并展示技术水平; 3. 中方企业提供了对相关产品的质量、服务、保障、更新要求

序号	4P3S	协同效用及稳定性分析
4	过程方面	1. 中国企业向东道国业主等持续介绍中国技术标准制定、发布、使用、提高等有机整体,依托工程进展在具体技术问题方面展示中国标准的技术水平、满足工程需求的可行性及技术标准的先进性; 2. 在工程建设的过程中不断使各类人员接受中国技术标准的教育、培训、交流、培养,取得业主方信任,并愿意开展合作; 3. 建立了有利于双方沟通的联络渠道; 4. 咨询与服务机构在实施过程中发挥积极作用
5	组织方面	1. 中国核心设计企业及施工企业发挥领导作用; 2. 中国相关设计企业、建筑施工企业、装备企业在国内均按现代企业制度建立,公司治理结构完善,治理水平较高; 3. 中方技术标准在中方企业之间使用便利,有法律支持的技术与知识共享机制; 4. 与东道国业主方等建立利益共享机制,优化设计成果共享; 5. 基本完善的冲突解决机制
6	风险承担方面	1. 中国政府在政策和资金方面支持中国企业承担该项目; 2. 中国金融机构、保险机构等支持中国企业承担该项目; 3. 东道国业主组织机构健全,取得政府许可和社会支持,具有可信度; 4. 东道国政府及金融机构有配套支持政策和措施
7	政府方面	1. 政府设立许可制度,许可业主方选择技术标准; 2. 中加两国政府支持本次项目合作; 3. 加方政府与公众支持该项目建设,社会环境有利于采用中国标准

　　从表中可知,双方达成或逐步达成协同效应,使用中国标准后,加纳国业主方成功控制了布维水电站的工程造价,工程质量满足技术标准要求,建设质量较优,工程达到了预期的建设效果。综合认为,无论工程建设过程中,还是工程全部完成后,因为采用中方技术标准,需求方效用得到满足,双方的后发协同持续保持稳定。

5.5　FDI 模式下供给方导向成长性演化

5.5.1　技术标准"走出去"的供给方导向

　　水电工程技术标准"走出去"是中国参与国际水电市场的主动行为。从形成商业生态系统角度观察,系统内商业成员的"走出去"与水电工程技术标准"走出去"同步进行,商业成员在推动水电工程技术标准"走出去"中发挥主动作用,商业成员的这种主动作用,即为供给方导向。换言之,本研究为供给方导向定义如下:水电工程技术标准商业生态系统中方成员为推动中国水电工程技术标准"走出去"而自发开展的各种活动的总和。正如经济学家研究的商品生产一样,商品生产者主动生产商品并满足市场需求,同时追求自身利益,水电工程技术标准商业生态系统的商业成员,特别是核心商业成员,为了更好地参与世界范围内的水电市场竞争,更加愿意将自己所熟练掌握的中国水电工程技术标准推向世界,以为自身获得市场项目创造条件,为实施项目管理和获取更大经济利益提供技术保障。供给方的导向是主动的,自愿的。

5.5.2 水电工程技术标准与 FDI 模式

水电企业"走出去"参与国际水电市场,通过直接对外投资(FDI)实现"走出去"。据研究者所掌握的对外直接投资案例,有如下三种对外投资的实践案例:一是对外直接投资开发建设水电站工程,通过投资形成项目所有权、开发建设管理权、长期运行经营权和受益权;二是通过 BT、BOT 等方式进行投资,在项目建设完成后,或经营一定时期后,向项目所在国移交项目,同时收回投资并获得收益;三是对外投资设立勘察设计机构。在上述前两类对外直接投资活动中,中方投资人结合自身需求,在东道国法律许可范围内,均同时提出在水电项目实施过程中采用中国水电技术标准建设工程和运营工程的要求,东道国政府及相关组织予以认可和许可。在第三类对外直接投资活动中,中方人员控制或参与勘察设计机构管理,将中国水电工程技术标准理念、技术理论和具体方法等,直接与外方技术人员进行交流,甚至要求相关技术人员学习和掌握中国标准。通常,对外直接投资水电工程,水电工程技术标准商业生态系统内各个群落均有中方成员参与,政府要审批对外投资,投资人大多从境内融资,工程前期论证、设计和施工,以及工程设备采购、建筑材料采购等均需中方商业企业参与,水电项目的 FDI,通常有显著的"国际项目国内化"特征。同时,对外直接投资的水电项目,离不开当地政府的管制,也要与当地企业进行合作,在当地采购建筑材料或配套设备,使用当地技术人员和劳务人员。对于对外直接投资建设水电站项目,商业生态系统中方成员要对东道国成员进行学习和掌握中国水电工程技术标准的培训,同时要学习和理解东道国关于电力管理等方面的各项技术要求,以使项目建设与东道国技术要求特别是电力系统的技术要求对接,满足电力生产和供应的各项技术要求,实现工程建设的功能目标。

5.5.3 FDI 模式下供给方导向成长性演化的稳定性

（1）FDI 模式下供给方导向具有良好成长性基础

基于政治和经济目的，以及中国水电建设的成功经验，在 FDI 项目中，东道国政府、有关部门特别是电力管理部门、安全管理部门和环境管理部门等，通常均接受中方提出的使用中国水电标准的要求，但需满足东道国的法律和电力管理、安全管理和环境管理等方面要求，基于 FDI 模式供方导向就有了较充分基础，有利于"走出去"的标准商业生态系统成长。

（2）水电工程技术标准对商业系统所有成员具有约束力

中国水电工程技术标准"走出去"后，对于中国成员有较强的主动约束力，对于外方成员又有较强的被动约束力。对中方成员的主动约束力来自中国法律要求、成员自律和投资人要求，而对外方成员的被动约束力来自东道国法律许可和成员承诺。

（3）FDI 模式下供给方导向成长稳定性取决于外方成员效用满足度

由于外方成员所受约束是被动的和非自愿的，外方成员仍会以效用得到满足程度，作为评价和判断其为商业生态系统提供内生动力的依据。也就是说，外方成员的负效用，仍是系统不稳定的内在动力和扰动因素。FDI 对于水电工程技术标准"走出去"具有强大作用，但并不能保证商业生态系统一定能够形成内部协同的稳定性，商业生态系统的内部协同稳定依然取决于外方成员的效用满足程度，供方导向协同稳定，仍应促进使用中间标准的效用 E_{SS1} 数值最大化。

5.5.4 FDI 模式下供给方导向成长性演化战略案例及分析

中国对外投资的水电项目和投资设立机构的案例仍然较少，本研究收集了对外投资的若干案例。据研究者初步调研，我国对外直接投资水电项目的国家有柬埔寨、老挝和缅甸三个国家，对外设立机构的成功案例为通过收购的方式投资控股哈萨克斯坦水利设计院。

5.5.4.1 案例一：在柬投资水电项目与水电工程技术标准"走出去"案例分析

中国在柬投资的典型工程为甘寨水电站。该项目由中国电建集团控股建设，柬埔寨政府以国际招标方式和 BOT 管理模式开发建设的特许经营项目，特许经营期 44 年，其中建设期 4 年。项目主要由中方企业负责勘察设计和建筑施工，主要机电设备从中国采购，工程建设和运行主要采用中国水电工程技术标准，电力生产和电能质量满足柬国电力技术标准要求。在柬投资项目中，该水电站为一座中型水电站，但在柬国电力系统中仍为骨干电源。项目位于甘寨河上，距离首都金边约

150 km,装机容量 19.32 万 kW,年发电量约 4.98 亿 kW·h,枢纽建筑物包括碾压混凝土大坝、电站厂房、溢洪道等主要建筑物组成,安装中国制造的水轮发电机组。大坝坝高 112 m,碾压混凝土约 150 万 m³,水库总库容 6.813 亿 m³,有效库容 3.271 亿 m³。电站于 2007 年开工建设,2011 年 12 月投产发电,柬埔寨政府为项目投产举行了隆重的庆典仪式,表明了该项目在该国电力建设和经济发展中的重要地位。甘寨水电站项目从前期论证、工程建设和管理以及工程投入运行,均大范围使用中国水电工程技术标准,同时,中柬双方就使用中国标准进行了充分地交流和沟通,电站投产后,中方为该项目又系统地建立和完善了相关运行标准,其中包括专为项目运行管理编制的企业标准,水电站为柬方电力供应作出了积极贡献,工程建设和运行获得柬方的高度认同。此后,中方在柬埔寨投资的水电站项目持续采用中国水电工程技术标准。

5.5.4.2 案例二:哈国并购与水电工程技术标准"走出去"成长性演化案例分析

中国电建集团所属成员企业于 2011 年成功收购哈国水利设计院,是中国水电企业对外投资控股他国水电设计企业的唯一案例。原中国水电工程顾问集团公司是我国水电工程勘察设计行业的重要企业,承担着国内大多数水电工程建设的勘察设计科研任务,是一家以技术服务为主的大型中央企业。集团公司的国际经营业务,随着"走出去"政策支持不断向纵深发展。从传统的支持国家对外经援任务,到自主承揽国际市场水电工程,从勘察设计,到机电设备成套出口承包,从技术咨询服务到国外投资,都在向纵深发展,并取得较好成绩。原中国水电顾问集团一直致力于推动水电工程技术标准"走出去",并从战略高度予以重视,在经营实践中予以落实。所属成员企业在哈萨克斯坦承担玛依纳克水电站的建设过程中,与哈方相关机构和人员深入探讨,加深了解,逐步形成了控股收购"哈萨克斯坦水利设计研究院有限责任公司"(以下简称哈水利院)的战略合作意向。自 2008 年 8 月开始,经历合作意向签署→尽职调查→集团公司交易决策→两国政府相关部门审批→双方最终协议签订→新公司变更登记→交割等一系列并购流程后,于 2011 年 11 月底顺利完成控股收购工作。哈萨克斯坦与我国接壤,边界线全长超过 1 700 km,是原苏联时期的联邦国家。哈水利院的前身可追溯至全苏水利勘测设计研究院哈萨克斯坦分院,1991 年苏联解体后,经历一系列的变革和演变,形成由若干自然人合伙的股份有限公司。形成以勘察为主,适当承接工程设计的技术密集型企业,承接有苏联时期若干水电工程的全部技术资料,拥有 40 余项专利技术(多数即将到期),但技术队伍的人员结构显示出年龄老化现象,当前资产规模较小;拥有政府相关部门颁发的建筑、城市规划和建设活动国家级资质,以及一些专业资质;具备开展建筑设计的资质要求,该设计院并购前主要通过租赁钻探设备承接勘察任务,承接设计任务特别是大型水电工程的设计能力明显不足。哈水利院虽然规模较小，技术总体能力不强大，但仍是哈国内唯一真正有技术力量从事水利水电设计工作的技术型公司，也是从事水利水电工程勘测设计的少数几个公司之一，继承性的承接和掌握哈国较多水电开发规划信息，且在周边国家享有信誉。哈国政府对于勘察设计咨询企业进入哈市场的门槛要求较高，对于申请成立设计公司或合资成立新公司均有较严格的工程师数量要求。但通过研究发现，哈国法律并不禁止对于哈水利的收购。

哈国政府当前致力于经济发展，政治相对稳定，与我国政治互信不断加强，两国领导人互访频繁，两国经贸合作发展势头良好。哈国法律相制度比较健全，在中亚地区有较强的影响力。该国有丰富的水电资源，为致力于经济发展，对水电开发有较强的需求，该国领导人多次表达对我国可再生能源（水电风电）开发技术的兴趣和关注，也强调和支持我国企业参与哈国经济建设合作，包括非能源领域和非房地产领域的合作等。哈国水电资源丰富，中哈界河伊梨河和额尔吉斯河的水电开发潜力巨大，中国相关企业加大在哈投资力度，哈国出台刺激内需的政策，推动经济社会发展，电力建设和其他基础设施的投入也进一步加大，与周边国家电力联网形成了地区辐射作用。哈国初步规划在 2030 年前，在其北方电网和南方电网的两个电网内，共初步规划建设近 30 座水电站工程，总装机容量近 1 446 MW。哈方期待通过本次收购，提升哈水利院技术水平，支持国内水电水利事业发展，改善技术装备，改善办公条件，提高技术人员收入，引入先进管理经验，提升公司管理水平。

收购工作得到我国政府及相关部门的支持与许可。我国政府关于海外并购的有关法律规定有国有资产管理方面的管理规定，对外投资方面的管理规定，对外技术经济合作方面的管理规定，公司法及集团公司自身的管理规定。本次收购得到国家发改委、商务部、国家外汇管理局等的大力支持。综合分析，国内政策支持有比较优势的企业"走出去"，培育以技术为核心的国际竞争力，商务部等部门还特别支持和鼓励设计咨询企业优先"走出去"，掌握国别的资源状况和项目技术经济技术指标，优选项目，有序带动下游企业"走出去"，带动产品出口等国际贸易活动发展。原中国水电顾问集团期待通过本次收购，以较少的经济投入，获得进入哈国市场的先机，通过对新公司的培育，加大公共关系的培育和客户群的培育，逐步扩大新公司的市场地位，通过建立激励机制，加强双向交流，稳步实现技术人才团队的发展；通过人才培育，克服语言障碍（哈国官方语言为哈萨克语和俄语），获得进一步拓展哈国周边俄语区市场机会（如塔吉克斯坦、吉尔吉斯坦，两国电网已与哈国联网）；实现水电工程技术标准在俄语区的交流和应用，进一步支持企业"走出去"；适应哈国法律对设计的管理要求，充分利用哈国要求任何设计都需经本土设计单位审核的规定,获得控制和掌握技术发展的先机,站在技术高端,获得更多话语权。本次收购主要完成了下列工作:收购计划,包括并购组织安排,编制工作计划等;收购调查,包括政策、程序、历史与现状、财务与资产状况、人力资源、知识产权与信息技术、市场与市场竞争主体;产业前景与市场准入;主要风险识别,包括政治风险、市场准入、市场前景、投资环境、执照与许可、财务风险与控制、人力资源与控制、运行管理风险与控制、交割风险;企业价值评估与经济效益,包括当期价值、未来收益预测等;最后得出决策意见。控股收购工作于2011年11月底前顺利完成①。此次收购对于水电工程技术标准"走出去"是一次全新尝试和探索,也是一次两国间水电工程技术标准商业生态系统融合的尝试和探索。收购过程和结果表明,此次收购为水电工程技术标准"走出去"创造了很好条件,中哈双方均表示满意。

5.5.4.3 成长性案例分析

两个工程案例的共同特点是对外投资,一种是对外投资建设水电站工程项目并运行管理电站,获得收益;一种是对外投资设立设计咨询技术服务单位,从事勘察设计科技工作,获取技术服务费用,获得收益。基于水电技术标准商业生态系统观点,两种投资行为均形成了水电工程技术标准商业生态系统,并推动了生态系统的成长发育。本研究从商业生态系统四大群落形成方面进行简要分析研究。

(1)核心群落形成及发育

中方企业在生态系统中处于领导权地位,外方成员企业加入群落并发挥积极作用,工程建设初期及被收购企业重组运行初期,双方处于磨合期,生态系统处于成长发育初期。实践证明,通过投资拓展的生态系统,从第一阶段开拓阶段进入第二阶段拓展阶段的过程较短,也既生态系统发育较快。从技术标准使用角度观点,投资水利水电项目和投资水利水电类企业,推广使用中国水电技术标准是更直接、更便利的选择,中外双方共享技术与知识的交流平台更直接,外方接受中国标准的自愿性更强,从而技术标准在生态系统中的核心地位更容易树立。

(2)政府群落加入系统及支持系统发育

通过对外投资,实现水电工程技术标准"走出去",中方政府给予大力支持,外国政府也同样给予极大的关注,并在政策方面给予支持,双方政府及相关政策的支持,为生态系统内部发育创造更加优良的环境条件,更有利于生态系统发育成长。

---

① 中国电力报. 走出去的别样风景——水电顾问集团控股收购哈萨克斯坦水利设计院全过程实录 [N]. 2012-2-29.

（3）风险承担者群落形成及发育

中国对外投资，中方金融企业和金融保险业等，同步给予了政策支持和技术支持，有利于生态系统中以商业成员为主体的核心群落的生存与发展，外方金融企业等相应给予本国企业等更多的政策支持和资金支持、服务支持等，有利于外方各类商业成员加入生态系统。

（4）分享与寄生群落形成及发育

在对外投资水电项目和投资水电企业过程中，伴随着技术标准"走出去"，大量的伴生业务形成，对于双边法律的研究比较、双边技术标准的差异性及融合性研究、技术标准的翻译与服务等等，需要大量的分享与寄生组织完成和补充，各种要素的充分发育，使得生态系统更趋完善和更有利于生态系统健康成长。上述分析表明，对外直接投资，中方作为供给方，直接提供资金支持，优先输送利益给需求方，促进利益共享，形成水电技术标准商业生态系统的关键要素最易形成、内部驱动力最强大、以中国标准服务水电工程的价值理念最大程度地形成共识，这样不仅有利于中国水电工程技术标准"走出去"商业生态系统拓展，同时有利于生态系统发育成长。

5.6　水电工程技术标准"走出去"成长性演化动力模型

5.6.1　成长性演化方程

生物学家在研究自然界生物增长时，发现、发展了种群增长模型，即著名的逻辑斯蒂（logistic）方程。从 1798 年英国 Malthus 先生最初创立的方程形式，$dx(t)/dt = r(t)$，[式中，$x(t)$ 表示种群数量，$dx(t)/dt$ 表示增长率，r 表示内禀增长率]，1838 年荷兰生物学数学家 P·F·Verhulst 对上述模型进行了发展，形成新的模型 $dvx(t)/dt = rx(t)[1-x(t)/N]$，该模型考虑了环境最大容量 N。这就是著名的 logistic 方程的发展。此后，logistic 方程演化出更多种形式。在自然生态领域的研究中，LV 模型的建立和发展均基于自然界生物在一定时期内表现为不断增长的过程，在发展初期，数量和规模增长较快，经过增长发展并到了一定的阶段，增长将达到较大值，然后，又因环境资源条件和自身因素等的制约，保持增长但发展速度下降，直到达到最大值，同时，在外部环境和资源条件不被破坏和改变的情况下，规模和数量保持在一定状态，保持稳定，不再增长，符合典型的生命生长发展特征。社会生活和经济生活中的很多活动也是如此，社会学家和经济学家已经给出了较多的证明。但社会学和经济学领域的更多发展规律，并不完全符合规范的

LV 模型。更多地经济现象表现为有限增长,系统内存在无序运动和变化,这些变化增加了直接引用 LV 模型的难度,因而需要调整和改进 LV 模型。经济学家和数学家们找到了一些解决非线性变化的有效方法。logistic 方程是常用的方法之一,其作用是用来描述"有限增长"。水电工程技术标准商业生态系统具有典型的阶段特征,在前文第二章的论证中,假设水电工程技术标准商业生态系统服从传统典型商业生态系统的发展规律,且符合有限增长规律。本节研究中,不妨假设水电工程技术标准商业生态系统的发展亦遵循典型有限增长的逻辑方程规律,假设技术标准商业生态系统内种群增长均遵 logistic 方程。其表达式为(式 5-3),方程所表示的曲线如图 5-5 所示。

$$\frac{\mathrm{d}x(t)}{\mathrm{d}t} = r \times x(t) \times \left[1 - \frac{x(t)}{K}\right] \qquad (式 5-3)$$

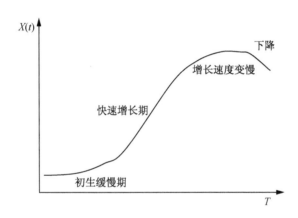

图 5-5 有限增长及发展过程

式中,$x(t)$ 表示种群的密度(可用数量或规模与环境容量计算),在下文两个技术标准对照分析时,可分别替代为 $W(t)$ 和 $Z(t)$;r 表示内生增长率,即幼年种群存活量与种群数量成正比的比率,$r = \mathrm{d}x/\mathrm{d}t(r>0$ 表示增长)。本研究作如下仿生比喻:r 表示的内生增长率,为商业生态系统中群落成员(包括四大群落中的商业成员和非商业成员)数量的增长或成员规模的增长,当研究技术标准"走出去"时,群落成员数量和规模包括在同一系统中的中国成员和外国成员。$x(t)$ 表示的种群的密度即为同一生态系统中群落成员的密度,可用支持或拥护同一技术标准的群落成员的数量密度或规模密度衡量。K 表示环境容量,也即 $x(t)$ 的增长极限,在水电工程技术标准商业生态系统领域,可理解为一国或一区域水电开发市场的最大技术标准需求量。市场容量可用可开发装机容量、总投资额或市场占有率等进行

度量。当某商业生态系统在一定环境内生存发展时,受环境容量的限制,则有

$$\sum_{t\to\infty}\lim x(t) = K_x \qquad (式 5-4)$$

式中($t\to\infty$)时,生态系统 X 的环境容纳量为 $K_x(K_x\geqslant 0)$,即在一定时期内,一国或一区域内,对于某技术标准商业生态系统的水电市场总容量为 K_x。当某市场中同时有 W、Z 两种技术标准商业生态系统时,则有

$$\lim_{t\to\infty} w(t) = K_W, \lim_{t\to\infty} z(t) = K_Z \qquad (式 5-5)$$

式(5-3)表示,由于两技术标准商业生态系统处于同一水电市场环境中,当区域范围确定后,区域内的水电开发容量是有一定限度的,即两系统各自有一定的市场容量 K_w、K_z,且各自存在最大值。同一区域中的两生态系统的生存空间之和,即为市场的总环境容量(用 K 表示)。当市场中只有两个技术标准商业生态系统时,则又有

$$K = K_W + K_Z \qquad (式 5-6)$$

且 $K_w\leqslant K$、$K_z\leqslant K$。当 $K_w = 0$ 时 $K_z = K$;或当 $K_z = 0$ 时,$K_w = K$。即,商业生态系统经过竞争后,某市场环境中已只有一种生态系统生存。当市场中有多种商业生态系统同时存在时,则有

$$K = \sum_{t\to\infty}^{i} (Ki) \qquad i = 1、2\cdots n \qquad (式 5-7)$$

K 为某市场在同一时期各商业生态系统共生或竞争时的容量总和,并存在极限值,且这个极限将随环境容量变化,但在一定时期内存在最大值。n 表示某市场中同一时期内不同技术标准商业系统的数量,一般情况下,这个数量是可数的,且其值较小(可理解为世界范围内主要技术标准体系的数量)。

5.6.2　技术标准系统间发展阶段关系的假设对比分析

(1) 两商业生态系统全阶段竞争关系形式分析

在前述分析中,技术标准商业生态系统的发展阶段分为开拓阶段、拓展阶段、领导权阶段和更新死亡阶段。两个商业生态系统在四个阶段中均形成竞争关系,将形成下列可能的竞争组合。从表 5-3 可以看出,两生态系统单一阶段对应的竞争关系有 16 种。进一步地,还会出现一阶段与二阶段、一阶段与三阶段、一阶段与四阶段的竞争形式,也存在二阶段与二阶段、二阶段与三阶段、二阶段与四阶段,三阶段与三阶段、三阶段与四阶段,四阶段与四阶段的竞争形式等。这表明可能的竞

争形式是多种多样的,具体竞争形式的仿生分析如表5-4所示。

表5-3 两商业生态系统单一阶段对应竞争形式仿生分析

序号	系统1	系统2	序号	系统1	系统2
1	1开拓	1开拓	9	3领导权	1开拓
2	1开拓	2拓展	10	3领导权	2拓展
3	1开拓	3领导权	11	3领导权	3领导权
4	1开拓	4更新	12	3领导权	4更新
5	2拓展	1开拓	13	4更新	1开拓
6	2拓展	2拓展	14	4更新	2拓展
7	2拓展	3领导权	15	4更新	3领导权
8	2拓展	4更新	16	4更新	4更新

表5-4 两商业生态系统单一阶段对多阶段竞争形式仿生分析(举例)

序号	系统1	系统2	简要说明
1	1开拓	1开拓+2拓展	双方从起步竞争,仅系统2得到发展
2	1开拓	1开拓+2拓展+3领导权	双方从起步竞争,系统2发展快
3	1开拓	1开拓+2拓展+3领导权+4更新	双方从起步竞争,系统2发展更快
4	2拓展	1开拓	系统2在系统1未发育成熟时开始竞争
5	2拓展	1开拓+2拓展	系统2在系统1未发育成熟时竞争,并得到发展
6	3领导权	1开拓	系统2在系统1发育成熟的领域,从起点开始竞争
7	3领导权	1开拓+2拓展	系统2在系统1发育成熟的领域,从起点开始竞争并得到发展
8	3领导权	1开拓+2拓展+3领导权	系统2在系统1发育成熟的领域,从起点开始竞争,得到发展,并与系统1瓜分市场

准确分析上述各种情况需要做大量的工作。下一节将通过简化进行分析。

(2)两系统两阶段竞争关系分析

自然生态系统LV关系研究基于以下基本假设:假设种群处于下列状态,两种群是在同一环境中的生态关系,均具有两个生长发育阶段,即幼年阶段、成年阶段,任一种群的幼年均没有能力和另一种群进行竞争,暂时不计入幼年的出生率(即幼年种群不生产,只有成年种群生产),种群内存在自食。种群均按 logistic 曲线增长。两种群间是共生、竞争、捕食和被捕食关系。同理,假设两技术标准商业生态系统处于下列状态,技术标准两系统是在同一区域环境中生存,存在竞争关系,均具有两个阶段生命特征,即幼年阶段(仅指开拓阶段),成年阶段(包括拓展阶段、领导权阶段和更新死亡阶段),任一系统的幼年均没有能力和另一系统进行竞争,暂不计幼年出生率,弱小企业无竞争能力。系统内的自食(即技术标准商业生态系统的内部竞争)通过新加入者已弥补,两种群均按 logistic 曲线增长。两技术标准生态系统同时存在于一个市场环境系统,其相互关系是共生、竞争、捕食和被捕食(个体间的捕食和被捕食,可理解为标准生态系统内的子系统的竞争结果)。两技术标准生态系统具有相同的功能,但生存和竞争能力不同,具体仿生分析如表 5-5 所示。

表 5-5　两技术标准两阶段竞争关系形式仿生分析

序号	系统 1	系统 2	简要说明
1	1 幼年	1 幼年	双方从起步竞争
2	1 幼年	2 成年	系统 1 从起步竞争,挑战系统 2
3	1 幼年	1 幼年+2 成年	双方从起步竞争,系统 2 发展快
4	2 成年	1 幼年	系统 2 挑战系统 1
5	2 成年	2 成年	两系统在成熟阶段竞争
6	2 成年	1 幼年+2 成年	系统 2 挑战系统 1,并得到发展
7	1 幼年+2 成年	1 幼年	双方从起步竞争,系统 1 发展快
8	1 幼年+2 成年	2 成年	系统 1 挑战系统 2,并得到发展
9	1 幼年+2 成年	1 幼年+2 成年	双方从起步竞争,共同得到发展

5.6.3　两个技术标准商业生态系统间演化增长 LV 分析模型

LV 模型已经是一个有近 100 年历史的古老模型了。早在 20 世纪 20 年代,生物学家 Lotka、Volterra 就分别建立了基于捕食—被捕食关系的竞争模型,此后随着众多的生物学家、生态学家、经济学家、数学家等各领域的专家学者的研究和发展,在自然生态的两种群相互作用等方面取得了更加丰富的研究成果,基于 LV 变化和改进而构建的模型多种多样,并通过进一步的预测、实验、观测、观察等,进一步探索了两种群的竞争。在数学研究方面,经历了从无到有,从简单到复杂,从连续到离散,从特殊到一般,不断构造出复杂科学的数学模型的过程。研究领域也从自然生态系统到经济领域，从自然生态系统到商业生态系统。近10年来，关于LV模型的研究和应用又趋活跃，应用领域更加广泛，多用于可再生资源与人口、社会文明动态发展、人口与传染病传播、经济增长与经济规律、企业经营者与投资者博弈、软件市场竞争结构、资产定价等。2000年以来，国内有研究者将LV模型应用于市场结构的演进分析、[①]资产定价研究、[②]系统软件产业市场结构LV模型与经济学解释等。吕波（2007）将LV模型用于国际技术标准竞争博弈分析，但限于研究深度，在模型的应用方面仅简要分析了在网络外部性条件下通信领域在采用技术标准方面的竞争案例，未能就技术标准"走出去"进行探讨。本研究注意到，水电工程技术标准商业生态系统的竞争，特别是两个标准生态系统间的竞争，具有LV竞争模型的基本规律。水电工程技术标准"走出去"与其他国家或组织的水电工程技术标准间进行竞争与合作时，更具有LV竞争模型的基本假设前提。所以本研究对LV竞争模型做进一步分析，构建水电工程技术标准"走出去"拓展建立新的商业生态系统，并与其他技术标准商业生态系统互惠成长或竞争成长的研究模型。我国水电工程技术标准"走出去"，初始阶段要经历较长的孕育过程，一旦"走出去"，将有一个较快的发展阶段，随着一国或一定区域内的水电项目得以开发，技术标准的应用达到较大值，同时，应用到水电项目上的数量仍在持续增长，但增长速度将下降，然后会达到最大值，并保持一定时期的平衡。然而，水电工程技术标准"走出去"的竞争也受水电工程市场有限性的制约。随着水电资源不断被开发，水电项目自然市场的绝对量下降，技术标准的应用将逐渐减少。

（1）典型LV演化动力模型及其参数意义

对于两种群动力系统，通常用微分方程组表示（注：陈兰荪等著），即：

$$\begin{cases} \dot{x}(t) = x(t)[\beta_1 - \alpha x(t) - b_1 y(t)] \\ \dot{y}(t) = y(t)[\beta_2 - r y(t) - b_2 x(t)] \end{cases} \qquad \text{（式 5-8 a）}$$

式中：

$$\begin{cases} \dot{x}(t) = \mathrm{d}x(t)/\mathrm{d}t \\ \dot{y}(t) = \mathrm{d}y(t)/\mathrm{d}t \end{cases} \qquad \text{（式 5-8 b）}$$

---

① 孔东民. Lotka-Voterra 系统下市场结构的演进[J]. 管理工程学报，2005(3)：80-84.

② 泰学志. 基于博弈和 Lotka-Voterra 生物竞争机制的资产定价方法[J]. 系统工程理论与实践，2003(9)：57-61.

上述方程组及其参数表示的意义为:方程组表示 X、Y 均为一个生存阶段的两种群之间的竞争。$x(t)$、$y(t)$ 表示两种群各自在 t 时刻的种群密度;β_1、β_2 分别表示 X、Y 两系统各自的出生率;$\alpha = dx/dt$,表示种群 X 的增长率;$r = dy/dt$,表示种群 Y 的增长率,当种群不再增长而趋于稳定时,$\alpha = 0$ 或 $r = 0$。b_1、b_2 表示两生态系统间的竞争系数。b_1 表示种群 X 捕获 Y 的能力;b_2 表示种群 Y 捕获 X 的能力;α、r、b_1、b_2 等 4 个参数,反映两种群的生态关系。因两种群在同一个生态环境中生存,两种群间有三种生存关系。当 $\alpha < 0, b_2 > 0$,表示捕食—被捕食系统。Y 捕食 X 的种群数量下降,X 种群的发展受到限制。当 $\alpha < 0, b_2 < 0$,表示为双方相互竞争的竞争系统,X 种群数量减少,Y 种群捕食能力下降。当 $\alpha > 0, b_2 > 0$,表示双方为互利系统。Y 捕食,但 X 仍能保持种群发展和种群数量增长。

(2) 两技术标准商业生态系统间 LV 演化动力方程

用大写字母 W 代表某国技术标准商业生态系统,以大写字母 Z 代表中国技术标准商业生态系统,两系统各为一阶段演化,则有两技术标准商业生态系统演化 LV 方程表达方式为

$$\begin{cases} \dot{W}(t) = W(t)\left[\beta_w - \alpha_w W(t) - b_w Z(t)\right] \\ \dot{Z}(t) = Z(t)\left[\beta_z - \alpha_z Z(t) - b_z(t)\right] \end{cases} \qquad (式 5-9)$$

$W(t)$、$Z(t)$ 表示两个技术标准种群各自在 t 时刻的种群密度;$\dot{W}(t) = dW(t)/dt$,表示 $W(t)$ 在 t 时刻(W 种群密度)的增长率;$\dot{Z}(t) = dZ(t)/dt$,表示 $Z(t)$ 在 t 时刻(Z 种群密度)的增长率;b_w、b_z 表示两个技术标准种群间的竞争系数;b_w 表示种群 W 对捕获种群 Z 的能力,即竞争优势能力;b_z 表示种群 Z 捕获 W 的能力,也即竞争优势能力;β_w、β_z 表示两技术标准商业生态系统内各自的内部成员变化率(增长率或减少率),即表示系统的种群中拥护或使用某类技术标准的商业成员数量的增加率或减少率。$\alpha_w = dw/dt$,表示 W 技术标准商业生态种群的增长率,当 W 种群和商业成员趋于稳定时,$\alpha_w = 0$;$\alpha_z = dz/dt$,表示 Z 技术标准种群和商业成员的增长率,当 Z 种群趋于稳定时,$\alpha_z = 0$。有关文献对方程 5-9 所表述的 LV 方程给出了解的含义。现引述和分析如下:(1)对于式 5-9,若 β_w、β_z、α_w、$\alpha_z > 0$;b_w、$b_z < 0$,则为平面互惠系统。系统有 4 个奇点(奇点的数值表达式见该文献)。(2)对于式 5-9,若 β_w、β_z、α_w、α_z、b_w、$b_z > 0$;则为平面竞争系统。系统有 4 个奇点(奇点的数值表达式见该文献)。(3)对于式 5-9,若 $\beta_w > 0$;α_w、$\alpha_z > 0$;$b_w > 0$,$b_z < 0$,则为捕食—被捕食系统。β_z 的正负决定了 Z 系统对 W 系统的捕食能力。同理,若 $\beta_z > 0$,则 β_w 的取值正负决定 W 系统对 Z 系统的捕食能力。

上述系统有 4 个奇点，即 $(0,0)$，$(0, \beta_z/\alpha_z)$，$(0, \beta_w/\alpha_w)$，和 $[(\beta_u\alpha_z-\beta_z b_w)/(\alpha_u\alpha_z-b_u b_z)$，$(\beta_z\alpha_w-\beta_w b_z)/(\alpha_u\alpha_z-b_u b_z)]$。进一步分析可出现四种情况。第一种情况：若 $\beta_z>0$，说明捕食者 Z 的食物来源除了 W 以外，还有其他食物，如依靠中国水电工程技术标准获得更多营养。若 $b_w>0$ 且足够大，便得 $(\beta_u\alpha_z-\beta_z b_w)\leqslant0$，说明捕食效率太高，被捕食者会被捕光，但捕食者可以持续生存，这时系统没有正的奇点。如果 $b_w>0$ 但不是很大，使得 $(\beta_u\alpha_z-\beta_z b_w)>0$ 时，捕食者和被捕食者可以共存，系统有一个全局吸引的正奇点。第二种情况：若 $\beta_z\leqslant0$，说明捕食者 Z 的食物来源主要是 W，若被捕食者灭绝，则捕食者也会因为饥饿而灭绝。如果 $\beta_z\leqslant0$ 且 $|\beta_z|$ 足够大，使得 $(\beta_z\alpha_w-\beta_w b_z)\leqslant0$，说明捕食者的食量太大，被捕食者供不应求，捕食者会趋于灭亡，而被捕食者生存。如果 $\beta_z\leqslant0$ 但 $|\beta_z|$ 不是很大，使得 $(\beta_z\alpha_w-\beta_w b_z)>0$，这时两个生态系统可以共存，系统将有唯一的全局稳定的正奇点。也就是说，当全局稳定时，两技术标准商业系统能在同一区域内同时长期存在。中国水电工程技术标准"走出去"，要达到一定的稳定状态，若面临 $\beta_z\leqslant0$ 即捕食竞争能力较弱或较差时，但 $|\beta_z|$ 一定不能很大，即必须鼓励更多的成员支持或拥护采用中国标准，不论中外成员，中国标准不仅中国成员能用会用，外国成员也应能用会用，尽最大可能增大 β_z 的值。

（3）W、Z 两技术标准商业生态系统各为两阶段的演进分析

假设某国或某区域内，有两个水电工程技术标准商业生态系统，两个系统的种群都是两个阶段发展，用 W_1、W_2 分别表示种群 W 的第 1 和第 2 阶段，存在 W_2 自食 W_1；Z_1、Z_2 分别表示种群 Z 的第 1 和第 2 阶段，存在 Z_2 自食 Z_1。第 1 阶段为弱势成员和新加入成员，第 2 阶段为成熟成员和强势成员。则建立以下 LV 模型方程：

$$\begin{cases} \dot{W}_1(t)=\beta_w Wz(t)-d_w W_1(t)-\alpha_w Wz(t) \\ \dot{W}_2(t)=d_w W_1(t)-\alpha_w W_2^2(t)-b_w Z_2(t)W_2(t) \\ \dot{Z}_1(t)=\beta_z Zz(t)-d_z Z(t)-\alpha z Z1(t) \\ \dot{Z}_2(t)=d_z Z_1(t)-\alpha_z Z_2^2(t)-b_z W_2(t)Z_2(t) \end{cases} \quad \text{（式 5-10）}$$

$\alpha_w=\mathrm{d}w_1/\mathrm{d}t$，$\mathrm{d}_w=\mathrm{d}w_2/\mathrm{d}t$ 表示种群 W 在两个阶段的个体增长率；$\alpha_z=\mathrm{d}z_1/\mathrm{d}t$，$\mathrm{d}_z=\mathrm{d}z_2/\mathrm{d}t$ 表示种群 Z 在两个阶段的个体增长率。d_w、d_z 表示两种群的幼年向成年的转化数量与幼年种群数量成正比的比率常数，$d_i>0$。b_w、b_z 表示两系统的竞争系数；α_w、b_w、d_w、α_z、b_z、d_z 等 6 个参数决定了两种群间的生存关系。式（5-10）未考虑种群内自食现象。上述方程为四维竞争方程，方程的稳定解在下节

讨论。若考虑 logistic 增长，也可通过更复杂的计算，求解出较复杂的稳定解——即竞争后的状态。

（4）技术标准 W 单阶段、技术标准 Z 两阶段演进分析

假设某国或某区域内，有两个水电工程技术标准商业生态系统，其中，系统 W 的种群已处于较发达的阶段，用 $W(t)$ 表示；种群 Z 有初期阶段和成年阶段共两个发展阶段，分别用 Z_1、Z_2 分别表示种群 Z 的第 1 和第 2 阶段，第 1 阶段表示为幼年成员，即新加入成员和弱势成员，第 2 阶段表示成熟成员和强势成员。则可建立以下 LV 模型方程：

同时，考虑系统内 Z 的种群中有自食现象（即成年捕食幼年，可将自食理解为系统内部形成的强弱之间的竞争，一些弱势企业被捕食）。则有以下三维的 LV 竞争方程：

$$\begin{cases} \dot{W}_1(t) = \beta_w W(t) - \alpha_w W^2(t) - b_w W(t) Z_2(t) \\ \dot{Z}_1(t) = \beta_z Z_2(t) - d_z Z(t) - \alpha_z Z_1(t) - c_z Z_1(t) Z_2(t) \\ \dot{Z}_2(t) = d_z Z_1(t) - \alpha_z Z_2^2(t) - b_z W(t) Z_2(t) - k z C_z Z_1(t) Z_2(t) \end{cases} \quad \text{（式 5-11）}$$

$\alpha_w = \mathrm{d}w/\mathrm{d}t$，表示种群 W 的个体增长率；$\alpha_z = \mathrm{d}z/\mathrm{d}t$，表示种群 W 在幼年阶段的死亡与其数量成正比的比率常数，$\alpha_z > 0$；d_z 表示种群 Z 的幼年向成年的转化数量与幼年种群数量成正比的比率常数，$z > 0$；C_z 表示自食系数或自食率，c_z 为正常数；k_z 为正常数，$0 < k_z < 1$。b_w、b_z 分别表示两种群的竞争系数；上述参考文献中讨论了上述方程的稳定解。带入 logistic 增长方程，可求出其稳定解 ——即竞争的稳定状态。对式(5-11)，其初始条件为 $W(0) > 0, Z_1(0) > 0, Z_2(0) > 0$。令 $R_+^3 = \{(W, Z_1, Z_2)\} : W \geqslant 0, Z_1 \geqslant 0, Z_2 \geqslant 0$，则可参考肖燕妮、陈兰荪在《具有阶段结构的竞争系统中自食的稳定性作用》讨论的竞争系统的永久持续生存问题，求出方程的解。

5.6.4 两技术标准商业生态系统动力方程均衡解及其意义

上一节给出了式(5-9)、式(5-10)、式(5-11)三组关于两技术标准商业系统竞争的 LV 模型方程组。三个方程组均为微分方程组。三式分别表示了两个技术标准间不同生存状态时的竞争关系。下面再对式(5-10)进一步讨论方程的稳定解，和稳定解的生态学意义，即标准间竞争的状态。方程式组(5-10)表示了两个技术标准各自两阶段竞争模型。参考前述参考文献，方程式组(5-10)的稳定解表示如下：令 $R_+^4 = \{(w_1, w_2, z_1, z_2) \mid w_i \geqslant 0, z_i \geqslant 0, i = 1, 2\}$，显然 R_+^4 是方程式组(5-10)

的正不变集,方程式组(5-10)表示的两生态系统的边界平衡点

$$E_0=(w_1,w_2,z_1,z_2)=(0,\ 0,\ 0,\ 0);$$

$$E_{12}=(w_1,w_2,z_1,z_2)=\left[\frac{d_w\beta_w^2}{\alpha_w(d_w+a_w)^2},\ \frac{d_w\beta_w}{\alpha_w(d_w+a_w)},\ 0,\ 0\right];$$

$$E_{34}=(w_1,w_2,z_1,z_2)=\left[0,\ 0,\ \frac{d_z\beta_z^2}{\alpha_z(d_z+a_z)^2},\ \frac{d_z\beta_z}{\alpha_z(d_z+\alpha_z)}\right]$$

(式5-12)

若 $A\times B>0$,则存在正平衡点 E^*

$$E^*=\left[\frac{\beta_w}{(d_w+\alpha_w)}w_2^*,\ w_2^*,\ \frac{\beta_z}{(d_z+\alpha_z)}z_2^*,\ z_2^*\right],$$ (式5-13)

其中

$$w_2^*=\frac{1}{\alpha_u\alpha_z-b_ub_z}\left[\frac{\alpha_zd_w\beta_w}{d_w+\alpha_w}-\frac{b_ud_w\beta_z}{d_z+\alpha_z}\right]$$

$$=\frac{1}{\alpha_u\alpha_z-b_ub_z}\left[\frac{\alpha_zd_w\beta_w(d_z+\alpha_z)-b_ud_z\beta_z(d_w+\alpha_w)}{(d_w+\alpha_w)(d_z+\alpha_z)}\right]$$

$$=\frac{1}{C}\left[\frac{B}{(d_w+\alpha_w)(d_z+\alpha_z)}\right];$$

$$z_2^*=\frac{1}{\alpha_u\alpha_z-b_ub_z}\left[\frac{ad_z\beta_z}{d_z+a_w}-\frac{b_zd_w\beta_w}{d_w+\alpha_z}\right]$$

$$=\frac{1}{\alpha_u\alpha_z-b_ub_z}\left[\frac{a_ud_z\beta_z(d_w+\alpha_z)-b_zd_w\beta_w(d_z+a_w)}{(d_z+a_w)(d_w+\alpha_z)}\right]$$

(式5-14)

$$=\frac{1}{C}\left[\frac{A}{(d_z+\alpha_w)(d_w+\alpha_z)}\right]$$

式中,

$$A=\alpha_ud_z\beta_z(d_w+a_w)-b_ud_w\beta_w(d_z+\alpha_z);$$

$$B=\alpha_zd_w\beta_w(d_z+\alpha_z)-b_ud_z\beta_z(d_w+\alpha_w);$$

$$C=\alpha_u\alpha_z-b_ub_z$$

通过构建拉甫罗夫(Lyapunov)函数的方法,胡文平(2008)在《两种群竞争模型的稳定性分析》一文中进一步推导和证明,得出了三个全局渐近稳定性的定理。

若 $A<0,C>0$,则 E_{12} 关于 R_{+12}^4

$$R_{+12}^*=\{(w_1,w_2,z_1,z_2)|w_i>0,z_i\geqslant0;i=1,2\}$$ (式5-15)

是全局渐近稳定的。

若 $B<0,C>0$，则 E_{34} 关于 R^4_{+34}

$$R^4_{+34}=\{(w_1,w_2,z_1,z_2)\mid w_i\geqslant0,z_i>0;i=1,2\} \qquad (式5\text{-}16)$$

是全局渐近稳定的。

若 $A>0,B>0$，则 E^* 关于 R^4_+

$$R^4_+=\{(w_1,w_2,z_1,z_2)\mid w_i\geqslant0,z_i\geqslant0;i=1,2\} \qquad (式5\text{-}17)$$

是全局渐近稳定的。R^4_+ 是式(5-8)的正不变集。

上述解表示的生态学意义：根据 A、B、C 值大小的不同，可以进一步探讨全局解的稳定性。即两生态系统的共同生存下去的竞争状态。

讨论如下：a_w、b_w、d_w 与 a_z、b_z、d_z 等系数反映了两系统各自的生存和发展状态，其值的大小，决定生态系统的健康程度和竞争能力，综合参数 A、B、C 的数值影响着上述方程解集的数值。两技术标准之间的竞争，从各参数的数值关系中得到反映。对"走出去"的水电工程技术标准商业生态系统即上述增长方程中的 Z 系统而言，a_z、b_z、d_z 值的合理取值，是研究水电工程技术标准"走出去"重要指标。本研究表达式中，a_z 表示生态系统的种群密度，且总体上其值应使 $a_z>0$ 且越大越有利，也就说明鼓励更多的中外成员加入商业生态系统有利于竞争。d_z 表示同一生态系统中的内部竞争，内部竞争将使用种群数量减少，即 a_z 降低，但适度的内部竞争，能使 b_z 值增加，即增加对另一系统的竞争能力；而过度的竞争将使 $a_z<0$，推动减少成员数量，则降低了生态系统的发展能力。b_z 表示竞争能力，竞争能力的提高，更加有利于商业生态系统的发展发育。

参数 A、B、C 综合反映了两生态系统的共生和竞争状况，其值的不同决定着两系统的发展方向，当两系统有平衡解 E_{12} 或 E_{34} 时，说明各自能够生存，但生存的质量不同，即获得 E_{12} 的解时，有利于 W 系统的生存，而获得 E_{34} 的解时，有利于 Z 系统的生存，获得 E^* 解时，两系统处于相对平衡发展的状态。以 E_{34} 解集为例，z_1 为新加入系统的成员，若仅为本土成员，z_2 为中国生态系统成员，主要为"走出去"成员。

$$z_1=\frac{d_z\beta_z^2}{a_z(d_z+a_z)^2};$$
$$z_2=\frac{d_z\beta_z}{a_z(d_z+a_z)} \qquad (式5\text{-}18)$$

若实现中国水电工程技术标准"走出去"，要加强中国商业成员"走出去"数量以增加出生率 β_z，中国成员相互之间应减轻捕食（即减少内部竞争），促进弱势成员转化为优势成员(增大 d_2)，这样能够保证生态系统的成员生存，保证成员密度。而要达到与 W 系统的竞争，并使达到竞争平衡状态，应以解 Z_2^* 为依据，各项参数均处于有利于 Z 系统的均衡状态，而不是单一指标的优化，也就是说，竞争能力体现在多参数的综合，而不仅仅只体现在捕食能力(b_2)——代表技术标准的技术水平——这一个方面。同时，若要实现中国水电工程技术标准"走出去"，培育本土成员 Z_1 加入"走出去"的商业生态系统是重要的商业活动，同时还应减轻对已经加入商业生态系统中的本土成员 Z_1 的"捕食"，Z_1 的发展与其生态系统成员"总出生率" β_z^2 成正比，说明加入的成员数量越多越有利，培育本土成员重点在于培育其生态密度 α_z(即增加数量)、生存能力 d_z(转化为成熟成员)和捕食能力 b_z(竞争能力)。对于水电工程技术标准商业生态系统更复杂的共生、竞争等演化关系留待今后更深入研究。

5.6.5　基于 LV 模型对生态系统"走出去"成长性演化分析结论

生物数学家对于具有阶段结构特征的种群生物 LV 竞争模型做了大量研究。刘胜强、陈兰荪在《阶段结构种群生物模型与研究》中，对于前述方程组的研究结论，可借鉴用于解释两技术标准商业生态系统的竞争与演化，非常具有指导意义，引述并分析如下：

(1) 在具有阶段结构的竞争系统中，在某个种群引入阶段结构将对其持续生存带来负面的影响，而有利于与其竞争的种群的持续生存，或者说，使得与其竞争的种群更难被灭绝。这种影响程度与引入阶段结构的阶段结构度有关。该结论说明，两生态系统竞争时，两阶段的生态系统的初始阶段应尽量的缩短，否则容易被强势的系统灭绝，或者说，"走出去"技术标准的商业生态系统应有一定的规模和能量，否则将难以形成竞争。

(2) 在具有阶段结构的两种群竞争系统中，种群阶段结构度相对过大可能成为该种群灭绝的唯一原因；适当地增大某一种群的阶段结构度是促使该种群不断走向发育发展的可行的策略。该结论说明，"走出去"的水电工程技术标准商业生态系统应当有合适的规模，规模过大容易导致灭亡。同理，对于与其竞争的系统，促使其过大增长也是其灭亡的有效方式，但这种方式的风险性很大。

(3) 某些时候，仅仅靠减少种群的阶段结构度并不能挽救该种群的灭绝命运。阶段结构不但是上述竞争系统中影响种群渐近行为的重要因素，而且是最重要因素，因而提出了对种群渐近行为进行保护是最有效的方法。该结论对于水电工程技术标准商业生态系统"走出去"的指导意义是，要培育技术标准商业生态系统并在其"走出去"的初始阶段给予培育和保护，促进其尽快成长，保护其发展到能形成竞争力的成年阶段。

（4）在代表中国标准商业生态系统的方程参数中，若要提高技术标准的竞争力，一是"走出去"的技术标准数量的持续增加和"走出去"企业的数量增加，能够增加和提高种群的增长率，使 r 增加，$r \geqslant 0$ 且值越大越有利。持续提升中国技术标准的水平和中国企业竞争力，能够增加和提高种群的捕食能力，使 $b_2 \geqslant 0$，且越大越有利。

第六章
水电工程技术标准"走出去"的
战略评价模型

6.1 基于 4P3S 分析工具的评价内容

商业生态系统理论创始人穆尔教授在其理论著作《竞争的衰亡》中大量引用 4P3S 分析工具,对生态系统各阶段演化发展进行分析。结合这一理论成果,本研究借助 4P3S 分析工具,对此次研究所提出的水电工程技术标准"走出去"商业生态系统演化战略进行评价。为进行定性和定量分析,基于上述分析思路,本研究对水电工程技术标准"走出去"战略进行评价,基于商业生态系统理论研究成果和关于商业生态系统的发展阶段判别分析要素细分及分析指标,采用 4P3S 分析工具和层次分析法(AHP 法)原理,调查问卷详细明确了主要评价要素,进一步明确各个要素核心问题,根据问题进而提出要素评价因子,形成"走出去"的商业生态系统适应性和成长性演化战略评价分析表。具体评价分析见表 6-1。

表 6-1 标准"走出去"的商业生态系统适应演化战略和成长性演化战略评价分析

序号	主要评价要素(4P3S)	核心问题	要素细分即评价因子	适应性判别(赋分值)	成长性判别(赋分值)	定性或定量评价结论
1	顾客	什么样的顾客与提供怎样的服务?	对技术标准的信赖;顾客的兴趣与参与	赋分判别	赋分判别	
2	市场	市场的界限与规模是什么?	一国水电市场规模和开发潜力,对技术标准的需求和依赖程度	赋分判别	赋分判别	

续　表

序号	主要评价要素（4P3S）	核心问题	要素细分即评价因子	适应性判别（赋分值）	成长性判别（赋分值）	定性或定量评价结论
3	产品	能够提供的全部贡献及其价值是什么？	生态系统的核心价值；水电工程技术标准水平；适于境外使用的水电工程技术标准体系完备程度；水电工程建设质量安全与工程功能	赋分判别	赋分判别	
4	过程	商业进程结构是否合理？价格是否合适？如何更好表现？	技术标准的便利程度；品牌知名度；列为水电项目国际招标许可标准；与本土技术标准的有机衔接性	赋分判别	赋分判别	
5	组织	核心商业的作用是否形成？如何建立协调关系？利益分配机制是否形成与完善？如何解决内部竞争与冲突？	核心商业的领导地位；战略伙伴关系的建立程度；生态系统中的商业组织及其组织机构的治理结构健全程度；教育与人才培养；法律援助机构；各类供应商业完备程度；本土商业成员的加入与跟进	赋分判别	赋分判别	
6	风险承担者	是否符合他们的计划？	投资人对技术标准商业生态的信赖及投资信心；银行等金融服务机构对技术标准商业生态的信任；国际风险承担者包括融资担保人等对技术标准的信赖	赋分判别	赋分判别	

序号	主要评价要素(4P3S)	核心问题	要素细分即评价因子	适应性判别（赋分值）	成长性判别（赋分值）	定性或定量评价结论
7	政府和社会	与政府及公众的关系如何建立？如何评价？政府关系管理？	中国政府的支持程度；中国技术经济的综合实力；东道国政府对技术标准的认可与许可；东道国公众的认知度，对社会价值的创新与回报；东道国社会精英等支持生态系统的加入	赋分判别	赋分判别	

表 6-1 中，本商业生态系统的 7 个方面，也即 7 个主要评价要素，作为第一层级的要素，代表生态系统在不同角度的适应性和成长性。7 个主要要素的细分因子可根据国别市场做进一步分解。采用这种统一的方法，可以针对不同国别或区域的水电市场，对水电工程技术标准"走出去"后的商业生态系统的发育情况，作出定性和定量的评价，进而为战略决策提供依据。

6.2　分析方法设计

结合本研究，研究者设计了评价的分析方法和具体操作过程。其主要流程如下：分析研究的前提→分析研究受访对象的特殊性及选择受访对象→确定研究的调查目标→确定研究的调查范围，在此基础上，提出了实施调查的设计思路，即进行问卷的总体设计→确定问卷的发放与回收方式→设计调查量表→确定量表分析方法。本研究采用 excel 对相关数据进行整理分析，然后采用统计分析的相关理论，使用 SPSS 19.0 版软件进行统计和计算分析，得出分析结论和确定分析成果的可信度等。

6.3　问卷调查及数据搜集

本次实证研究中，关于水电工程技术标准"走出去"的商业生态系统适应性和成长性总体情况的调查，共收到 209 份有效调查表。赋分值如表 6-2 所示（部分数据示例）：

表 6-2　水电工程技术标准"走出去"战略评价调查问卷统计表(部分)

序号	要素 1 顾客		要素 2 市场		要素 3 产品		要素 4 过程		要素 5 组织		要素 6 风险承担者		要素 7 政府与社会	
	适应	成长	适应	成长	适应	成长	适应	成长	适应	成长	适应	成长	适应	成长
1	1	1	3	1	1	2	1	2	3.5	3	3.5	0.5	3.5	1.5
2	1	1	3	1	1	1	0.5	2	3.5	3	4	0.5	3.5	1.5
3	2	1	4	0.5	2	2.5	0.5	2	3.5	3	4	0.5	3.5	1.5
4	1	1	2	0.5	2	2	0.5	1	2.5	2.5	3.5	0.5	3	1.5
5	1	1	3	0.5	2	2	0.5	2	3	2.5	3.5	0.5	3.5	1.5
…	…	…	…	…	…	…	…	…	…	…	…	…	…	…
100	3	3	4	1	1	2.5	2	2	3	2.5	4	1	3.5	1.5
101	3	3	3	0.5	1	2.5	2	2	3	2.5	4	1	3.5	1.5
102	3.5	3.5	4	1	2	2.5	1	2	3.5	2.5	4	1	3.5	1.5
103	1	1	2	0.5	0.5	1.5	1	1.5	2.5	2	3.5	0.5	2	1.5
104	1	1	2	0.5	0.5	1	0.5	2	2.5	2	3.5	0.5	2	1.5
105	0.5	0.5	1	0.5	0.5	1	1	2	2.5	3	3.5	1	3	1.5
…	…	…	…	…	…	…	…	…	…	…	…	…	…	…
200	1	1	4	1	2	2	0.5	2.5	3.5	3.5	4	0.5	4	2
201	0.5	1	4	1	2	2	0.5	2.5	3.5	3.5	3.5	0.5	3	1.5
202	1	1	3	0.5	1	1	0.5	3	3.5	3.5	3.5	0.5	3	1.5
207	1.5	1	4	1	2	1.5	0.5	2	3.5	3.5	3.5	0.5	3	1.5
208	1.5	1	3	1	2	1.5	0.5	2	3	2	3.5	0.5	3	1.5
209	1	0.5	3	1	2	2	0.5	2	3	2	3.5	0.5	3	1.5
合计	325.5	308	545	152.5	206.5	322	169.5	454.5	648	551.5	756.5	133	681.5	339
平均	1.56	1.47	2.61	0.73	0.99	1.54	0.81	2.17	3.10	2.64	3.62	0.64	3.26	1.62

注:算术平均值采用四舍五入进位法,仅保留两位小数。

对于调查成果,本文首先简要分析了各要素的均值。经过统计分析,分别得出顾客、市场、产品、过程、组织、风险承担者、政府与社会 7 要素的适应性分值和成长性分值的均值,同时,计算得出其"乘积和"。问卷调查统计结果汇总如表 6-3 所示。

表 6-3　水电工程技术标准"走出去"问卷成果均值

序号	主要评价要素	适应性均值	成长性均值	适应性×成长性
1	顾客	1.557 4	1.473 7	2.294 7
2	市场	2.607 7	0.729 7	1.902 8
3	产品	0.988 0	1.540 7	1.522 2
4	过程	0.811 0	2.174 6	1.763 6
5	组织	3.100 5	2.638 8	8.181 6
6	风险承担者	3.619 6	0.636 4	2.303 5
7	政府与社会	3.280 8	1.622 0	5.289 0

　　将表 6-3 中适应性均值和成长性均值数据绘制在方格图中，可以直观地观察各评价要素在商业生态系统中的状态。具体情况如图 6-1 所示。从图中可以看出，大多数要素的适应性和成长性数值均处于相对低位状态，表明技术标准商业生态系统的适应性和成长性均处于较不发育阶段。

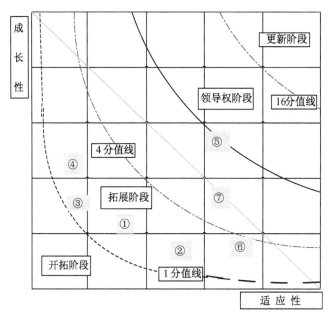

图例：图中曲线为等分值线；图中数字①代表顾客要素；②代表市场要素；③代表产品要素；④代表过程要素；⑤代表组织要素；⑥代表风险要素；⑦代表政府与社会要素。

图 6-1　问卷数据统计分析成果—变量均值直方图示意

6.4　数据分析结果

本研究进一步对上述调查数据进行统计分析。主要运用 SPSS 19.0 软件进行统计分析和计算,样本数据来源于上述实际调查问卷数据的信效度分析采用了统计学分析的一些规定性参数,以判断数据分析和计算的有效性和可信度等。将问卷统计数据分类为"适应性"和"成长性"两大维度,每个维度均有 7 个变量。实证研究部分首先对有效数据进行信度检验,并对调查问卷的结构效度进行测量。在此基础上,分别探讨"适应性"维度和"成长性"维度下,变量之间的相关性,以验证本研究中相关结论。

6.4.1　样本数据统计分析

李怀祖在《管理研究方法论》中总结到,信度和效度是评价研究工作中的两个重要分析指标,效度用来考察经验证的研究假设、判断其表述的变量间关系的可信度,信度用于表示对于同样的对象,运用同样的观测方法,得出同样观测数据(结果)的可能性。实证研究中,常用的信度检验包括重测信度、折半信度、克朗巴哈(Cronbach)信度和评分者信度等。克朗巴哈系数(Cronbach's α 是目前最常用的信度系数,一般认为,该系数在 0.7 以上时,问卷的可信度较高,其表达式为式 6-1(式中 k 为问卷中项目的数量)。

$$\alpha = \frac{k}{k-1}\left|1 - \frac{\sum\limits_{i=1}^{k}\sigma_i^2}{\sum\limits_{i=1}^{k}\sigma_i^2 + 2\sum\limits_{i=1}^{k}\sigma_i^2\sum\limits_{j=1}^{k}\sigma_{i,j}^2}\right| \qquad (式 6-1)$$

荣泰生给出基于克朗巴哈系数(Cronbach's α)的信度评价关系表,该表评价的是信度系数计算数值与可信度之间的关系。本研究选用 Cronbach's α 进行问卷的信度检验,具体检验标准如表 6-4。通常情况下,探讨研究要求 $\alpha > 0.7$,应用研究要求 $\alpha > 0.9$。

表 6-4　Cronbach's α 分布与信度对应关系表

信度分布区间	可信度
Cronbach's $\alpha < 0.3$	不可信
$0.3 \leqslant$ Cronbach's $\alpha < 0.5$	勉强可信
$0.4 \leqslant$ Cronbach's $\alpha < 0.5$	可信
$0.5 \leqslant$ Cronbach's $\alpha < 0.9$	很可信
Cronbach's $\alpha \geqslant 0.9$	非常可信

注:摘自荣泰生著《AMOS 与研究方法》。

调查问卷的效度检验是指问卷能够准确测量所需对象的程度,即对调查问卷结果的有效性进行分析,检验测量结果能够反映事物客观现实的程度。调查问卷效度分析包括准则效度、内容效度、结构效度等。本研究中调查问卷内容的设计主要基于国内外已有研究成果,并结合调研中相关业内人士的有效建议。因此,对于内容效度的检验不采用统计分析方法,但对于结构效度的检验运用因子分析方法。结构效度是指测量结果体现出来的某种结构与测量值之间的对应程度,该检验主要是将问卷中的每一题项作为一个分析变量,利用问卷调查结果给出的数据,对所有变量(题项)进行因子分析,并提取出一些较为显著的因子,因此从量表全部变量(题项)中提取出的公因子代表了问卷的基本结构。在因子分析中,经常使用的检验方式是 KMO 检验和 Bartlett 球形检验。KMO 检验的取值范围在 $0\sim1$ 之间,如果 KMO>0.5 时,一般认为效度可以接受;$0.6<KMO<0.7$ 时为不太合适;$0.8<KMO<0.9$ 时为较为合适;KMO>0.9 时为非常合适。Bartlett 球形检验中,$P<0.001$ 时说明从因子中可提取最少的因子,同时又能解释大部分的方差。

在变量相关性分析方面,本研究采用了常用的 Pearson 相关系数法分析参数之间的相关性。Pearson 相关系数的绝对值越大,表示两变量间相关性越强,相关系数越接近于 1(或 -1),表示正(或负)相关度越强,相关系数越接近于 0,相关度越弱。

表 6-5　Pearson 相关系数数值与相关性强度描述

Pearson 相关系数(绝对值)	相关性
0.8~1.0	极强相关
0.6~0.8	强相关
0.4~0.6	中等程度相关
0.2~0.4	弱相关
0.0~0.2	极弱相关或无相关

6.4.2　SPSS 计算分析结果

本次分析采用 SPSS 19.0 软件,从"适应性"和"成长性"两个维度,对样本数据进行数理分析,具体分析内容包括:描述性统计分析、信度和效度的检验因子分析,以及对指标重要性统计判别排序等。以下分别讨论适应性维度分析成果、成长性维度分析成果以及双维度分析成果。

6.4.2.1　适应性维度分析成果

本研究选用 209 个有效样本数据进行统计分析。如前所述,被调查者分别对问卷的题项给出了 0～5 分的主观评分,分值以 0.5 为基本单位。经统计计算,适应性维度下,数据极大值、极小值、均值、方差等相关统计分析参数如下。如表 6-6 所示。

表 6-6　适应性维度下统计数据的描述性统计分析

	N	极小值	极大值	均值	标准差	方差	偏度		峰度	
	统计量	统计量	统计量	统计量	统计量	统计量	统计量	标准误	统计量	标准误
顾客	209	0.50	5.00	1.557 4	0.91 017	0.828	1.320	0.168	1.906	0.335
市场	209	0.50	5.00	2.607 7	1.025 7	1.052	0.030	0.168	−0.745	0.335
产品	209	0.50	3.00	0.988 0	0.58 310	0.340	1.332	0.168	1.097	0.335
过程	209	0.50	2.50	0.811 0	0.36 876	0.136	1.314	0.168	2.407	0.335
组织	209	1.50	4.00	3.100 5	0.41 827	0.175	−0.841	0.168	1.280	0.335
风险承担者	209	3.00	5.00	3.619 6	0.29 014	0.084	1.264	0.168	4.139	0.335
政府与社会	209	1.00	4.00	3.260 8	0.57 612	0.332	−1.176	0.168	3.234	0.335
有效的 N	209									

适应性维度下,采用计算 Cronbach's α 对调查问卷信度进行检验。经计算,Cronbach's α = 0.742。该系数大于 0.5,说明本问卷的样本数据具有较高的可信度。

将问卷数据输入 SPSS 19.0 软件进行因子分析,检验结果显示,KMO 值为 0.784,Bartlett 球形度检验的近似卡方值为 357.186、DF 值为 21、Sig. 值为 0,计算成果说明,样本的 KMO 值和 Bartlett 球形检验值均符合检验标准,说明问卷样本数据的结构效度良好。效度检验结果如表 6-7 所示。

表 6-7　适应性维度的 KMO 和 Bartlett 检验

取样足够度的 Kaiser-Meyer-Olkin 度量		0.784
Bartlett 的球形度检验成果	近似卡方	357.186
	Df	21
	Sig.	0.000

在适应性维度的评价中,本研究中的 7 个变量分别为:顾客、市场、产品、过程、组织、风险承担者、政府与社会。各变量间是否存在相关性、相关程度如何,是本研

究探讨的重要问题。各变量之间的相关性采用 Pearson 相关系数法判别,分别得出变量要素相关系数和变量要素的相关性矩阵。表 6-8 为适应性维度下计算得出的各变量之间的 Pearson 相关系数,表 6-9 为适应性维度下各变量要素相关性分析结果矩阵。

表 6-8 适应性维度的 Pearson 相关系数

		顾客	市场	产品	过程	组织	风险承担	政府与社会
顾客	Pearson 相关性	1	0.592**	0.296**	0.383**	0.241**	0.429**	0.327**
	显著性(双侧)		0.000	0.000	0.000	0.000	0.000	0.000
	N	209	209	209	209	209	209	209
市场	Pearson 相关性	0.592**	1	0.545**	0.276**	0.395**	0.542**	0.280**
	显著性(双侧)	0.000		0.000	0.000	0.000	0.000	0.000
	N	209	209	209	209	209	209	209
产品	Pearson 相关性	0.296**	0.545**	1	0.163*	0.251**	0.350**	0.135
	显著性(双侧)				0.019	0.000		0.052
	N	209	209	209	209	209	209	209
过程	Pearson 相关性	0.383**	0.276**	0.163*	1	0.178**	0.280**	0.227**
	显著性(双侧)	0.000	0.000	0.019		0.010	0.000	0.001
	N	209	209	209	209	209	209	209
组织	Pearson 相关性	0.241**	0.395**	0.251**	0.178**	1	0.247**	0.140*
	显著性(双侧)	0.000	0.000	0.000	0.010		0.000	0.043
	N	209	209	209	209	209	209	209
风险承担者	Pearson 相关性	0.429**	0.542**	0.350**	0.280**	0.247**	1	0.402**
	显著性(双侧)	0.000	0.000	0.000	0.000	0.000		0.000
	N	209	209	209	209	209	209	209
政府与社会	Pearson 相关性	0.327**	0.280**	0.135	0.227**	0.140*	0.402**	1
	显著性(双侧)	0.000	0.000	0.052	0.001	0.043	0.000	
	N	209	209	209	209	209	209	209

注:** 表示在 0.01 水平(双侧)上的显著相关;* 表示在 0.05 水平(双侧)上的显著相关。

表 6-9　适应性维度下各要素相关性分析结果矩阵

	顾客	市场	产品	过程	组织	风险承担者	政府与社会
顾客		0.592	0.296	0.383	0.241	0.429	0.327
市场	0.592		0.545	0.276	0.395	0.542	0.280
产品	0.296	0.545		0.163	0.251	0.350	0.135
过程	0.383	0.276	0.163		0.178	0.280	0.227
组织	0.241	0.395	0.251	0.178		0.247	0.140
风险承担者	0.429	0.542	0.350	0.280	0.247		0.402
政府与社会	0.327	0.280	0.135	0.227	0.140	0.402	

表 6-9 参数表明的相关性分析如下：

顾客-市场为 0.592,中等程度正相关;顾客-产品为 0.296,弱正相关;顾客-过程为 0.383,弱正相关;顾客-组织为 0.241 弱正相关;顾客-风险承担者为 0.429,中等程度正相关;顾客-政府与社会为 0.327,弱正相关。

市场-产品为 0.545,中等程度正相关;市场-过程为 0.276,弱正相关;市场-组织为 0.395,弱正相关;市场-风险承担者为 0.542,中等程度正相关;市场-政府与社会为 0.280,弱正相关。

产品-过程为 0.163,极弱正相关;产品-组织为 0.251,弱正相关;产品-风险承担者为 0.350,弱正相关;产品-政府与社会为 0.135,极弱正相关。

过程-组织为 0.178,极弱正相关;过程-风险承担者为 0.280,弱正相关;过程-政府与社会为 0.227,弱正相关。

组织-风险承担者为 0.247,弱正相关;组织-政府与社会为 0.140,极弱正相关。

风险承担者-政府与社会为 0.402,中等程度正相关。

运用 SPSS 19.0 对原始变量进行因子分析,得到 7 个变量初始特征值及方差贡献率、提取两个公共因子后的特征值及方差贡献率。如表 6-10 所示。

表 6-10　适应性维度下解释的总方差

成份	初始特征值			提取平方和载入		
	合计	方差的 %	累积 %	合计	方差的 %	累积 %
1	2.991	42.730	42.730	2.991	42.730	42.730
2	1.005	14.359	57.089	1.005	14.359	57.089
3	0.822	11.744	68.832			

成份	初始特征值			提取平方和载入		
	合计	方差的 %	累积 %	合计	方差的 %	累积 %
4	0.770	11.002	79.835			
5	0.593	8.475	88.309			
6	0.521	7.447	95.756			
7	0.297	4.244	100.000			

提取方法：主成份分析

由表 6-10 可知，第一成分的初始特征值为 2.991，大于 1；第二成分的初始特征值为 1.005，大于 1；从第三成分开始，其初始特征值均小于 1，故因此选择两个公共因子便可以得到 57.089% 的累计贡献率，即表示两个公共因子可以解释约 60% 的总方差。

进一步采取主成份分析的提取方法，分析适应性维度的公因子方差。设初始值为 1，则计算结果表明，有 5 个变量的公因子方差均大于 0.5，故表示提取的公因子能较好地反映原始变量的主要信息。公因子对"市场"变量的解释程度最强（0.763），其次为"产品"（0.629），再次为"政府与社会"（0.591），对其他变量的解释较弱，依次分别为"顾客"（0.586）、"风险承担者"（0.562）、"过程"（0.440）、"组织"（0.425）。

本研究通过对 7 个变量的重要度排序分值进行相关计算，以求出关键影响因素。统计分析具体步骤如下：第一，计算 7 项指标得分平均值；第二，将得分平均值按所属组别进行数值归一化处理；第三，将分组归一化的 8 组指标进行整理。其中，数值归一化计算公式为：

$$r_i = \frac{x_i - x_{\min}}{x_{\max} - x_{\min}} \qquad\qquad （式 6\text{-}2）$$

其中 $i=1,2,\cdots,m=7$，$X_{\max}$ 与 $X_{\min}$ 分别指某指标的最大值与最小值。

在适应性维度下 7 个变量重要性排序依次为：产品（0.75）、顾客（0.64）、组织（0.47）、过程（0.31）、政府与社会（0.23）、市场（0.202）、风险承担者（0.16）。

6.4.2.2　成长性维度分析成果

成长性维度下，本研究仍采用 209 个有效样本数据进行统计分析。如前所述，被调查者分别对问卷的题项给出了 0～5 分的主观评分，分值以 0.5 为基本单位。经统计计算，成长性维度下，统计数据的极大值、极小值、均值、方差等相关统计分析参数如表 6-11 所示。

表 6-11　成长性维度下统计数据的描述性统计分析

	N	极小值	极大值	均值	标准差	方差	偏度		峰度	
	统计量	统计量	统计量	统计量	统计量	统计量	统计量	标准误	统计量	标准误
顾客	209	0.00	5.00	1.473 7	0.82 072	0.674	1.257	0.168	1.701	0.335
市场	209	0.50	4.50	0.7 297	0.45 455	0.207	4.270	0.168	26.767	0.335
产品	209	0.50	4.00	1.540 7	0.75 449	0.569	0.556	0.168	−0.257	0.335
过程	209	0.00	4.00	2.174 6	0.69 813	0.487	−0.141	0.168	0.161	0.335
组织	209	1.00	3.50	2.638 8	0.48 524	0.235	0.646	0.168	0.522	0.335
风险承担者	209	0.00	2.00	0.6 364	0.30 511	0.093	2.593	0.168	7.978	0.335
政府与社会	209	1.00	3.00	1.622 0	0.27 420	0.075	2.183	0.168	7.653	0.335
有效的 N	209									

成长性维度下,调查问卷信度检验仍采取计算 Cronbach's α 进行判别。经计算,$\alpha = 0.637$,该系数大于 0.5,说明本问卷样本数据信度水平可以接受。但成长性维度的可信度($\alpha = 0.637$)小于适应性维度的可信度($\alpha = 0.742$),且小于 0.7,信度稍弱。

本研究仍采用 SPSS 19.0 进行因子分析。将调查问卷样本数据输入 SPSS 19.0 统计软件进行因子分析,检验结果显示,样本 KMO 值为 0.695,样本的 Bartlett 球形度检验近似卡方值为 229.122、DF 值为 21、Sig. 值为 0,符合检验标准,问卷结构效度良好。效度检验结果如表 6-12 所示。

表 6-12　成长性维度下 KMO 和 Bartlett 检验

取样足够度的 Kaiser-Meyer-Olkin 度量		0.695
Bartlett 的球形度检验	近似卡方	229.122
	DF	21
	Sig.	0.000

成长性维度下,变量间相关性同样采用 Pearson 相关系数法,进行分析表 6-13 为该维度下计算得出的 Pearson 相关系数,表 6-14 为各要素相关性分析结果矩阵。

表 6-13 成长性维度的 Pearson 系数相关性

		顾客	市场	产品	过程	组织	风险承担	政府与社会
顾客	Pearson 相关性	1	0.442**	0.623**	0.308**	0.091	0.226**	0.383**
	显著性（双侧）		0.000	0.000	0.000	0.192	0.001	0.000
	N	209	209	209	209	209	209	209
市场	Pearson 相关性	0.442**	1	0.260**	0.256**	−0.025	0.111	0.227**
	显著性（双侧）	0.000		0.000	0.000	0.716	0.109	0.001
	N	209	209	209	209	209	209	209
产品	Pearson 相关性	0.623**	0.260**	1	0.276**	−0.035	0.226**	0.290**
	显著性（双侧）	0.000	0.000		0.000	0.613	0.001	0.000
	N	209	209	209	209	209	209	209
过程	Pearson 相关性	0.308**	0.256**	0.276**	1	0.006	0.046	0.133
	显著性（双侧）	0.000	0.000	0.000		0.929	0.512	0.055
	N	209	209	209	209	209	209	209
组织	Pearson 相关性	0.091	−0.025	−0.035	0.006	1	0.075	0.008
	显著性（双侧）	0.192	0.716	0.613	0.929		0.283	0.912
	N	209	209	209	209	209	209	209
风险承担者	Pearson 相关性	0.226**	0.111	0.226**	0.046	0.075	1	0.016
	显著性（双侧）	0.001	0.109	0.001	0.512	0.283		0.822
	N	209	209	209	209	209	209	209
政府与社会	Pearson 相关性	0.383**	0.227**	0.290**	0.133	0.008	0.016	1
	显著性（双侧）	0.000	0.001	0.000	0.055	0.912	0.822	
	N	209	209	209	209	209	209	209

注：** 表示在 0.01 水平（双侧）上显著相关；* 表示在 0.05 水平（双侧）上显著相关。

表 6-14 成长性维度下各要素相关性分析结果矩阵

	顾客	市场	产品	过程	组织	风险承担者	政府与社会
顾客		0.442	0.623	0.308	0.091	0.226	0.383
市场	0.442		0.260	0.256	−0.025	0.111	0.227
产品	0.623	0.260		0.276	−0.035	0.226	0.290
过程	0.308	0.256	0.276		0.006	0.046	0.133
组织	0.091	−0.025	−0.035	0.006		0.075	0.008

	顾客	市场	产品	过程	组织	风险承担者	政府与社会
风险承担者	0.226	0.111	0.226	0.046	0.075		0.016
政府与社会	0.383	0.227	0.290	0.133	0.008	0.016	

各要素之间的相关性程度分析如下：

顾客-市场为 0.442，中等程度正相关；顾客-产品为 0.623，强正相关；顾客-过程为 0.308，弱正相关；顾客-组织为 0.091，极弱正相关；顾客-风险承担者为 0.226，弱正相关；顾客-政府与社会为 0.383，弱正相关；市场-产品为 0.260，弱正相关；市场-过程为 0.256，弱正相关；市场 组织为 0.025，极弱负相关，市场-风险承担者为 0.111，极弱正相关；市场-政府与社会为 0.227，弱正相关；产品-过程为 0.276，弱正相关；产品-组织为 -0.035，极弱负相关；产品-风险承担者为 0.226，弱正相关；产品-政府与社会为 0.290，弱正相关；过程-组织为 0.006，极弱正相关；过程-风险承担者为 0.046，极弱正相关；过程-政府与社会为 0.133，极弱正相关；组织-风险承担者为 0.075，极弱正相关；组织-政府与社会为 0.008，极弱正相关；风险承担者-政府与社会为 0.016，极弱正相关。

观察相关系数矩阵发现，两变量间相关系数都不为零，线性关系存在，可以提取公共因子，进行因子分析。运用 SPSS 19.0 对原始变量进行因子分析，结果如表 6-15 所示。

表 6-15　成长性维度下解释的总方差

成份	初始特征值			提取平方和载入		
	合计	方差的%	累积%	合计	方差的%	累积%
1	2.400	34.281	34.281	2.400	34.281	34.281
2	1.072	15.307	49.589	1.072	15.307	49.589
3	0.949	13.560	63.148			
4	0.876	12.520	75.668			
5	0.746	10.653	86.321			
6	0.635	9.069	95.390			
7	0.323	4.610	100.000			

注：提取方法为主成份分析。

表 6-15 中包含 7 个变量初始特征值及其方差贡献率、提取两个公共因子后的特征值及方其差贡献率。第一成分的初始特征值为 2.4，大于 1；第二成分初始特

征值为 1.072,大于 1;第三成分初始特征值约等于 1;从第四成分开始,其初始特征值小于 1,因此选择 2 个公共因子可以得到 49.589% 的累计贡献率,即表示两个公共因子可以解释约 50% 的总方差。计算结果表明,4 个变量(顾客、产品、组织、风险承担者)的共性方差大于 0.5,表示提取的公因子能较好地反映原始变量的主要信息。公因子对"顾客"变量的解释程度最强(0.743),其次为"产品"(0.589),再次为"组织"(0.568)、"风险承担者"(0.502),对其他变量的解释较弱,依次为"市场"(0.416)、"政府与社会"(0.349)、过程(0.301)。

对成长性维度下 7 个变量的重要度排序分值进行相关计算,可求出关键影响因素。对相关参数进行归一化处理和计算后,成长性维度下 7 个变量指标重要性统计判别的排序分值及重要性排序依次为:产品(0.66)、市场(0.54)、政府与社会(0.32)、组织(0.31)、过程(0.30)、顾客(0.29)、风险承担者(0.06)。

6.4.2.3 适应性与成长性双维度计算成果

经统计分析计算,本研究得出同时描述适应性和成长性两维度统计量的相关描述参数——均值和标准差,计算结果如表 6-16 所示。

表 6-16　双维度下统计量描述参数

	均值	标准差	N
适应性	2.278 6	1.146 06	7
成长性	1.544 3	0.716 96	7

依据两维度下 7 个变量的均值,可得出适应性与成长性两维度之间的关系。表 6-17 显示,适应性-成长性之间的 Pearson 相关系数为 -0.278,说明两者之间为弱负相关。也即说明,水电工程技术标准"走出去"商业生态系统在水电市场获得应用的适应性程度,与技术标准商业生态系统的成长性未取得同步发展,这正是"走出去"战略应关注的问题,既要关注适应性,也要重视成长性。

表 6-17　适应性与成长性两维度相关性

		适应性	成长性
适应性	Pearson 相关性	1	$-0.278\ 0$
	显著性(双侧)		0.547
	N	7	7
成长性	Pearson 相关性	$-0.278\ 0$	1
	显著性(双侧)	0.547	
	N	7	7

6.5 分析结果评价分析

6.5.1 评价分析的主要结果汇总

前述计算分析的主要成果如表 6-18 所示。

表 6-18 计算分析主要成果汇总

内容	适应性	成长性
样本数量 N	209	209
Cronbach's α	0.742	0.637
KMO	0.784	0.695
近似卡方	357.186	229.122
DF	21	21
Sig.	0	0
均值	2.206 8	1.408 5
标准差	1.203 9	0.788 5
两维度间相关性	−0.278	−0.278
两维度间相关显著性	0.543	0.543
要素重要性排序	产品	产品
	顾客	市场
	组织	政府与社会
	过程	组织
	政府与社会	过程
	市场	顾客
	风险承担者	风险承担者

6.5.2 评价结果的可信度与可接受性分析

本研究采用 Cronbach's α 和可信度系数值等评价指标系统描述变量的可信度,采用 Peorson 相关系数值描述相关性。

在适应性维度和成长性维度下,Cronbach's α 分别为 0.742 和 0.637;前者大于 0.7,后者略小于 0.7,说明问卷的结构效度良好,问卷数值有效,问卷成果可信度较高。但由于后者略小于 0.7,信度稍弱,但鉴于本研究主要为探索性研究而不是应用研究,成果也是可以接受的。

表 6-7 和 6-12 中,在适应性维度和成长性维度下,KMO 值分别为 0.784 和 0.695,Bartlett 检验的近似卡方值分别为 357.186 和 229.122,DF 值均为 21,Sig. 值均为 0,均符合检验标准,说明问卷的结构效度良好。可以采用问卷。

6.5.3 两维度要素均值与要素排序成果分析

表 6-3 表明,适应性维度和成长性维度中 7 要素的均值分别介于 0.811 和 3.62、0.636 和 2.639 之间。适应性维度的 7 个变量中,4 个变量的均值小于或略大于中间值 2.5,6 个变量的均值小于 3.5,仅 1 个变量均值略大于 3.5,说明适应性维度总体处于不发育状态。成长性维度的 7 个变量中,变量均值大部分小于 2.5,仅有一个要素均值大于 2.5,说明成长性维度总体处于不发育状态,且比适应性维度更不发育。而纵观两维度均值,适应性维度和成长性维度均处于不发育状态;适应性维度略大于成长性维度说明适应性发育相对在前,成长性发育相对在后。

适应性维度下的排序为:产品、顾客、组织、过程、政府与社会、市场、风险承担者;成长性维度下的排序为:产品、市场、政府与社会、组织、过程、顾客、风险承担者。排序成果说明,适应性维度和成长性维度中的 7 要素发育规律不完全同步,两维度中的各要素发育程度不仅不同步,且差别很大,仅有"产品"要素在两维度中均排序第一,风险承担者要素在两维度中均排序最后,其他要素的发育规律不一致。在适应性维度下,产品和顾客要素的发育相对成熟,而政府与社会、市场和风险承担者三要素归一化排序分值较低,数值偏小,发育相对缓慢。而在成长性维度下,产品和市场两要素发育相对成熟,而过程、顾客、风险承担者的归一化排序分值较低,数值偏小,发育相对缓慢。对发育相对成熟的要素,因数值不高,在实施"走出去"战略时,仍应重视对该要素的管理,而对于相对缓慢发展的要素,更要加强要素管理,增强要素培育。

标准差能够反映要素的离散程度。计算结果表明,各要素均具有一定的标准差。适应性维度内,市场要素的标准差较大,说明被访人员对市场要素的认识存在较大分歧,即一部分专家认为市场占有情况较好,而另一部分专家认为占有情况不好;风险承担者要素的标准差最小,说明受访者的观点较为一致。成长性维度内,顾客要素的标准差较大,说明被访人员对顾客要素的认识存在较大分歧,则表明一部分专家对顾客的认可程度充满信心,持乐观态度,而另一部专家对顾客群体认可中国标准的程度仍持谨慎观点,政府与社会要素的标准差最小,说明受访者的观点较为一致。因此,"走出去"过程中还应同时注重要素发育的均衡性。

6.5.4　相关性分析

适应性维度和成长性维度的 Pearson 相关系数分别见表 6-9 和 6-14。

在适应性维度下,顾客与市场、顾客与风险承担者、市场与风险承担者、政府与风险承担者的相关系数较大,正相关程度达到中等程度;其他要素之间均为弱正相关;产品与过程、组织与过程、组织与政府社会等要素之间的相关系数值小于 0.2,表现为极弱的正相关;适应性维度中未发现要素间存在负相关。在适应性维度中,没有表现出强相关和极强相关,说明各要素在适度性方面具有一定的独立性。

在成长性维度下,顾客与产品表现为强正相关,顾客与市场表现为中等程度正相关,市场与组织、产品与组织为极弱负相关,其他要素之间多表现为弱正相关或极弱正相关。在成长性维度下,没有表现出极强的正相关,也没有表现出极强的负相关,说明各要素之间在成长性方面具有一定的独立性。

在两维度相关性成果分析中,将两维度变量的均值进行统计描述,分析两维度的相关性,适应性与成长性维度之间的相关系数为 −0.278,表现为极弱的负相关,说明了两维度之间的独立性。

6.6　数据分析结论与讨论

6.6.1　中国水电工程技术标准"走出去"商业生态系统处于发育初期阶段

通过对商业生态系统的"适应性"和"成长性"两维度的分析可知,我国水电工程技术标准"走出去",商业生态系统的各要素处于不发育状态,或正处于商业生态系统初级发育状态,个别要素的发育程度稍高,但不能代表生态系统的发育程度较高。我国水电工程技术标准"走出去"的商业生态系统处于开拓和拓展阶段,是当前研究水电工程技术标准"走出去"的重要基础和前提条件,研究和制定水电工程技术标准"走出去"战略措施,需要针对这一基础条件展开。商业生态系统适应性维度和成长性维度能够很好地反映商业生态系统的发育程度,围绕适应性和成长性两个维度制定和采取战略行动,是推动中国水电工程技术标准"走出去"的重要措施。

6.6.2 适应性战略管理中应更重视政府与社会关系和组织要素

通过分析适应性维度发现,政府与社会关系要素、市场要素、风险承担者要素等排序分值较低,说明这些要素在适应性维度中存在发育较慢甚至发育严重不足的情况。在实施适应性战略时,要更加关注对政府与社会、市场、风险承担三个要素的管理。政府与社会决定技术标准能否被许可采用,是技术标准商业生态系统能否适应环境并发展的重要内容,市场决定着对技术标准的认可程度,风险承担者是技术标准"走出去"重要支撑,也就是说,要使技术标准"走出去",企业要发挥骨干作用,产品必须提高产品质量,生态系统的发育必须有良好的过程管控,因此,标准"走出去"必须得到政府和风险承担者的支持,最终取得市场的高度认可。

组织要素是商业过程获得成功的体制保障。水电工程技术标准"走出去"商业生态系统是自组织的系统,系统内的组织是自组织性地加入商业生态系统中的,系统内的外方成员无论自愿或被迫加入商业生态系统,其加入增加了组织要素的复杂性,组织的完善是生态系统发育的重要内容,更说明商业生态系统要给予组织要素更加科学的管理,特别是对组织中本土化成员的管理和本土化成员的组织管理。

6.6.3 成长性战略管理中应更重视顾客和风险承担者要素

在成长性维度的相关性分析中,顾客、政府与社会、风险承担者、组织、过程五个要素的排序分值均较低,说明这五个要素在成长性维度中的发育均较慢,在实施成长性战略时,应特别重视对这五个要素的管理。顾客和风险承担者是工程项目的所有者,是水电工程技术标准的直接受益人。对工程项目功能的实现最为关心,顾客对使用技术标准具有较强的话语权,甚至在某些国家具有决定权,风险承担者亦具有话语权和间接决定权。在技术标准生态系统发育过程中,无论采取哪种成长性战略,在 EPC 需求方导向战略中顾客和风险承担者的话语权最直接,在 FDI 供给方导向战略中顾客和风险承担者话语权更重,而当前的调查成果表明,两要素的排序靠后,说明此前对这两项要素的重视程度不足,导致两要素发育较慢。

在进行两系统动力分析时,竞争系统要获得竞争优势必须保证内部发育率、竞争能力大于零且大于竞争对手。本次调查获得的成长性维度数值偏低,势必将影响生态系统的竞争力。这一点在实施"走出去"战略管理时,应引起高度重视,并对此采取强有力的应对措施。

6.6.4　中国水电工程"走出去"要适应性和成长性战略并行

适应性和成长性是"走出去"商业生态系统的两个方面,商业生态系统适应性战略和成长性战略分别体现了静态和动态视角下的战略问题。问卷调查结果表明,"走出去"商业生态系统的静态结构变化规律与动态演化成长规律具有较弱的负相关性,即商业生态系统发展的两个维度具有相互独立性。静态结构反映内部成员结构的变化,而动态演化反映演化过程和结果。例如,在"走出去"商业生态系统中,组织要素中增加本土商业成员是商业生态系统发展的重要内容,但并不表明本土成员加入后商业生态系统就一定向更好的方向发展,商业生态系统动态的利益共享机制将影响本土成员对利益追求的满意度,本土商业成员的满意度决定其在商业生态系统中作用的发挥,即可能产生正向的驱动力,也可能产生负向的驱动力,不同的驱动力作用必将影响生态系统的健康发育。

企业在"走出去"战略中发挥重要作用,在商业生态系统中处于核心地位,企业的组织特征、提供的产品质量、产品实现的过程等是考察生态系统的重要指标。本次问卷成果研究发现,与商业企业最密切相关的这些要素在两维度中的总体发育程度好于其他要素,证明企业在实施"走出去"战略中确实发挥了重要作用,而且取得的发育程度较好效果。

研究成果证明了4P3S七个要素之间的独立性,也证明了要素发育程度之间存在相关性。从独立性角度看,每个要素都是生态系统发育的重要内容,是不可缺少的管理要素。从要素发育的相关性角度看,要素间的均衡发育,更有利于生态系统的健康。

研究成果证明了适应性和成长性两维度的独立性。因此,研究水电工程技术标准"走出去",既要重视静态的适应性战略,也应同时重视动态的成长性战略,优化静态结构和完善动态的驱动力和价值理念,将引导商业生态系统向着健康的方向发育,向更高级的阶段演化,推动水电工程技术标准能更快更好的"走出去"。

6.6.5　评价结果讨论

本次问卷的总体结论与研究者对"走出去"商业生态系统发育状况的研究判断基本一致,即中国水电工程技术标准"走出去"的商业生态系统总体上尚处于不发育状态,问卷成果和统计分析结果具有一定的可信度,可用于研究分析。但研究仍存在以下不足。首次问卷调查研究时,发放和回收问卷的数量总体偏少,二次调查后问卷数量增加,两次调查存在较长的时间间隔,问卷问题的设计思路和提问的内容等,都可能影响分析结论。另外,被访问人员对"走出去"战略、商业生态系统理论的了解程度可能影响分析结论。本研究仅进行了两次问卷调查，调查成果未向被调查者进行反馈研究者，未能进一步听取意见。若有合适条件，可向了解"走出去"战略和国际水电建设情况的特定专家人群进行访问调查，这将有助于提高研究结论的准确性和科学性。此外，本研究仅选用 SPSS 分析软件进行统计分析，未使用更多方法进行对比分析以论证研究结论的可靠性。本次评价的计算成果，未对适应性战略和成长性战略中的具体措施做更深入的专题研究，因此，这些专项研究工作有待今后展开深入探讨。

第七章
水电工程技术标准"走出去"战略措施选择

针对特定环境,实施水电工程技术标准"走出去"战略,需要制定具体的战略措施。水电工程技术标准"走出去"应在分析商业生态系统外部环境的基础上,区别国别(或区域现状),研究世界水电市场和水电开发程度,通过对水电工程技术标准商业生态系统进行分析后,根据生态系统的结构特点,围绕"四大群落"制定战略措施;根据生态系统的发育阶段,围绕 4P3S 7 个要素制定战略措施,并进一步做出战略选择,采取有针对性的战略措施。

本次研究针对四种情况提出若干战略措施,一是针对新型市场和初期进入的市场,即水电工程技术标准"走出去"后形成的商业生态系统处于开拓阶段时,提出在境外建立初级中小型水电工程技术标准商业生态系统的战略措施;二是针对已有发展基础需要逐步扩大规模的市场,即水电工程技术标准"走出去"后形成的商业生态系统处于拓展阶段时,提出支持境外大中型水电工程技术标准商业生态系统发育的战略措施;三是针对我国水电工程技术标准在世界水电市场大规模应用的情况下,即水电工程技术标准商业生态系统已在世界水电市场发育到领导权阶段时,国内外水电工程技术标准商业生态系统处于或基本处于同量级发育程度,提出如何领导全球型水电工程技术标准商业生态系统的战略措施;四是针对世界水电市场逐步萎缩后,提出水电工程技术标准商业生态系统更新与退出的战略措施。

7.1　境外建立初级中小型水电工程技术标准商业生态系统战略措施

对于新兴市场或初级市场,水电工程技术标准商业生态系统总体上处于开拓阶段。开拓阶段的主要特点是水电工程技术标准商业生态系统在一国或一区域尚处于初生阶段,生态系统大多数或全部要素表现为数量不足或发育不完善。针对这一特点,应采取以下六点战略措施和方法。

7.1.1　推动政府与社会精英加入商业生态系统

（1）实施高端切入已具有坚实的国内基础

中国经济的快速发展,已经形成了较高的国际地位,特别是与中国关系总体较好的广大发展中国家,已经建立了较好的政治经济合作关系。实施水电工程技术标准"走出去"战略,要推动中国政府（主要是商务部、外交部、国家发改委和国家能源局）和金融机构（进出口银行、开发银行、中信保等金融机构）以及行业协会组织（商务部对外承包商会、机电商会和贸促会等）等支持水电工程技术标准"走出去",推动国内水电产业主要商业成员（如以设计为核心业务的原水电顾问集团等）,展现技术优势,积极"走出去"。也就是说,要推动政府高层、社会精英能够加入"走出去"的水电工程技术标准商业生态系统,成为技术标准"走出去"初期的重要推动力量。我国把对外开放作为基本国策,已经为"走出去"创造了各种优惠的政策环境。

（2）实施高端切入要准确选择和确认目标国高端对象

由政府、核心商业成员、社会精英等,向境外市场开拓的目标国家和地区的政府和部门（主要是有关的电力部门、水资源管理部门、能源部门、环境部门、国土部门、财政部门、交通部门等）、业主和金融机构（国际型的银行如世界银行、亚洲开发银行、美洲开发银行、非洲开发银行等、所在国家和地区的大型银行）推介中国水电技术标准,通过核心商业企业,建立稳固的商务渠道,培育市场,寻找项目,创造商机,建立起营销网络和巩固的市场区域。

高端切入即是商业成员"走出去"进入境外市场的方法,也是水电工程技术标准"走出去"的重要战略措施。它立足于商业运作、市场营销的高端,使境外市场开发起点高,眼界宽,市场信息准,项目切入点高,从而迅速培育水电工程技术标准的品牌,积极占领高端市场,不断拓展市场的广度和深度。国家认证是技术领域许可的一种重要手段,通过高端切入,建立国家间技术互信,是技术标准"走出去"的有效措施之一。

作为探索,我国已与埃塞俄比亚签署若干河流水电规划和水电资源普查合作意向,已经与哥伦比亚签署玛格达莱纳河综合规划（包括水电开发规划）并付诸实施[①]。这些项目的实施,将能为中国水电工程技术标准"走出去"提供成功范例和商业模式。

---

① 参考中国水电顾问集团实施国际化战略,推动水电工程技术标准走出去的相关研究成果。

7.1.2　树立国际地位和核心地位

中国水电建设已经形成了自身相对完整和完善的技术标准体系,但中国标准体系中的水电标准成为国际标准的比例仍较少。我国许多水电机构已经成为许多国际标准的秘书处,一些水电工程技术标准由中国提出,并形成国际标准,但目前由我国直接编制的技术标准数量仍较少,工作力度明显不足,进展较慢。我国已经制定了参与国际标准化活动的相关战略并付诸实施。我国水电产业应进一步参与国际标准化活动,包括更加积极地参与水电工程技术标准的制定修订,更加积极地参加水电工程技术标准的国际交流,不断提高中国水电工程技术标准的国际地位和世界影响力。

加大投入,谋划长远,强化基础建设,与东道国之间直接开展深入的技术培训、人才培养活动,在东道国内培养一大批懂得中国水电工程技术标准的工程技术人才、经营管理人才,并促成他们在"走出去"的水电工程技术标准商业生态系统中谋划职业生涯和长期就业,打造水电工程技术标准在其职业生涯中的国际地位和核心地位,在其职业工作中置水电工程技术标准于重要地位,并以此形成政府决策和投资决策的重要依据。

7.1.3　构建商业生态系统

中华人民共和国成立以来,为了扩大国际影响,我国一直对很多发展中国家实施对外经济技术援助,在援助项目中,成功地建立了一大批水利水电工程,其中包括采用中国水电工程技术标准的水利水电工程,水电工程技术标准"走出去"积累了一些成绩,但多数项目较小,投资较少,产生的国际影响力也相对较弱。

随着中国经济实力的增强,中国电力企业开始实施境外水电工程项目直接投资,在与中国接壤的东南亚国家逐步发力。我国水电建设的成功经验,在一些国家引起热烈反响。一些国家为发展本国的水电事业,逐步向中国企业招商引资,增大了中国企业的投资机会。我国应借此机会,在更大范围内采用中国水电工程技术标准,并作为投资的基本条件之一。水电工程技术标准在"点"上的突破,播下生态系统发育的种子,能够产生以点带面的效应,直接吸引东道国政府对于中国水电标准的关注度,成功的项目案例也将直接增加政府及公众对中国水电工程技术标准的信心。在项目建设过程中,东道国政府、相关商业企业等也将直接参与工程项目的建设和管理,这必将促成他们直接或间接地应用中国水电工程技术标准,学习中国水电工程技术标准,进而熟悉和掌握中国标准,从而有利于水电工程技术标准商业生态系统的初期建立和生存发展,增强生态系统的健康程度。

通过兼并重组方式,直接与有关商业企业合作,是拓展商业生态系统的另一具体措施。作为探索,我国水电核心成员企业原中国水电顾问集团,出资收购了哈萨克斯坦一家水电水利设计院。目的是从设计"龙头"着手,通过与哈方的技术合作,加强技术交流,加强技术管理,建立中国水电工程技术标准使用范围"圈",形成商业生态系统,先期培育和开拓俄语区设计市场,进而向水电产业"全产业"市场发育。本次收购的有关情况在前文的研究案例中作了简要阐述。

7.1.4 创建有利外部环境

中华人民共和国成立以来,我国已经建设大量水电工程,改革开放以来,我国水电建设的成就已经处于国际领先水平。宣传我国水电建设成就,可以提升我国"走出去"的决心和自信,也能增强他人使用中国标准的决心。

宣传水电建设成就要从多个角度进行:(1)通过已建工程宣传水电建设成就。我国水电建设成就举世瞩目,成绩突出,已开发装机容量世界第一,年发电量世界第一,若干座水电站大坝坝高位居世界第一或前列,且坝型多样齐全,如以小湾、锦屏一级、拉西瓦为代表的高混凝土拱坝,以龙滩为代表的高混凝土坝,以隔河岩、糯扎渡为代表的高混凝土面板堆石坝,以一批百万装机容量为代表的抽水蓄能电站,以三峡为代表的综合利用巨型水电站工程,都是最好的宣传亮点。(2)通过在建工程宣传水电建设成就。我国正在建设的溪洛渡水电站装机容量达到 1 000 多万千瓦,已初期投产,正在金沙江、澜沧江、大渡河等大型河流上建设的一大批百万千瓦级水电站,是宣传建设管理的最直接最壮观的案例。(3)通过规划工程宣传水电建设成就。规划建设的水电站中一大批项目正在进行前期论证并处于论证收尾收口阶段,最能体现一个国家的工程技术经济人员分析项目技术经济的水平。(4)通过水电工程促进经济发展宣传水电建设成就。已经建设的水电站为国家经济建设提供了强大的电力供应,满足国民经济发展的电力需求,水力发电节约化石能源,节约煤炭、节约石油,而是周而复始的可再生能源,不产生大量 CO_2,不排放含有硫、氮的有害气体,不排放废水废渣,是清洁生产的电力资源。水电站的长期效益更是十分显著,还贷期结束后,电站运行成本更低,能提供更加经济的电力供应,支持国民经济发展。(5)通过水电工程建设增加社会效益宣传水电建设成就。水电建设的成就不仅体现在发展效益上,还体现在社会效益上,有的水电站具有大型可调节水库,水库的蓄水作用,能够有效减少和减轻洪水灾害,发挥水库的防洪功能,支持水库下游地区防洪,减少洪涝损失。水库的蓄水功能,能为周边地区提供生产生活供水,保障一个国家的水资源安全。(6)通过水电工程优化和改善环境宣传水电建设成就。拥有大型水库的水电工程能够极大地改善水库周边及一定辐射范围内的小流域环境,促进植物生长发育,绿化大环境,美化大自然。水上和水边娱乐项目为人们日常活动提供更加优美的便利条件。(7)通过水电工程提升综合国力宣传水电建设成就。电力是国民经济发展的基础,水电站建成后源源不断的电力供应,为国家综合国力的提升提供强大动力。水电站建设是一项复杂的系统工程,一座座水电站工程的建设能够极大地提高一大批管理人员的管理水平,提高一大批技术人员的技术水平,带动一大批相关产业的发展,进而提升综合国力。(8)通过已承担完成或正在进行的境外工程,宣传水电工程技术标准的适应性,宣传水电建设成就。在"走出去"的实践中,我国政府通过经济援助支持一些发展中国家建设了一大批中小型水电站,为当地经济发展、社会进步作出了巨大贡献,在政府支持下,一大批企业通过参与国际市场竞争,承接了一大批水电站的勘察设计、建筑施工、建设管理和技术咨询服务,为这些项目的建设作出了突出贡献,一大批项目已在"点"层面取得成功经验。我国应制定具体的战略行动,有组织、有计划、有部署地宣传这些成就和成绩,形成正面宣传效应,推动水电工程技术标准更快地"走出去"。宣传工作的加强,将为水电工程技术标准商业生态系统发育创造非常有利的外部社会环境。

7.1.5 建立技术共享平台

长期以来,我国水电工程技术标准只有中文文本,没有外文文本,在国际交往中,多是由那些有经济技术实力的企业,通过本单位作少量的翻译工作,将部分主要技术标准翻译成英文,参与技术交流活动和用于工程建设管理,层次低、水平低,交流不充分的情况十分普遍。没有成套的外文技术标准,外国人又不具有很好的中文水平,中国水电工程技术标准实际处于十分封闭的状态。开放技术标准要做大量的工作,其中最基础性的工程就是技术标准文本外文化。经过近几年的沟通协调,在我国商务部的领导下,这项工程已经有序地展开,已完成了一大批主要技术标准的外文版的制定和翻译工作。更可喜的是,通过这次行动,不仅仅简单的翻译文本,更对标准的内容进行了调整,上升到制定和发布外文文本的高度,建设英文版水电工程技术标准体系,极大地推动了技术标准开放水平,提高了标准使用和交流的便利性。开放了技术标准平台,也就开放了技术标准的技术平台和知识平台,深受国内国外管理人员和技术人员的欢迎,也深受政府管理人员的欢迎。

开放技术标准,并不仅仅是制定外文版的标准和翻译出版这一基础性工作,更重要的是在更高层面上搭建技术标准开放平台和应用平台。技术标准的使用,是一国政府治理和管理国民经济的一项重要技术手段,也是贸易政策中的一项重要内容。对技术标准的要求,经常会形成贸易政策中的壁垒性技术措施。今后,开放技术标准,还应在贸易政策、东道国法律、双边或多边关系等的框架下开展大量工作。在日常工作中,还应开展政府认证或许可办理,在工程管理层面还要获得投资人和业主、业主代表、资金提供人或担保人的许可等。

7.1.6 建立中小型种群"生态园"

在"走出去"的实践中,一些骨干企业携技术、人才、资金等综合实力,营造一定的竞争优势,通过承担的具体任务,如工程建设、勘察设计、管理、技术咨询服务、技术交流(沙龙)等,在境外吸纳战略合作伙伴,建立小型生态园,即形成中国水电工程技术标准为主题的小型生态园。在这种小型生态园中,政府群落、核心商业及延伸商业群落、风险承担者群落、寄生者群落等四大群落齐全,形成商业生态系统的基本要素基本具备,形成生态系统的驱动力来自少数核心成员企业,有志者加入生态系统,形成商业生态系统的驱动力,商业生态系统的功能基本具备,但群落内成员数量较少,技术标准在系统内的引用数量、发挥作用的程度处于动态状态,不确定性较大。外部环境对小型生态园的影响较大。

实践中,勘察设计及其相关技术咨询服务子系统,可在核心企业的推动下,建立以勘察设计技术标准及重要勘察设计企业为核心的小型生态园,在这个小型生态园中,核心勘察设计企业发挥领导作用,核心企业致力于推动勘察设计的主要技术标准获得应用,东道国政府的一些成员认同并许可中国企业采用中国水电工程勘察设计技术标准,风险承担者的一些成员对采用中国水电勘察设计技术标准具有一定信心,寄生者群落跟随中国勘察设计企业获得利益、愿意接受并使用中国勘察设计技术标准开展相关活动。小型勘察设计生态园如图7-1所示。

7.2 支持境外大中型水电工程技术标准商业生态系统发育战略措施

我国参与世界水电市场建设已有多年的实践经验,在一些国家和地区,已初具影响力,我国水电工程技术标准已被不同程度地应用,水电工程技术标准商业生态系统初步形成,目前处于商业生态系统的开拓阶段。开拓阶段的主要特点是水电工程技术标准商业生态系统在一国或一区域已经初步形成,东道国对中国技术和中国标准已经产生一定程度的信赖,商业生态系统的要素有一定数量,各要素有了一定程度的发育,但发育程度不十分完善。

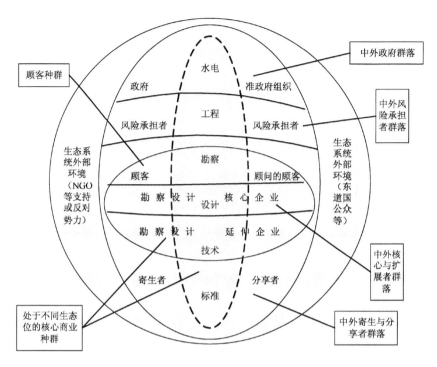

图7-1　水电工程勘察设计技术标准"走出去"——小型商业生态园

7.2.1　扩大商业生态系统生存空间

　　水电开发源自对河流水能资源的开发利用。世界上众多河流都是人类赖以生存的根本,河流的利用包括多种功能的开发,人类总结河流开发实践的经验,基本根据河流的自然特点,对河流进行开发,从开展河流规划开始,也包括河流水电开发规划。我国在河流开发中,已经形成了科学完整的水利水电规划体制机制,编制了河流水电开发规划的技术标准,积累了丰富的规划工作经验和河流水电规划成果,为水电工程项目开发奠定了坚实的基础。这一措施我国总结为规划先行。通过规划先行,提前做好技术准备,扩大水电工程技术标准商业生态系统的生存空间。

　　我国已经建立了完整的水电规划工作队伍,包括以中国电力建设集团有限公司(原中国水电工程顾问集团有限公司,简称"水电顾问")及其以规划设计为主的成员企业,以水电水利规划设计总院为核心的水电规划管理队伍。在中国电力建设集团有限公司(原水电顾问)实施的"走出去"战略中,公司结合其自身的业务特点,从水电资源规划入手,着力推动为目标国家和地区的政府(如哥伦比亚政府、埃塞俄比亚政府、几内亚政府、塞拉利昂政府、泰国政府)、项目业主开展水电资源普查和规划（如埃塞俄比亚水力资源普查、几内亚水电规划、塞拉利昂水电规划）、河流综合规划（如哥伦比亚马格达莱纳河综合规划）、专项规划（如泰国的防洪抗旱规划）、风力发电和太阳能利用资源规划（如埃塞俄比亚的风电和太阳能发电规划），以及国别规划咨询（如为国家开发银行提供委内瑞拉、埃塞俄比亚、几内亚、坦桑尼亚、玻利维亚、秘鲁、刚果金、缅甸、东帝汶等国家的水电发展规划咨询意见），为所在国家和地区的政府制定社会经济发展规划和业主的工程建设计划编制提供依据。这些规划充分展示中国水电工程技术标准的作用和技术优势，既为东道国提供了中国水电规划的先进经验，也提供了中国水电工程技术标准，为水电工程技术标准的"走出去"和推广应用提供了较好的前提条件。

通过开展水电规划，可以较全面地掌握目标国家和地区的资源状况、社会需求、电源建设规划、电网建设规划、工程项目开发建设条件，及其对水电工程技术标准的需求程度，从而为工程项目实施采用中国水电工程技术标准做好技术准备，为水电工程技术标准商业生态系统创造了更加完善的环境条件。

7.2.2 强化风险承担者群落的作用

随着经济实力的增强，中国已经从单纯引进外资，发展到可以为境外项目提供融资服务的阶段。商业银行开始为我国的国际贸易提供越来越多样化和专业化的融资服务，不断创新融资业务品种。随着中国加入WTO，以及外贸体制改革的不断深化和进一步发展，对外贸易持续保持了稳定增长的势头，为商业银行发展贸易融资业务提供了更为广阔的发展空间。对外贸易的数量及范围迅速扩大，对外贸易的主体将向多层次扩展，国际贸易结算工具将呈现出多样化，且新业务不断推出，与之相应的国际贸易融资方式亦呈现出前所未有的多样化、复杂性和专业化。我国国有商业银行致力于把握机遇扩大国际贸易融资、揽收国际结算业务，最大限度地获取融资效益和中间业务，同时采取措施有效地防范和控制融资风险。我国商业银行在进口和出口国际贸易融资业务的主要方式包括：信用证、减免保证金开证、出口打包放款、进出口押汇等基本形式，以及国际保理等较复杂的形式。商业银行通过各种形式的融资服务及融资服务的创新，以及通过提供成套的融资方案，解决客户的融资需求，不仅自身获得较好效益，也为客户开拓国际市场创造了较好的融资环境。

商业银行国际融资不断扩大服务范围和增强自身能力，为我国水电产业"走出去"提供了较好的融资环境。水电产业相关核心企业，可充分利用这些有利的融资环境，扩大对外投资服务，扩大对外工程承包等国际市场水电业务，同时还可为境外组织开展向中国融资提供服务与联络。在水电工程开发建设的贸易和融资活动中,积极推动水电工程技术标准获得业务采用,促进水电工程技术标准"走出去"[①]。

融资服务可从内外两个方面展开。国内投资人参加投资的项目,可依靠国内国际融资环境,发挥我国综合能力,为工程项目提供供融资服务。国外投资人参加的投资项目,通过更多地提供国内融资服务,如政府信贷、国内信用担保、经济援助、国内融资技术咨询服务等等多种方式为境外项目提供融资服务,通过良融资服务,顺利地解决项目所在国政府或投资人投资项目的资金问题,增加投资信心和确保水电工程项目实施。

融资服务可依据工程项目不同的发展阶段展开。水电工程项目的阶段性十分明显,前期论证阶段应需要大量的资金投入,项目建设阶段需要资金集中的投入,运行阶段需要合理调度资金保证正常生产运行、企业持续经营、保证还本付息。前期论证阶段的融资服务可以依靠大型商业企业的资金实力,适当采用政府支持资金或贴息资金、低息资金,筹措前期经费资金,企业主动承担大部分前期费用,降低项目所在国特别是经济实力较弱的发展中国家前期资金直接需求,帮助他们解决眼前困难。当项目培育成熟后,项目所在国通常会大力支持前期论证阶段曾做了贡献的国家或企业继续承担工程项目。前期工作经费投入可在项目开工建设后全部或部分收回。通过融资服务解决工程建设费用是工程建设应解决的主要问题,资金需求量大,融资过程复杂,完成融资所需时间较长,对投资人的综合能力要求较高。为项目所在国政府或投资人主动提供融资服务,是争取境外项目非常有效的高端手段。工程项目投产运行后,通过向社会提供电力电量,收取电费回收资金,回收的资金一部分用于生产运行费用,大部分用于还本付息和为投资人创造利润。但水电站项目受自然条件特别是降雨影响较大,年度年际降雨不均匀情况在世界各国范围内普遍存在,由此产生的生产运行现金流通常是不均衡的,而实际经济生活中还本付息和生产成本费用度是相对均衡的,因此水电站投产后,经常继续需要短期资金支持,以维持均衡生产。因此,在项目运行阶段继续提供合适的融资服务,是保持与项目所在国良好的持续的合作关系的重要内容。

7.2.3 双向培养系统人才

优秀的人才是实施"走出去"战略的重要保障。实施人才战略不仅要注重培育国内人才的国际经营和生产管理能力,要同时促进国际人才参与到我们"走出去"

---

① 中国水电走出去系列报道之三,对话:中国标准与低价中标(下),中国水电工程顾问集团国际工程有限公司李斯胜专访[N].中国能源报,2013 年 12 月 23 日,第 22 版.

战略行动中。实施"走出去"，其中一项重要内容就是在境外实施水电工程建设，这样一定会与项目所在国政府和各项人员共同工作，同时还会与参加该工程的其他国家人员或国际人员共同工作。实施技术标准"走出去"，将需要项目所在国人员和国际人员熟悉中国标准，能正确应用和使用中国标准。一般地，外国人掌握中国标准只有两个途径，一种途径是他们自己主动学习、实践和掌握。在当前的国际经济环境下，部分外国人因为各种各样原因开始致力于接触中国文化，掌握中国技术，但这部分人仍是少数。另一种途径是我国主动为外国人提供学习机会和创造学习条件，我们更加主动地培养一大批能够掌握中国标准、使用中国标准的人员。培训对象主要针对政府人员、广大工程技术人员、技术咨询服务人员等，通过国际交流帮助更多国际人才熟悉和掌握中国标准。这样使加入水电工程技术标准的各种人员，均能够主动自觉地、有能力地使用中国水电工程技术标准。

主动培训国际人员应采取多种途径和方法，包括"请进来"和"走出去"。"请进来"即利用国内院校培养国际学生，利用国内核心企业培养研修生，利用国内技术交流培养高层次带头人。"走出去"即在海外开设中国标准培训基地，帮助发展中国家的院校设立中国标准学科和提供教材，利用海外工程提供工程技术人员就业机会掌握中国标准等，加强国别间技术标准交流，加强联系，加快认同，加深感情。

7.2.4 发挥核心成员的引领作用

我国实施"走出去"战略已经二十多年。水电行业在实施"走出去"战略中已经取得了一些经验。但是，即便全面进入拓展阶段，核心成员企业的综合能力也将处于较低级水平，核心成员持续提高综合能力，持续增加各种能力，持续优化企业管理和生产管理是非常重要的工作内容。提高和优化能力应围绕核心商业成员提升核心能力展开，并通过提高和优化核心商业成员的能力，带动扩展商业和延伸商业共同提升能力，带动和辐射商业生产系统所有成员提升能力，使商业生态系统逐步发育成为健康健壮、价值增长、功能完备的系统。

核心商业成员应在以下多个方面提升和优化能力：① 提升自身技术能力，熟练掌握和贯彻执行水电工程技术标准；② 全面综合的资源整合能力，能够妥善整合国内外各种资源，妥善整合和处理政治、经济、文化、习俗、外交等各种环境因素变化带来的管理变化；③ 建立健全的组织机构、完善的管理体制，形成优秀的高素质复合型管理人才团队；④ 丰富的水电工程建设管理运行经验，优良的水电工程业绩；处理复杂管理问题和技术问题的能力；⑤ 在项目所在国形成国际影响力，在世界范围内具有国际影响力；⑥ 树立国际形象，形成国际品牌，生产和提供的产品能够代表中国水电工程技术标准的最高水平，提供的勘察设计咨询服务能够代表中国水电工程技术标准最高水平,实施完成的水电工程能够代表中国水电工程技术标准最高技术水平。

7.2.5　鼓励扩展者群落"走出去"

进入拓展阶段后期,核心商业成员在生态系统中逐渐处于领导地位,生态系统的功能日趋完善,价值理念日益得到认同,更多的商业成员愿意加入技术标准商业生态系统,群落成员逐渐增加,群落成员趋于完善,结构丰满,形成四大群落成员全面发展的局面。各种商业成员都应围绕商业生态系统功能发育和健康为商业系统提供服务和获得利益。所有商业成员,特别是"走出去"的商业成员,要按照自身特点,定位生态位,确定在生态系统中的生态位置,围绕生态系统的发育发展的 7 项要素,完善自身作为。

系统内的商业成员都应全面提升自身素质,按照商业生态系统的运行规律,开展商业活动和服务于商业系统,合作多于竞争,伙伴多于对手,商业生态系统的各个评价要素均逐渐趋于完善,要素良性发育的生态系统为所有商业成员创造最大价值。

随着商业成员不断加入,成员数量不断增多,中国技术经济实力较强的骨干核心商业成员的作用不断增强,核心商业成员在生态系统中的领导权地位不断树立,中国水电工程技术标准的商业地位不断提升,技术标准被商业生态系统内大量境内境外成员熟练地掌握和运用,商业生态系统规模不断扩大,使用中国水电工程技术标准的价值理念不断趋同,由中国水电工程技术标准主导的商业生态系统的功能不断完善,日益发育成熟,形成完整的水电工程技术标准商业生态系统并能正常生长发育。

穆尔认为"操纵商业进化就意味着影响未来"。中国水电工程技术标准确立领导权地位后,在新的阶段将发展得更加美好。

7.3　领导全球型水电工程技术标准商业生态系统的战略措施

境外众多的水电工程技术标准商业生态系统不断发育成熟,更多的生态系统发展到领导权阶段,水电工程技术标准的国际地位普遍提升,处于水电市场的核心地位,成为市场选择的主流技术标准,这时,以我国水电工程技术标准为核心的全球水电工程技术标准商业生态系统形成,整体商业生态系统处于领导权阶段。领导权阶段的特点是水电工程技术标准商业生态系统在一国或区域甚至全球已经形成,并得到市场的广泛认同,处于较好的生态状态,生态系统要素数量较多,要素发育,生态系统处于高度活跃状态。针对这一特点,领导全球型水电工程技术标准商业生态系统,应努力保持技术领先,并与东道国实现互利共赢。

7.3.1 持续保持技术领先的国际地位

中国水电开发建设的成功,建立了一大批技术实力强大的核心队伍,形成了一大批技术密集型企业。以原水电顾问集团为代表的核心企业,是水电工程建设领域的人才和技术密集型企业,其优势主要体现在水电、道路与桥梁、岩土工程、环保工程的水电规划、勘测设计、咨询(包括监理)、项目评估、造价控制、项目管理等各个方面,技术领域覆盖水电建设的全过程,同时,原水电顾问集团又是国家有关部门授权的技术归口管理部门,承担了我国 220 多项水电工程勘测设计技术标准的编制与修编工作,是水电能源技术标准管理的核心部门之一。从业人员超过 15 000 人,其中全国工程勘察设计大师 8 人,教授级高级工程师约 1 100 人,高级工程师约 3 000 人,工程师约 3 000 人,其技术优势主要是知识高度集成、国内领先的技术标准制定水平,拥有自主知识产权(技术标准),可以发挥技术优势占领市场,依靠技术标准开拓市场,提高竞争力。

分析认为,在国内,与以中国电力建设集团有限公司(原水电顾问集团已整体并入)为核心企业的上下游产业已经形成,构成了水电工程技术标准的核心商业群落,政府支持水电工程技术标准的建立和支持水电工程建设,投资商与金融机构、担保机构支持水电建设的氛围浓厚,水电产业内的共生商业和成员单位众多,也就是说水电工程技术标准商业生态系统已经形成。

在国际水电业务拓展中,以水电工程技术标准为核心建立商业生态系统后,应更加重视把技术优势和商务工作结合起来,在项目开发(项目选择、项目投议标)、项目管理中充分发挥中国水电技术标准的技术优势,在项目开拓时做出快速、准确判断,快速确定技术经济指标和商务指标相对优越的开发项目,获取开发收益。

中国的水电建设规模和装机规模均居世界第一,已经形成了一套完整的先进的水电建设标准体系,并在逐步完善中。还应进一步加快中国水电工程技术标准的推广,尤其是向非洲、亚洲等发展中国家推广,组织力量继续认真研究和吸收欧美等技术标准中的先进成分,分析技术标准之间的差异之处及优劣点,同时不断改进中国水电技术标准,做到充分适应市场需求,充分满足项目实际需要,充分适应国际竞争。

当"走出去"的商业生态系统达到领导权阶段时,全球型水电工程技术标准商业生态系统形成,领导全球型商业生态系统,务必持续提高技术标准的水平,时刻保持技术标准的领导权地位。领导权地位不是永恒的,新的挑战总会到来。要么通过创新,使用生态系统进入更高层级,继续生存与发展,要么被替代而走向衰亡!

7.3.2　坚持与东道国互利共赢

水电工程技术标准"走出去"形成商业生态系统后,系统中的成员既包括中国"走出去"者,也包括东道国本土成员,甚至包括世界范围内加入生态系统的共生成员。在中国水电标准得到广泛应用时,仍应坚持商业生态系统的观点,积极保持中国水电工程技术标准的技术中心地位和中国核心商业的核心地位,使得中国商业尽可能多地获得经济利益。

东道国成员的加入是生态系统健康的基础,生态系统作为一个大家庭,所有成员的健康是生态系统健康的根本。成员的获利愿望应得到满足,成员是否获利是其判断是否继续留在商业生态系统的主要价值取向。

生态系统内成员间的竞争不可避免,东道国成员间的竞争也将不可避免,优胜劣汰的自然法则,同样适用于"走出去"建立的商业生态系统内部。健康的商业生态系统,留住的必然是健康的成员。

7.3.3　全面提升核心成员的系统领导力

核心商业成员企业是水电工程技术标准的最直接应用者,是维持水电工程技术标准的核心力量,是形成商业生态系统价值的最主要成员。核心成员的能力,作用发挥的程度和发挥的水平,影响生态系统健康运行的方方面面。

在商业生态系统的7大要素中,产品、过程、组织等三大要素最直接地体现在核心商业成员的综合能力上。因此,核心商业成员要承担更主要职责,就要在更多方面采取战略行动,提升能力,提高水平。

核心商业成员企业要在重视产品质量、提高实现产品功能方面多作贡献。水电工程建设的产品主要是水电站工程建设物、水电站发电运行机电设备及辅助设备、水电综合管理系统等。水电站的建设质量在很大程度上决定着水电站功能实现的程度,水电站各项功能实现的程度决定着水电技术标准能提供的最终价值,这一价值并不仅仅指建设价值,而更体现在长期运行提供功能的综合价值。

核心商业成员企业要努力创造最优的商业进程,通过不断开展的创新活动,在内部管理、技术管理、人力资源、信息管理、市场开拓、对外资源的集成、融资、硬件、学习和创新能力等方面提升综合能力,而不是限于某一个方面。

核心商业成员企业通过优化和完善自身组织提升能力。在动态变化的政治经济环境条件下,商业成员的组织形态应不断适应变化的环境,这些环境包括国内环境,国际环境,国别环境等,千变万化,不一而终。核心商业成员通过建立适应不同环境的高效组织机构,建立顺畅的关系协调机制,建立合理的利益共享平台和分配机制,能够有效地调解内容矛盾和冲突的机制,培养一批忠诚互信、长期合作的战略合作伙伴,培育一条本土商业成员加入的健康通道,才能真正实现商业生态系统的领导地位。

核心商业成员企业能力的提升还包括项目所在地核心商业成员企业能力的综合提升,实现互利共赢,才能真正健康地达到提升能力的目的。

核心商业成员企业通过综合能力的提升,最终实现项目进度、工程质量、建设成本、工程总目标实现等达到最优化状态。

7.3.4 系统管控风险

自然界生态系统的发育要面对自然风险,商业生态系统也要面对政治、经济、社会、文化、法律、习俗、自然条件、国际争端及国内外战争等等多个领域可能发生的重要事件。重要事件的发生必然对商业生态系统中的成员产生重大影响,影响在正面的,也有负面的。一些成员抓住机会,在大风险局面中取得大收益,一些成员在风险中损失惨重,甚至失去家园,从此灭亡。

风险管理是一项重要而复杂庞大的管理工作。实践中应区别国别,区分区域,特别重视环境变化,选择适用的风险管理理论指导管理,分析和积累本人和他人经验指导管理,针对具体的"走出去"活动动态地分析活动特点、目标、资源等,积极采取风险管理措施,规避不当风险,抓着获利机会。"走出去"的风险管理是一项重要理论课题和实践课题,限于研究内容,本次研究未做更多展开。

7.3.5 协谐内部良性竞合

外部环境的变化和内生环境的演变,使商业生态系统不断发育和演进,在商业生态系统发育到领导权阶段的后期,一些变化必然产生。核心商业成员的后起之秀挑战商业生态系统中的领导地位,保守落后的核心商业成员将承接竞争对手的挑战。加入商业生态系统的成员数量不断增加,技术能力交错提升,内部竞争开始呈现剧烈局面,激烈冲突和重大矛盾开始出现,调和冲突和矛盾越来越困难,也即呈现国际竞争国内化的局面。这时,商业成员通过内部竞争,将形成新的领导地位成员,但生态系统仍能发展生存,"走出去"的商业成员应审时度势,顺势而为,尽最大努力共同维护生态系统的健康和延长领导权地位,努力获得生态系统带来的最大利益。

对领导权地位的挑战不仅仅来自"走出去"的商业成员,也来自本土商业成员或其他商业成员,商业生态系统的内部竞争呈现国际化竞争。这时,"走出去"的商业成员应尽可能保持"走出去"群体的领导权地位,延长领导权地位结束的时间,争取获得最大利益。

7.4　水电工程技术标准商业生态系统更新与退出的战略措施

随着水电开发任务的不断完成,各国水电资源的开发利用程度日益提高,可继续开发的水电资源日益减少,全世界范围内的水电开发达到较高程度,水电开发建设任务已不是水电建设的主要任务。水电开发程度提升后,水电运行任务成为主要管理任务,其管理任务包括机电设备运行、建筑物维护、检查及改造等,水电发展的另一项重要是对老旧水电站进行更新改造。因此,"走出去"战略应做相应调整。

7.4.1　顺势而为力争产业利益最大化

世界经济不断发展变化,水电开发不断进行,国别间的竞争与合作和企业间的竞争与合作,百花齐放,交相辉映。变化的环境,需要变化的资源。水电工程技术标准的不断进步和革新,将不断影响生态系统内成员特别是商业成员,使得落后的商业成员不断从生态系统中退出,更具生命力的商业成员不断加入。水电工程技术标准"走出去"后,基于不断变化的环境,特别到了水电发展后期,水电工程技术标准技术革新和发展的动力将呈下降趋势,技术标准商业生态系统的价值观念将发生一定程度的调整,成员企业为了自身的利益,对生态系统的依存度发生变化。这时,整个商业生态系统将进行较剧烈的调整,生态系统的各项功能因成员的变化而变化。商业生态系统将向着顺势而为的方向发展。在商业生态系统的第四阶段,缺乏第一阶段的辉煌,没有第二阶段的市场竞赛,更没有第三阶段的权力斗争和伟大成就,但这并不意味着终结。或许到了分配最后剩余价值的时候,那就抓住机会,力争产业利益最大化。

新的局面也会出现,水电管理的需要,或许需要更高级的技术标准商业系统。因此,对于传统的技术标准商业生态进行革新、保健、再生,将迎来一个更新的世界。

7.4.2　创新模式适应科技进步

何似龙等认为"顺应社会转型需要进行管理创新"。西方学术界在论证论述未来发展的时候纷纷提出"后……"和"新……"①,表示一个时代的结束,也预示着一个新时代的到来。贝尔提出了"后工业社会",德鲁克提出了"后资本主义社会",加尔布雷提出"新工业园",托夫勒提出"超工业社会",汤姆·伯恩斯提出"后组织社会"等。这些理论观点,均表明西方社会正处于历史变革的巨大动荡之中,现有的社会关系、权力结构、文化形态与价值观念、组织形态等都在迅速变化。模仿一下上述理论大师的用语,水电终将会进入"后水电时代"或"后水电建设时代"。但这并不代表人类利用水能资源的结束,也不代表人类开发水电的结束,只有持续研究和掌握水电的发展规律,不断进行技术创新和技术革新,推动水电工程技术标准的技术进步,才能获得持续的动力。

7.4.3 调整格局适机优化再造系统

水电工程技术标准因水电开发建设、运行管理需要而存在,技术标准商业生态系统的形成依赖于水电产业的发展和变化。在后水电建设时代,对技术标准的需求从大量的生产建设,转向少量的生产建设,但大量的运行管理依然需要技术标准的支撑和服务。因此,水电工程技术标准商业生态系统在第四阶段的发展和变化规律,将随着水电的发展而进行适应性的变化,生态系统中的成员应准确把握发展规律,调整资源分配格局,并根据发展变化情况,优化组织结构,优化生产管理流程,在调整中获取更多的价值。当水电产业发展进入新阶段时,能够快速响应,保持在商业生态系统中处于有利地位,力争形成新的以"我"为核心的新生商业生态系统。

---

① 张阳,周海炜. 管理文化视角的企业战略[M]. 复旦大学出版社,2001.

后　记

　　从事工程建设管理，又兼顾完成此书，仅是从时间安排上，就是一项很大的挑战。在完成这本书的过程中，自己有以下一些体会。

　　本次研究提出了以下主要观点和研究结论。(1)水电工程技术标准"走出去"是一项战略命题。本研究中分析了水电工程技术标准"走出去"背景，分析了水电工程技术标准"走出去"战略的内涵。(2)水电工程技术标准商业生态系统作为学术命题和理论命题是成立的。本研究建立了水电工程技术标准商业生态系统结构模型，分析了水电工程技术标准商业生态系统的形成机制、结构特点、群落内容、发展演化阶段和规律等。(3)水电工程技术标准商业生态系统的理论观点可以用来指导水电工程技术标准"走出去"。水电工程技术标准"走出去"后，在境外形成新的拓展的水电工程技术标准商业生态系统，应根据新的商业生态系统的发育程度和发展阶段，相应制定支持生态系统发展的战略。本研究提出了商业生态系统的适应性演化战略和成长性演化战略，实施技术标准"走出去"，应同时关注标准生态系统的适应性和成长性。水电工程技术标准"走出去"的商业生态系统适应性演化战略包括商业生态系统结构适应性演化、内生动力适应性演化和价值导向适应性演化。水电工程技术标准"走出去"的商业生态系统成长性演化战略包括与本土商业生态系统协同成长演化、EPC模式下的需求方导向成长演化、FDI模式下的供给方导向成长演化，研究中采用生物学相关成果建立了动力学方程，进一步深入探讨和研究水电工程技术标准之间的成长性演化规律。(4)研究水电工程技术标准"走出去"具有重要的理论意义和实践意义。树立水电工程技术标准商业生态系统理论观念，掌握水电工程技术标准商业生态系统战略思想、理论知识、分析工具等，能够较好地指导水电工程技术标准"走出去"的实践活动，有利于实现水电工程技术标准"走出去"战略目标。

　　本次研究在以下方面有所创新。在提出并分析水电工程技术标准"走出去"的战略内涵,揭示水电工程技术标准"走出去"面临的挑战、特殊性及发展规律,提出水电工程技术标准"走出去"战略分析框架的基础上,本研究在以下三个方面有所创新。(1)提出并分析了水电工程技术标准商业生态系统的形成机制、结构、内容,分析了水电工程技术标准"走出去"的商业生态系统的拓展和演化规律。基于系统动力模型进行了演化分析。(2)提出了水电工程技术标准"走出去"的商业生态系统的适应性演化战略,内容包括结构适应性演化战略、内生动力适应性演化战略和价值理念适应性演化战略。(3)提出了水电工程技术标准"走出去"的商业生态系统的成长性演化战略,内容包括与本土标准商业生态系统协同成长性演化战略、EPC总承包模式下的需求方导向成长性演化战略、FDI模式下的供给方导向成长性演化战略,分析了两系统成长演化动力方程及其解。

本次研究尚存在一些不足以及对后续研究的期望。

(1)本研究在以下方面存在不足,有待进一步探索。一是量化研究的不足之处。本研究中,提出了一些分析模型和思路,但在已完成的研究成果中,未能对各种模型一一地进行更深入的数量分析、评价和检验,评价模型中完成的数量分析成果和结论,也有待更多的研究和实践来检验与证明。二是研究深度不足之处。水电工程技术标准"走出去"是一个较大命题,研究中提出的水电工程技术标准"走出去"的商业生态系统适应性战略和成长性战略,在深入的理论分析、案例分析及实践验证方面,因存在指标量化和验证困难,有待进一步多角度深入探讨,更需要进一步补充和完善和有待实践检验与证明。本研究借助商业生态系统理论和生物学理论,探索性地研究分析了LV动力方程及两系统演化规律,但限于研究深度,也未进行更全面的深入分析。

(2)对后续研究仍寄予浓浓的期望。深入研究对于指导水电工程技术标准"走出去"具有很高的应用价值,相信有识之士能够在水电行业"走出去"的实践中进行试验试点。本人也会结合生产经营实践,进一步思考水电工程技术标准"走出去"的相关问题,继续研究和完善水电工程技术标准商业生态系统的相关理论,期望能有所进展。本次研究的一些成果,特别是商业生态系统的战略观念,也可在相关行业或企业中继续思考、实践和探索。期望更多学者研究水电工程技术标准"走出去"这一战略命题,研究水电工程技术标准商业生态系统这一理论问题,研究水电工程技术标准"走出去"与水电工程技术标准商业生态系统关系问题,并取得更多更好的研究成果。

白驹过隙,逝者如斯。从研究起步,到这次成书,历时十余载,一直崇尚行动的我,在本书付梓之际,不胜欣慰!

致谢一

历时多年,完成了博士学位论文的撰写,学术研究告一段落!

张阳教授结合我的学习和工作特点,敏锐地确定了这个命题,既是对我学业的关心,也是对水电"走出去"的支持!这个题目是开创性的,是一项创新。通过本研究所完成的论证成果,如果能对水电工程技术标准"走出去"发挥一些作用,哪怕是很少一点儿益处,都是一个了不起的成绩。

标准"走出去"的研究任务是一项很大的工程。研究过程中,得到了河海大学、商业院和战略管理研究所的大力支持。周海炜教授、唐震教授、屈维意老师等精心地指导了研究工作,河海大学研究生院领导和教授们提供了很多研究工作的支持性条件,河海大学昆明院研究生基地提供了很多帮助,工作单位中国水电顾问集团及设计院领导和专家们提供了很多水电建设管理研究成果,很多从事国际经营的专家和同仁们提供了"走出去"工作成果和案例工程背景资料,问卷调查得到大量专家支持和帮助。我与一些同学做了学习和研究交流,有的还介绍了学习经验,提供了一些直接帮助。大家无私的帮助和严谨的学术指导,提高了我的研究能力和研究水平,使我受益匪浅。在论文完成之际,谨此表示真诚的感谢,对专家们关心支持水电技术标准"走出去"表示赞赏和钦佩。

研究中引用和参考了大量研究成果,在智库及互联网上检索阅读引用了一些文献,在论文中和参考文献中作了列示,深深地表示感谢。但难免遗漏,在此真诚地请求谅解。

感谢我的夫人和孩子。他们的支持很大,使我能够坚持做完本研究。论文撰写和研究的大量时间在家中完成,时常会工作到深夜,这对他们的生活和学习产生了较大影响。非常感谢他们。

还有很多帮助过我、在上述文字中未一一列出名字的老师、专家、朋友们。正是得益于各方面的关心、关怀、鼓励和帮助,研究工作才得以完成。发自内心的真诚感谢，感谢所有人！永远地真诚地祝福每个人！

诚将此文献给致力于水电"走出去"和水电技术标准"走出去"的人！

（写在博士论文完成之际。甲午年末，孔德安于北京。）

致谢二

　　一项研究要付出大量劳动，收集大量资料，这自然而然地需要很多专家学者和同仁提供帮助，研究工作又需要与专家学者和同仁交流与探讨，自然又会耽误大家太多时间和精力，一大批专家学者和同仁还为研究工作提出了很多好的建议和方案。由于研究工作涉及面较广，涉及学科较多，书中引用了相关领域专家学者研究的大量成果，作者在行文时尽量予以标注和说明，仍恐遗漏和说明不到位，本人对原作者表示感谢，更需要原作者给予理解。

　　在很多友人的支持下，在夫人和孩子的支持与鼓励下，终于补充完成了一些研究，提出了成果，丰富了博士研究论文阶段的研究成果。尽管还存在这样那样的不足，作为一项成果，仍然希望对理论研究有益，对工程实践有益，对企业经营有益。在此真诚地对提供帮助的专家学者和同仁表示衷心的感谢！

　　至 2019 年，世界水谷论坛已举办五期，世界水谷文库已出版若干部专著，形成系列丛书。得益于张阳院长、教授的推荐和关怀，本人也将本书所示的成果加以整理，有幸通过这个渠道与专家学者交流和分享。

　　在本书付梓出版之际，真诚感谢河海大学！真诚感谢世界水谷研究院和张阳教授！真诚感谢世界水谷研究院所有的专家教授！感谢河海大学出版社和河海大学商学院张露同学为本书编辑、校审、排版等所付出的辛勤劳动。真诚感谢所有支持、鼓励、帮助我的师长、朋友、好友、同学和同仁！真诚感谢夫人和孩子！

　　由于时间所限，能力所及，书中错误和观点不当之处，恐难消弥，敬请广大读者批评指正。

　　（写在本书校稿付梓之际。庚子年夏，孔德安于北京。）

附录
中国水电工程技术标准体系

　　水电水利规划设计总院发布的《水电行业技术标准体系表(2017年版)》,详细介绍了最新版的水电工程技术标准体系（中国水利水电出版社,2017年12月出版）。根据该成果,引用整理了中国水电工程技术标准体系图（附图）和体系表（附表）。

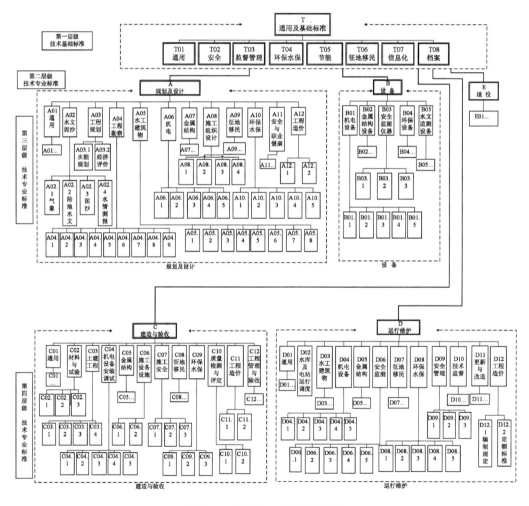

附图　水电行业技术标准体系图

附表 水电行业技术标准体系明细表

体系分类号	专业序列	标准包括内容及简要说明 (注:本说明仅为示例性说明,并非标准的全部内容)
T	通用及基础标准	
T01	通用	术语;图形;符号;编码;制图
T02	安全	等级划分;工程安全;风险管理;流域安全;安全标识等通用标准及要求
T03	监督管理	技术监督;质量监督;安全监督
T04	环保水保	环境保护;水土保持控制;监测;评价的通用性标准
T05	节能	节能降耗基础标准;设计与评价;实施;验收技术标准
T06	征地移民	建设征地;移民;安置的通则标准
T07	信息化	信息化技术通则;信息分类与编码;信息存储;处理;管理;采集;传输交换等通用技术标准
T08	档案	工程建设运行的产品;声像;电子信息;管理等文件及岩芯收集与管理;保管与利用技术标准
A	规划及设计	
A01	通用	阶段工作深度;安全;劳动卫生;规划及设计综合性标准
A02	水文泥沙	A02.1气象;A02.2陆地水文;A02.3泥沙;A02.4水情测报
A03	工程规划	A03.1水能规划;A03.2经济评价
A04	工程勘察	A04.1工程勘察综合;A04.2工程地质;A04.3岩土工程;A04.4工程测量;A04.5工程勘探;A04.6工程物探;A04.7岩土试验;A04.8水文地质测试;A04.9岩土与水体监测
A05	水工建筑物	A05.1水工综合;A05.2挡水建筑物;A05.3泄水建筑物;A05.4输水建筑物;A05.5电站厂房;A05.6通航建筑物;A05.7边坡工程;A05.8水工模型试验
A06	机电	A06.1机电综合;A06.2机组及附属设备;A06.3电气系统及设备;A06.4控制保护通讯系统及设备;A06.5公用辅助系统及设备
A07	金属结构	A07.1压力钢管;A07.2钢闸门(含拦污栅);A07.3启闭机;A07.4清污机
A08	施工组织设计	A08.1施工综合;A08.2施工导流;A08.3料源;A08.4施工方法;A08.5施工工厂设施;A08.6施工交通运输;A08.7施工布置;A08.8施工进度等

续　表

体系分类号	专业序列	标准包括内容及简要说明 (注:本说明仅为示例性说明,并非标准的全部内容)
A09	征地移民	A09.1 实物指标调查;A09.2 安置规划设计
A10	环保水保	A10.1 环保水保综合;A10.2 环境影响评价;A10.3 环境保护设计;A10.4 水土保持方案;A10.5 水土保持设计
A11	安全与职业健康	A11.1 安全预评价;A11.2 劳动安全与工业卫生设计;A11.3 防恐防暴设计
A12	工程造价	A12.1 编制规定;A12.2 定额标准
B	设备	
B01	机电设备	B01.1 机组及附属设备;B01.2 电气设备;B01.3 控制保护和通讯设备;B01.4 公用辅助设备技术条件
B02	金属结构设备	B02.1 闸门;B02.2 启闭机;B02.3 通航设备及其他金属结构设备技术条件
B03	安全监测仪器	B03.1 监测仪器综合;B03.2 监测仪器及设备;B03.3 监测仪器设备鉴定
B04	环保设备	B04 污染防治设备;B04 环保监测仪器;B04 水保监测设备技术条件
B05	水文监测设备	B05.1 水情自动测报系统;B05.2 泥沙监测设备技术条件
C	建造与验收	
C01	通用	施工管理;导截流;施工工厂设施;场内交通等综合性标准
C02	材料与试验	C02.1 水工混凝土、水工沥青混凝土、砂石料、外加剂等材料技术规程等;C02.2 筑坝材料、水工混凝土、改性水泥沙浆等试验规程;C02.3 试验仪器设备校验方法
C03	土建工程	C03.1 土石方工程;C03.2 基础处理与灌浆;C03.3 混凝土工程;C03.4 水工建筑物防渗
C04	机电设备安装调试	C04.1 机电综合;C04.2 机组及附属设备;C04.3 电气系统及设备;C04.4 控制保护通讯系统及设备;C04.5 公用辅助系统及设备的安装、调试
C05	金属结构	C05.1 压力钢管;C05.2 闸门(含拦污栅);C05.3 启闭机;C05.4 清污设备等制造(现场)、安装及调试等
C06	施工设备设施	C06.1 施工设备;C06.2 施工设施
C07	施工安全	C07.1 施工安全;C07.2 作业安全;C07.3 应急安全
C08	征地移民	C08.1 实施;C08.2 验收

体系 分类号	专业序列	标准包括内容及简要说明 （注：本说明仅为示例性说明，并非标准的全部内容）
C09	环保水保	C09 环保水保综合；C09 环境保护及 C09 水土保持的实施与验收等
C10	质量检测与评定	C10.1 质量检测；C10.2 质量评定
C11	工程造价	C11.1 编制规定；C11.2 定额；C11.3 合同范本
C12	工程管理与验收	C12.1 技术管理；C12.2 工程专项验收；C12.3 整体验收；C12.4 竣工验收
D	运行维护	
D01	通用	电力系统及水电站运行维护综合性标准
D02	水库及电站 运行调度	D02.1 水库、水电站调度；D02.1 水电站运行管理、评估
D03	水工建筑物	D03.1 水工建筑物运行维护；D03.2 维修；D03.3 评估
D04	机电设备	D04.1 机电综合；D04.2 机组及附属设备；D04.3 电气系统及设备；D04.4 控制保护通讯系统及设备；D04.5 公用辅助系统及设备
D05	金属结构	D05.1 闸门；D05.2 启闭机；D05.3 压力钢管；D05.4 拦污栅及清污设施；D05.5 升船机运行维护及安全检测
D06	安全监测	D06.1 安全监测综合；D06.2 水库安全监测；D06.3 水工建筑物安全监测；D06.4 监测系统建设；D06.5 监测系统运行维护
D07	征地移民	D07.1 安置评价；D07.2 后期扶持等
D08	环保水保	D08.1 环保措施运行管理；D08.2 环保措施效果评估；D08.3 水保设施运行管理；D08.4 水土保持效果评估；D08.5 环境后评价
D09	安全管理	D09.1 安全管理综合；D09.2 安全工作规程；D09.3 应急管理
D10	技术监督	D10.1 环保监督；D10.2 水工监督；D10.3 水轮机监督
D11	更新与改造	D11.1 建筑物更新与改造；D11.2 设备、设施更新与改造
D12	工程造价	D12.1 编制规定；D12.2 检修定额
E	退役	
		E01 退役通则；E02 退役评估导则；E03 退役设计导则；E04 退役实施导则；E05 水库处理导则；E06 退役后评估导则